浙江省水利工程
质量监督工作实务

浙江省水利水电工程质量与安全管理中心　编著

中国水利水电出版社
www.waterpub.com.cn
·北京·

内 容 提 要

本书分为法规篇、管理篇、技术篇三部分，共十三章内容。第一章至第四章为法规篇，从水利工程建设质量法律规范体系、市场主体资质及从业人员资格、水利工程建设质量责任与义务、水利工程质量监督管理的职责与职权进行阐述，帮助监督人员建立法治思维与依法行政的理念。第五章至第八章为管理篇，从水利工程建设质量监督实践出发，以监督检查为重点，围绕质量监督工作流程、检查事项、监管措施和机制创新，在操作层面梳理、总结质量监督内容、程序及工作要求，推进监督人员依法行政、规范监督。第九章至第十三章为技术篇，介绍了土石方工程、混凝土工程、地基处理及基础工程、砌体及防护工程、金属结构与机电设备的技术监督要点、试验与检测要求，点评分析典型问题（案例），以达到培养监督人员基础专业技术能力的目的。本书内容简明扼要、通俗易懂，通过深入浅出的讲解、图文结合的形式，充分利用工程图片和典型案例，增强了本书的实用性和可读性。

本书可以作为水利工程质量监督管理人员的工作参考手册，也可以作为水利工程建设质量管理人员的培训教材。

图书在版编目（CIP）数据

浙江省水利工程质量监督工作实务 / 浙江省水利水电工程质量与安全管理中心编著. -- 北京 : 中国水利水电出版社, 2021.12
ISBN 978-7-5170-9763-1

Ⅰ. ①浙… Ⅱ. ①浙… Ⅲ. ①水利工程－工程质量监督－研究－浙江 Ⅳ. ①TV512

中国版本图书馆CIP数据核字(2021)第144395号

书　　名	浙江省水利工程质量监督工作实务 ZHEJIANG SHENG SHUILI GONGCHENG ZHILIANG JIANDU GONGZUO SHIWU
作　　者	浙江省水利水电工程质量与安全管理中心　编著
出版发行	中国水利水电出版社 （北京市海淀区玉渊潭南路1号D座　100038） 网址：www.waterpub.com.cn E-mail：sales@waterpub.com.cn 电话：(010) 68367658（营销中心）
经　　售	北京科水图书销售中心（零售） 电话：(010) 88383994、63202643、68545874 全国各地新华书店和相关出版物销售网点
排　　版	中国水利水电出版社微机排版中心
印　　刷	河北鑫彩博图印刷有限公司
规　　格	170mm×240mm　16开本　17.75印张　348千字
版　　次	2021年12月第1版　2021年12月第1次印刷
印　　数	0001—1800册
定　　价	**100.00**元

编审人员名单

主　　　审：郁孟龙　丰景春

副　主　审：江兴南　葛瑛芳

主　　　编：佘春勇　张　可

副　主　编：潘仁友　林祥志　穆永波

主要编写人员：（以姓氏笔画为序）

马兆龙　王龙宝　叶　飞　李　明
李欣燕　吴阳锋　吴晓翔　张天山
张　晔　林万青　金棋武　周　毓
俞贬荣　施荣跃　傅国强　傅夏冰
谢　慧　薛　松

序

水利工程是以兴利除害、水资源配置为主要功能的基础性设施，其建设质量事关人民群众生命财产安全和经济社会发展大局，政府的监管尤为重要。我国建设工程质量监督管理制度始于1984年，2000年1月10日国务院第25次常务会议通过的《建设工程质量管理条例》（国务院令第279号）正式明确了这一制度，其主要目的是保障公共安全和公共利益，具有权威性、强制性的特点，履行政府行政管理职能。

近年来，我省在水利工程质量监督方面大胆地开展探索和实践，在监督理念、机制、方法上寻突破、求创新、出实招。经过努力，省、市、县三级质量监督体系进一步健全，形成了以监督项目法人为核心、三级联动的质量监督工作机制；率先在全国水利行业开发应用了移动监督App、质量检测服务平台等数字化监管系统；率先组织全省在建水利工程质量安全交叉大检查；持续开展全省面上小型水利工程质量抽检，这些工作筑就了浙江水利工程建设质量的坚实堤坝，成绩斐然。在全国水利工程建设质量考核中，浙江省连续6年获得考核A级的好成绩。

本书对水利工程质量监督管理所涉及的政策法规、监管实务及技术要点进行了系统阐述与深度解读，内容丰富翔实，具有一定的借鉴和参考价值。“致知在格物、格物而后知至”，希望本书的出版，能够为各级水利工程质量监督机构依法、规范地开展质量监督工作提供帮助，也能为全国水利工程质量监督管理工作分享浙江经验做出积极贡献。

浙江省水利厅党组成员、副厅长： 杨炯

2021年11月

前言

“百年大计，质量第一”，水利工程质量不仅关系到水利设施的效益发挥，更关系到国民经济的可持续发展和人民群众的生命财产安全。近年来，国家和水利部不断加强水利工程质量监督管理工作，逐步完善了水利工程质量监督的法律、法规体系，细化了质量监督的内容和标准，为各地水利工程质量监督工作的进一步提升提出了明确的方向和具体的要求。

随着“五水共治”重大决策部署以来，浙江省水利工程建设投资快速增长。在水利大投入、大建设、大发展的背景下，浙江省水利工程建设迈上了一个新的台阶，无论是投资规模，还是管理水平都稳居全国前列。同时，水利工程质量监督按照“补短板、强监管、走前列，推进水利高质量发展”的要求，不断加强质量监督工作力度，创新质量监督方式方法，在水利工程质量抽检、事权划分、监督模式创新、数字化转型等方面开展了探索和尝试，取得了一定的经验和成果。

为了进一步贯彻水利工程质量监督管理方面的新政策、新理念，总结前期探索中的成功经验，为浙江省及兄弟省份的水利工程质量监督人员提供系统性的培训教材，浙江省水利水电工程质量与安全管理中心组织骨干力量编写了本书。

本书从政府监督视角系统性地介绍了水利工程质量监督工作中的法律法规体系、规范化管理流程和关键技术要点。具体内容包括：水利工程建设项目周期及监管要求，参建单位及从业人员的资质（资格）、法定质量与安全义务，质量监督管理的法定职责与职权，监督人员失职、渎职防范建议；水利工程建设全过程质量监督工作的流程、主要检查事项、监管措施和机制创新；施工质量关键环节，监督检查技术要点、试验与检测要求，以及施工典型问题。

本书内容通俗易懂、深入浅出，采用图文并茂的形式，充分利用思维导图、结构图、示意图、表格等表达方式，以及工程照片、典型案例等工程建设实践素材，通过注意事项、监督问答、专家观点等形式为监督人员提供解决方案或意见建议。

本书得到了浙江省水利厅党组及厅领导的诸多关怀与支持，河海大学的老师和同学们对本书的编写给予了大力支持，提出了许多宝贵的建议，汪玉亭、陶国武、李晟、吴凯丽、李红艳、王婷等博士研究生，周雨欣、王雅楠、刘思敏等硕士研究生为本书稿的校对、编排做了大量工作。在此，编者单位向他们一并表示衷心的感谢。

限于编者水平，书中缺点和不足之处在所难免，殷切期望相关专家和广大读者给予批评指正。

本书编写组

2020 年 11 月 21 日

目录

—　管　理　篇　—

— 技 术 篇 —

— 附　录 —

法 规 篇

第一章　水利工程建设质量法律规范体系

法是由国家制定或认可，以权利义务为主要内容，由国家强制力保证实施的社会行为规范及其相应的规范性文件的总称。法作为一种特殊的社会规范，是人类社会发展的产物。“立法权”延伸至行政机关后，依法行政中的“法”从始初的“法律”扩大到了包括法律在内的所有的法规性文件。

第一节　水利工程建设质量管理法规体系

制定保证水利建设工程质量管理秩序的法律制度及其法律体系是政府实施工程质量监督的主要工作和重要依据，法律法规对水行政主管部门的行政行为，对各市场主体的质量行为，对水利工程建设项目的组织、管理、质量、安全等做出了全面、系统的规定，这些规定使质量监督管理工作有法可依。

一、我国法律法规体系的概述

（一）法的层级与效力

我国的法规体系主要包括宪法、法律、行政法规、地方性法规、部门规章、政府规章及其他规范性文件等。

(1) 宪法。宪法具有最高法律效力。宪法由国家最高权力机关的全国人民代表大会表决制定，是我国的根本大法，规定国家制度和社会制度的基本原则和重大问题。宪法在整个法律体系中处于最高的地位，是制定普通法律的依据，违反宪法的法律不发生效力。

(2) 法律。法律的效力仅次于宪法，法律由全国人民代表大会或者其常务委员会制定，与工程建设领域相关的有《中华人民共和国建筑法》等。法律一般以主席令发布。

(3) 行政法规。行政法规由国务院制定，国务院根据宪法和法律，制定有关政治、经济、教育、科技、文化、外事等内容的条例、规定和办法，如《建设工程质量管理条例》《建设工程勘察设计管理条例》等。行政法规一般以国务院令发布。

(4) 地方性法规。省、自治区、直辖市的人民代表大会及其常务委员会根据本行政区域的具体情况和实际需要，在不与宪法、法律、行政法规相抵触的前提下，可以制定地方性法规，如《浙江省交通工程质量安全管理条例》等。设区的市的人民代表大会及其常务委员会根据本市的具体情况和实际需要，可以对城乡建设与管理、环境保护、历史文化保护等方面的事项制定地方性法规，如《绍兴市水资源保护条例》等。

(5) 行政规章。行政规章有部门规章和地方政府规章之分。国务院各部委、中国人民银行、审计署和具有行政管理职能的直属机构，根据法律和国务院的行政法规、决定、命令，在本部门的权限范围内制定的规章即属于部门规章，如水利部制定的《水利工程建设项目验收管理规定》等。省、自治区、直辖市和设区的市、自治州的人民政府根据法律、行政法规和本省、自治区、直辖市的地方性法规，制定的规章属于地方政府规章，如浙江省人民政府制定的《浙江省行政程序办法》等。行政规章一般以部令或省长令发布。

(6) 其他规范性文件。其他规范性文件是行政机关及被授权组织为实施法律和执行政策，在法定权限内制定的除行政法规或规章以外的决定、命令等具有普遍性行为规则的总称。

(二) 分歧解决方式

不同的“法”之间若有冲突，一般按照以下原则处理。

(1) 上位法优于下位法。按照法律制定机关的权力等级确定次序。宪法高于法律，法律高于行政法规，行政法规高于地方性法规，地方性法规高于同级和下级政府规章，上级政府制定的规章高于下级政府制定的规章。

(2) 新法优于旧法，特别条款优于一般条款。该原则主要针对同一机关制定的同等级的法律规范。

(3) 部门规章之间、部门规章与地方政府规章之间具有同等效力，在各自的权限范围内施行。

(4) 争议裁决方式：①同一机关制定的新的一般规定与旧的特别规定不一致时，由制定机关裁决。②地方性法规与部门规章之间对同一事项的规定不一致时，由国务院提出意见，国务院认为应当适用地方性法规的，该地方适用地方性法规的规定；国务院认为应当适用部门规章的，应当提请全国人民代表大会常务委员会裁决。③部门规章之间、部门规章与地方政府规章之间对同一事项的规定不一致时，由国务院裁决。④根据授权制定的法规与法律规定不一致时，由全国人民代表大会常务委员会裁决。

二、水利工程建设质量管理法规文件

(一) 有关法律

直接针对水利工程建设质量管理的法律较少，但我们可以在一些综合性、专业性法律中找到水利工程建设质量管理依据。如《中华人民共和国建筑法》就提出了质量体系认证、质量保修、承发包等系列质量管理制度。经梳理，与水利工程建设质量管理相关的法律见表 1-1。

表 1-1 与水利工程建设质量管理相关的法律

序号	文 件 名	制定机关	文 号	制定或最新修订时间
1	中华人民共和国建筑法	全国人大常委会	主席令第 46 号	2019 年 4 月
2	中华人民共和国民法典	全国人大常委会	主席令第 45 号	2020 年 5 月
3	中华人民共和国水法	全国人大常委会	主席令第 48 号	2016 年 7 月
4	中华人民共和国防洪法	全国人大常委会	主席令第 69 号	2016 年 7 月
5	中华人民共和国招标投标法	全国人大常委会	主席令第 87 号	2017 年 12 月
6	中华人民共和国产品质量法	全国人大常委会	主席令第 33 号	2018 年 12 月

（二）行政法规与地方性法规

法规包括行政法规和地方性法规。行政法规由国务院制定，地方性法规由省级或者设区的市一级人大及其常委会制定。涉及水利工程建设质量管理的行政法规及地方性法规见表 1-2。

表 1-2 水利工程建设质量管理的行政法规及地方性法规

序号	文 件 名	制定机关	文 号	制定或者最新修订
1	建设工程质量管理条例	国务院	国务院令第 279 号	2019 年 4 月
2	建设工程勘察设计管理条例	国务院	国务院令第 293 号	2017 年 10 月
3	中华人民共和国招标投标法实施条例	国务院	国务院令第 613 号	2019 年 3 月
4	政府投资条例	国务院	国务院令第 712 号	2019 年 4 月
5	浙江省建设工程质量管理条例	浙江省人大常委会	浙江省第八届人大常委会第 34 号	2017 年 11 月
6	浙江省建筑业管理条例	浙江省人大常委会	浙江省第八届人大常委会第 58 号	2014 年 11 月
7	浙江省海塘建设管理条例	浙江省人大常委会	浙江省第九届人大常委会第 11 号	2015 年 12 月
8	浙江省建设工程监理管理条例	浙江省人大常委会	浙江省第九届人大常委会第 50 号	2014 年 11 月
9	浙江省建设工程勘察设计管理条例	浙江省人大常委会	浙江省第十届人大常委会第 18 号	2014 年 11 月
10	浙江省招标投标条例	浙江省人大常委会	浙江省第十届人大常委会第 51 号	2014 年 12 月
11	浙江省检验机构管理条例	浙江省人大常委会	浙江省第十届人大常委会第 76 号	2015 年 12 月

（三）行政规章

为加强水利工程建设质量监督管理，保证工程质量，发挥投资效益，水利部、住房和城乡建设部（以下简称“住建部”）、浙江省人民政府等部门出台了系列行政规章，见表1-3。

表1-3　水利工程建设质量管理相关部门规章

序号	文件名	制定机关	文号	制定或者最新修订
1	水利工程质量管理规定	水利部	水利部令第7号	2017年12月
2	水利工程质量事故处理暂行规定	水利部	水利部令第9号	1999年3月
3	水利工程建设监理规定	水利部	水利部令第28号	2017年12月
4	水利工程建设监理单位资质管理办法	水利部	水利部令第29号	2019年5月
5	水利工程建设项目验收管理规定	水利部	水利部令第30号	2017年12月
6	水利工程质量检测管理规定	水利部	水利部令第36号	2019年5月
7	建筑业企业资质管理规定	住建部	住建部令第22号	2015年3月
8	实施工程建设强制性标准监督规定	住建部	住建部令第81号	2015年1月
9	建设工程勘察设计资质管理规定	住建部	住建部令第160号	2018年12月
10	浙江省政府投资项目管理办法	浙江省政府	省政府令185号	2018年1月

（四）其他规范性文件

其他规范性文件指除法律、法规以外的，由各级政府及部门出台的水利工程建设质量相关的规范性文件，水利工程建设与质量管理规范性文件见表1-4。

表1-4　水利工程建设与质量管理规范性文件

序号	文件名	制定机关	文号
1	关于开展质量提升行动的指导意见	国务院	中发〔2017〕24号
2	关于促进建筑业持续健康发展的意见	国务院	国办发〔2017〕19号
3	水利工程质量监督管理规定	水利部	水建〔1997〕339号
4	水利建设工程质量监督工作清单	水利部	办监督〔2019〕211号

续表

序号	文　件　名	制定机关	文　号
5	水利工程运行管理监督检查办法问题清单（2020年版）	水利部	水监督〔2020〕124号
6	水利建设质量工作考核办法	水利部	水建管〔2018〕102号
7	水利工程建设项目管理规定（试行）	水利部	水建〔1995〕128号
8	水利工程设计变更管理暂行办法	水利部	水规计〔2020〕283号
9	水利工程建设程序管理暂行规定	水利部	水建〔1998〕16号
10	水利水电建设工程蓄水安全鉴定暂行办法	水利部	水建管〔1999〕177号
11	水利工程建设项目档案验收管理规定	水利部	水办〔2021〕200号
12	水利工程建设标准强制性条文管理办法（试行）	水利部	水国科〔2012〕546号
13	关于印发进一步明确水利工程建设质量与安全监督责任的意见的通知	水利部	水建管〔2014〕408号
14	关于印发水利工程建设项目法人管理指导意见的通知	水利部	水建设〔2020〕258号
15	关于加强水利工程建设监理工程师造价工程师质量检测员管理的通知	水利部	办建管〔2017〕139号
16	水利工程施工转包违法分包等违法行为认定查处管理暂行办法	水利部	水建管〔2016〕420号
17	关于发布水利工程质量检测单位资质等级标准的公告	水利部	水利部公告〔2018〕3号
18	关于进一步推进水利工程质量检测单位乙级资质认定改革工作的意见	水利部	办建设〔2019〕244号
19	水利建设市场主体信用信息管理办法	水利部	水建设〔2019〕306号
20	水利建设市场主体信用评价管理办法	水利部	水建设〔2019〕307号
21	关于水利工程开工审批取消后加强后续监管工作的通知	水利部	水建管〔2013〕331号
22	水利工程建设项目代建制管理指导意见	水利部	水建管〔2015〕91号
23	中国水利工程优质（大禹）奖评选管理办法	中国水利工程协会	中水协〔2020〕29号
24	建筑业企业资质标准	住建部	建市〔2014〕159号

续表

序号	文　件　名	制定机关	文　号
25	关于简化建筑业企业资质标准部分指标的通知	住建部	建市〔2016〕226号
26	工程勘察资质标准	住建部	建市〔2013〕9号
27	工程设计资质标准	建设部	建市〔2007〕86号
28	关于进一步严格规范工程建设项目招标投标活动的意见	浙江省政府	浙政发〔2014〕39号
29	关于进一步明确水利工程建设质量与安全监督事权划分的意见	浙江省水利厅	浙水建〔2016〕33号
30	浙江省水利工程质量检测管理办法	浙江省水利厅	浙水建〔2017〕23号
31	浙江省水利工程建设质量责任主体项目负责人终身责任管理办法（试行）	浙江省水利厅	浙水建〔2019〕8号
32	浙江省水利监督工作规则（试行）	浙江省水利厅	浙水办监督〔2019〕11号
33	关于加强水利建设施工现场人员资格管理的公告	浙江省水利厅	浙水建〔2018〕1号
34	浙江省水利工程质量检测资质认定告知承诺制管理办法（试行）	浙江省水利厅	浙水建〔2019〕12号
35	关于加强重大水利工程质量管理的意见	浙江省水利厅	浙水治〔2017〕4号
36	浙江省水利建设市场信息登记和发布管理办法（暂行）	浙江省水利厅	浙水建〔2013〕31号
37	浙江省建设工程钱江杯奖（优质工程）认定办法	浙江省住建厅	浙建〔2018〕20号

第二节　工程建设质量管理基本法律制度

1998年3月，《中华人民共和国建筑法》（以下简称《建筑法》）正式施行。《建筑法》对质量管理等基础法律制度做出了原则性规定；《建设工程质量管理条例》（国务院令第279号）明确了国家实施工程质量监督制度。这些基本法律制度对加强水利工程建设质量管理发挥了重要作用。

一、项目法人制

为建立投资责任约束机制，规范项目主体行为，明确其责、权、利，提高投资效益，原国家计划委员会依照《中华人民共和国公司法》，于1996年1月制定颁发了《关于实行建设项目法人责任制的暂行规定》（简称《规定》）。根据《规定》要求，国有单位经营性基本建设大中型项目必须组建项目法人，实行项目法人责任制。《规定》明确了项目法人的设立、组织形式和职责、任职条件和任免程序及考核和奖惩等要求。

《规定》明确由项目法人承担投资风险，项目法人要对工程项目的建设及建成后的生产经营实行一条龙管理和全面负责。

水利行业探索项目法人制的起步较早，1995 年，水利部颁布了《水利工程项目实行项目法人责任制的若干意见》，将项目法人责任制作为水利建设四大基本制度的核心，为水利工程建设管理向规范化和高效化奠定了基础。2020 年，水利部印发了《水利工程建设项目法人管理指导意见》，从项目法人组建、项目法人职责等方面提出了更为详细的规范和要求。

二、工程招投标制

工程招投标制源自《建筑法》第三章的第十五条至第二十九条，这些条款对工程发包与承包制度作出了原则性规定。“建筑工程的发包单位与承包单位应当依法订立书面合同，明确双方的权利和义务”“建筑工程招标的开标、评标、定标由建设单位依法组织实施，并接受有关行政主管部门的监督”。

工程发包与承包是指发包通过合同委托承包方为其完成某工程的全部或其中一部分工作的交易行为。通常工程发包方为项目法人或工程总承包单位，而工程承包方可包括工程勘察设计单位、施工单位、工程设备供应或制造单位等。

建设工程承包方式主要有三种：一是全过程承包，即俗称“交钥匙工程”；二是设计、施工总承包，即从勘察、设计到竣工验收为止的总承包；三是施工总承包，即对工程施工全过程进行总承包。建设工程承包方式如图 1-1 所示。

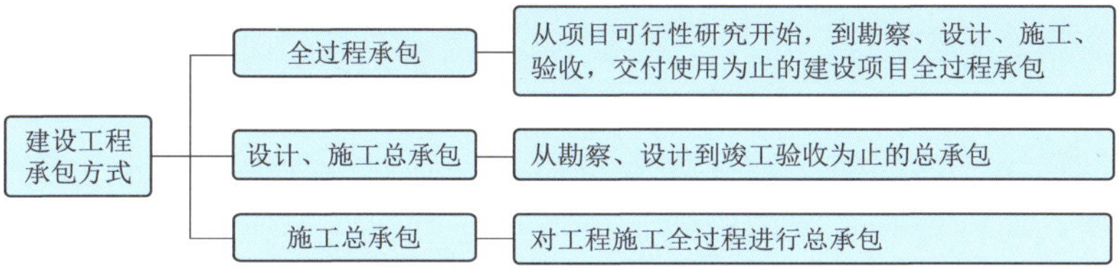

图 1-1　建设工程承包方式

承发包方式包括招标和直接发包两种。建筑工程实行招标发包的，发包单位应当将建筑工程发包给依法中标的承包单位。建筑工程实行直接发包的，发包单位应当将建筑工程发包给具有相应资质条件的承包单位。

三、工程监理制

建设工程监理源自《建筑法》第四章的五条内容，其中第三十条规定，“国家推行建筑工程监理制度。国务院可以规定实行强制监理的建筑工程的范围”；

第三十一条规定，“建筑工程监理应当依照法律、行政法规及有关的技术标准、设计文件和建筑工程承包合同，对承包单位在施工质量、建设工期和建设资金使用等方面，代表建设单位实施监督。”

工程监理是指具有相应资质的工程监理企业，接受建设单位的委托，承担其项目管理工作，并代表建设单位对承建单位的建设行为进行监控的专业化服务活动。工程监理制度的主要目标是对工程进行“四控制、二管理、一协调”，“四控制”是指投资控制、进度控制、质量控制、安全控制，“二管理”是指合同管理和信息管理，“一协调”是指组织协调。我国的建设工程监理制于1988年开始试点，1997年《建筑法》以法律制度的形式做出规定后，建设工程监理在全国范围内进入全面实施阶段。

四、合同制

水利工程合同管理制来源于《中华人民共和国合同法》（以下简称《合同法》)。《合同法》规定，建设工程合同是承包人进行工程建设，发包人支付价款的合同。建设工程合同实质上是一种特殊的承揽合同。

《合同法》第十六章对建设工程合同进行了详细的规定，将建设工程合同分为建设工程勘察合同、建设工程设计合同、建设工程施工合同。同时，《合同法》对合同的签订、执行、违约、赔偿等内容进行规范。对没有约定的，按照承揽合同的有关规定执行。

五、市场准入制

从业资质与资格制度源自《建筑法》第二章第二节，包括从业单位资质和从业人员资格。《建筑法》第十三条规定，“从事建筑活动的建筑施工企业、勘察单位、设计单位和工程监理单位，按照其拥有的注册资本、专业技术人员、技术装备和已完成的建筑工程业绩等资质条件，划分为不同的资质等级，经资质审查合格，取得相应等级的资质证书后，方可在其资质等级许可的范围内从事建筑活动”。《建筑法》第十四条规定，“从事建筑活动的专业技术人员，应当依法取得相应的执业资格证书，并在执业资格证书许可的范围内从事建筑活动”。

为了保证水利工程项目勘察、设计、施工及工程监理等环节的科学性和专业性，我国在水利工程建设项目实施过程中，实行了市场准入制度，即从项目前期的规划设计到工程的具体实施等环节，都由经过招投标产生的符合资质要求的企业全权负责。

2019年8月12日，国务院办公厅发布重要通知，涉及建筑业资质、职业资格、工程审批改革、招投标等多项重要内容。其中一条是大力清理简并资质类别、等级，推动技能人员水平评价类职业资格分批调整退出国家职业资格目录。

六、质量保修制度

质量保修制度源自《建筑法》第六十二条规定，“建筑工程实行质量保修制度……保修的期限应当按照保证建筑物合理寿命年限内正常使用，维护使用者合法权益的原则确定”。《水利工程质量管理规定》（水利部令第 7 号）第三十八条规定，“水利工程保修期从通过单项合同工程完工验收之日算起，保修期限按法律法规和合同约定执行。工程质量出现永久性缺陷的，承担责任的期限不受以上保修期限制。”《水利工程质量管理规定》（水利部令第 7 号）第三十九条规定，“水利工程在规定的保修期内，出现工程质量问题，一般由原施工单位承担保修，所需费用由责任方承担”。

工程质量保修制度是为了进一步确保建设工程质量所建立的一种制度。它是建立在工程合格的基础之上的一种保证，即使合同双方在订立合同时将保修的义务略过不提，或不在合同中有所涉及，但有关保修的权利义务也同样对双方适用。

这种保修的义务只针对验收合格的工程，对于未能通过验收的建设项目不适用。我国相关法律法规分别对建设工程保修制度的保修原则、保修范围、保修期限、保修主体和保修费用进行了规范，这些内容都是保修制度的基础。

七、质量监督制度

工程质量监督制度源自《建设工程质量管理条例》（国务院令第 279 号）第四十三条，“国家实行建设工程质量监督管理制度……国务院铁路、交通、水利等有关部门按照国务院规定的职责分工，负责全国的有关专业建设工程质量的监督管理……县级以上地方人民政府交通、水利等有关部门在各自的职责范围内，负责本行政区域内的专业建设工程质量的监督管理”。

工程质量监督是我国水利工程质量管理体系的一项基本制度，至今已走过了 30 多年的发展历程，期间经过不断探索和创新，监督效能不断提高，对于规范工程建设各方主体质量行为、确保我国水利工程质量起到了重要作用。

工程质量监督是为保证公共利益和公众安全，对工程是否执行国家有关法律法规和工程建设强制性标准进行的监督，是政府监管工程质量的重要手段。因此，工程质量监督是一项行政管理职能。

第三节　水利工程基本建设程序与政府监管

水利工程建设质量不但关系到水利设施的安全和正常运行，也关系到人民生命和财产安全。一旦出现质量问题，特别是发生重大垮塌事故，将严重危及人民生命和财产安全。因此，百年大计质量第一，为确保水利工程建设项目的安全可靠，我国水利工程建设需先进行规划，并按基本建设程序实施，政府对水利工程建设周期实施全过程监管。

一、工程立项

工程立项包括项目建议书、可行性研究两个阶段。项目建议书是就某一具体拟建水利工程项目提出的项目建议文件和框架性总体设想。项目建议书的编制以已批准的流域综合规划及专业规划、水利发展中长期规划为依据，一般由政府委托有相应资格的设计单位承担，并按国家现行规定向主管部门申报审批。项目建议书被批准后，组建项目法人筹备机构，开展下一阶段工作。

可行性研究分析项目的必要性、可行性，评估项目经济效益和社会效益。可行性研究报告应按照《水利水电工程可行性研究报告编制规程》（SL 618—2019）编制，按现行审批权限申请报批。可行性研究报告经批准后不得随意修改和变更，主要内容有重要变动应经报原审批机关批准。项目可行性报告批准后，应正式成立项目法人，并按项目法人责任制实行项目管理。

二、初步设计

初步设计是根据批准的可行性研究报告提供必要而准确的设计资料，对设计对象进行通盘研究，阐明拟建工程在技术上的可行性和经济上的合理性，规定项目的各项基本技术参数，编制项目的总概算。初步设计任务应择优选择有项目相应资格的设计单位承担，按照《水利水电工程初步设计报告编制规程》（SL 619—2013）编制。

初步设计文件报批前，一般须由项目法人委托有相应资格的工程咨询机构或组织行业各方面（包括管理、设计、施工、咨询等）的专家，对初步设计中的重大问题进行咨询论证。设计单位根据咨询论证意见，对初步设计文件进行补充、修改、优化。初步设计由项目法人组织审查后，按国家现行规定权限向主管部门申报审批。初步设计文件经批准后，主要内容不得随意修改、变更，并作为项目建设实施的技术文件基础。如有重要修改、变更，须经原审批机关复审同意。

三、施工准备

施工准备工作由项目法人组织实施，主要包括以下内容：施工现场的征地、拆迁；完成施工用水、电、通信、道路和场地平整等工程；必需的生产、生活临时建筑工程；实施经批准的应急工程、试验工程等专项工程；组织招标设计、咨询、设备和物资采购等服务；组织相关监理招标，组织主体工程招标准备工作。

除某些不适合招标的特殊工程项目外（须经水行政主管部门批准），水利工程建设项目均须实行招标投标。水利工程建设项目的招标投标，按有关法律、行政法规和《水利工程建设项目招标投标管理规定》等规章规定执行，由有关主管部门进行监督管理。

《建设工程质量管理条例》第十一条规定，“施工图设计文件未经审查批准的，不得使用。”2017 年 1 月 12 日国务院的《关于第三批取消中央指定地方实施行政许可事项的决定》（国发〔2017〕7 号）文件，其中第 14 项由省、市、县级水行政主管部门审批的“水利施工图设计文件审批”被取消。可以这样理解，水利工程施工图审查作为行政许可事项被取消后，施工图质量审查交由项目法人负责，水行政主管部门应加强对施工图质量的事中事后监管。

四、工程建设实施

建设实施阶段是指主体工程的建设实施阶段，项目法人按照批准的建设文件组织工程建设，保证项目建设目标的实现。水利工程建设项目一般由项目法人牵头，组织勘察、设计、施工和监理四方主体实施。水利工程具备开工条件后，主体工程方可开工建设。项目法人或者建设单位应当自工程开工之日起 15 个工作日内，将开工情况报水行政主管单位备案。

项目法人要按批准的许可文件，充分发挥管理的主导作用，协调设计、监理、施工及地方等各方面的关系，为施工创造良好的外部条件。监理单位按合同规定在现场从事组织、管理、协调、监督工作。设计单位应按合同规定及时提供施工详图，派出设计代表驻施工现场解决施工中出现的设计问题。施工企业要切实加强管理，认真履行签定的承包合同。

《建设工程质量管理条例》确定了“县级以上人民政府建设行政主管部门和其他有关部门应当加强对建设工程质量的监督管理”。水利工程建设项目的质量监督，按照分级管理的原则，由水行政主管部门或其设立的监督机构组织实施。

五、生产准备阶段

生产准备是项目投产前所要进行的一项重要工作，是建设阶段转入生产经营的必要条件。项目法人应按照建管结合和项目法人责任制的要求，适时做好有关生产准备工作。

《水利工程建设程序管理暂行规定》对生产准备做出了具体的规定，主要包括：①生产组织准备。建立生产经营的管理机构及相应管理制度。②招收和培训人员。按照生产运营的要求，配备生产管理人员，并通过多种形式的培训提高人员素质，使之能满足运营要求。生产管理人员要尽早介入工程的施工建设，参加设备的安装调试，熟悉情况，掌握好生产技术和工艺流程，为顺利衔接基本建设和生产经营阶段做好准备。③生产技术准备。主要包括技术资料的汇总、运行技术方案的制定、岗位操作规程制定和新技术准备。④生产的物资准备。主要是落实投产运营所需要的原材料、协作产品、工器具、备品备件和其他协作配合条件的准备。⑤正常的生活福利设施准备。

六、工程验收阶段

在水利工程建设项目验收阶段，应及时按照《水利工程建设项目验收管理规定》（水利部令第30号）组织验收工作。按验收主持单位性质不同，验收分为法人验收和政府验收两类。法人验收是指在项目建设过程中由项目法人组织进行的验收，如分部工程验收、单位工程验收；政府验收是指由有关人民政府、水行政主管部门或者其他有关部门组织进行的验收，如下闸蓄水验收、通水阶段验收、机组启动验收等。

水利工程建设项目验收的依据主要包括：国家有关法律、法规、规章和技术标准；有关主管部门的规定；经批准的工程立项文件、初步设计文件、调整概算文件；经批准的设计文件及相应的工程变更文件；施工图纸及主要设备技术说明书、施工合同等。

竣工验收是工程完成建设目标的标志，是全面考核基本建设成果、检验设计和工程质量的重要步骤。相关步骤包括：工程建设项目的建设内容全部完成，并经过分部、单位工程验收；按要求完成档案资料的整理，并经过验收；完成竣工决算文件编制，通过审计机关竣工审计；项目法人在完成竣工自查验收后，可向验收主管部门提出申请，由项目主管部门组织验收。工程规模较大、技术较复杂的建设项目可先组织安全鉴定，技术预验收。不合格的工程不予验收；有遗留问题的项目，对遗留问题必须有具体的处理意见，明确处理期限并落实责任人。

七、项目后评价

建设项目竣工投产后，一般经过1～2年生产运营后，要进行一次系统的项目后评价，主要包括项目投产后对各方面的影响进行评价，对项目投资、国民经济效益、财务效益、技术进步和规模效益、可行性研究深度等进行评价，对项目的立项、设计施工、建设管理、竣工投产、生产运营等全过程进行评价。

《水利工程建设程序管理暂行规定》对项目后评价的组织层次提出了具体的要求，包括项目法人的自我评价、项目行业的评价、计划部门（或主要投资方）的评价，对后评价的原则、作用和目标都进行了详细规定。

本 章 小 结

质量是水利工程建设的核心，关系到国家和广大人民群众生命和财产安全，以及社会的稳定。为确保水利工程建设项目的安全可靠，政府对水利工程建设建立了完整的法规体系，实现了工程建设周期的全过程监管，质量监督人员应熟悉水利工程建设周期及政府监管要求，为依法依规开展质量监督工作打下坚实基础。本章对上述体系进行了介绍和总结，以期让各级监督人员了解我国水利工程基本建设程序与政府的监管方式。

第二章　市场主体资质及从业人员资格

我国对从事水利工程建设的市场主体及主要从业人员实行“双控”准入制度，即从事水利工程建设的企业市场主体应当具备一定的主体资质，其从业人员则应当具备一定的职业资格。本章对参与水利工程建设的勘察、设计、监理、施工等主要单位资质和人员资格、业务范围等进行了系统性总结、分析，为各级水行政主管部门及监督人员提供了参考依据。

第一节　勘察、设计单位及从业人员

从事水利建设工程勘察、设计活动，应当坚持先勘察、后设计、再施工的原则。水利工程建设项目的勘察、设计必须依法进行，严格执行工程建设强制性标准，并对工程勘察、设计的质量负责，防止不科学选址和可能造成环境资源破坏的建设工程给事故灾害埋下隐患。勘察设计文件必须符合国家标准、规范，特别是强制性标准要求，这是保证勘察设计质量水平，从而确保工程建设质量安全的基本要求。

一、工程勘察、设计单位资质

从事建设工程勘察、工程设计活动的企业，应当按照其拥有的资产、专业技术人员、技术装备和勘察设计业绩等条件申请资质，经审查合格，取得建设工程勘察、工程设计资质证书后，方可在资质许可的范围内从事建设工程勘察、工程设计活动。

除建设工程主体部分的勘察、设计外，经发包方书面同意，承包方可以将建设工程其他部分的勘察、设计再分包给其他具有相应资质等级的建设工程勘察、设计单位。建设工程勘察、设计单位不得将所承揽的建设工程勘察、设计转包。承包方必须在建设工程勘察、设计资质证书规定的资质等级和业务范围内承揽建设工程的勘察、设计业务。

（一）资质类别与等级

1．工程勘察资质

《建设工程勘察设计资质管理规定》（中华人民共和国建设部令第160号）及《建设工程企业资质管理制度改革方案》（建市〔2020〕94号）对勘察设计企业的资质进行了具体的规定。工程勘察资质分为综合资质、专业资质。

（1）工程勘察综合资质。工程勘察综合资质是指包括全部工程勘察专业资质的工程勘察资质。工程勘察综合资质不分等级。

（2）工程勘察专业资质。工程勘察专业资质分为岩土工程、工程测量、勘探测试三个类别，专业资质设甲、乙两个等级。

2. 工程设计资质

工程设计资质分为综合资质、行业资质和专业资质。综合资质不分等级；行业资质、专业资质设甲、乙两个级别。水利行业专业资质包括水库枢纽专业、引调水专业、灌溉排涝专业、围垦专业、河道整治与城市防洪专业、水土保持与水文设施专业共6项。

（二）业务范围

1. 工程勘察资质

（1）工程勘察综合资质。承担各类建设工程项目的岩土工程、工程测量、勘探测试业务，其规模不受限制。

（2）工程勘察专业资质。

1）甲级：承担本专业资质范围内各类建设工程项目的工程勘察业务，其规模不受限制。

2）乙级：承担本专业资质范围内各类建设工程项目乙级及以下规模的工程勘察业务。

2. 工程设计资质

承担资质证书许可范围内的工程设计业务，承担与资质证书许可范围相应的建设工程总承包、工程项目管理和相关的技术、咨询与管理服务业务。承担业务的地区不受限制。

（1）综合资质。承担各行业建设工程项目的设计业务，其规模不受限制，但在承接工程项目设计时，须满足本标准中与该工程项目对应的设计类型对人员配置的要求。承担其取得的施工总承包（施工专业承包）一级资质证书许可范围内的工程施工总承包（施工专业承包）业务。

（2）工程设计行业资质。

1）甲级承担本行业建设工程项目主体工程及其配套工程的设计业务，其规模不受限制。

2）乙级承担本行业中、小型建设工程项目的主体工程及其配套工程的设计业务。

（3）工程设计专业资质。

1）甲级承担本专业建设工程项目主体工程及其配套工程的设计业务，其规模不受限制。

2）乙级承担本专业中、小型建设工程项目的主体工程及其配套工程的设计业务。

二、勘察、设计从业人员资格

国家对从事建设工程勘察、设计活动的专业技术人员，实行执业资格注册管理制度。未经注册的建设工程勘察、设计人员，不得以注册执业人员的名义从事建设工程勘察、设计活动。建设工程勘察、设计注册执业人员和其他专业技术人员只能受聘于一个建设工程勘察、设计单位；未受聘于建设工程勘察、设计单位的，不得从事建设工程的勘察、设计活动。这些注册执业资格包括注册结构工程师、注册岩土工程师、注册电气工程师、注册机械工程师、注册土木工程师、注册造价工程师，如图 2－1 所示。

图 2－1 勘察设计从业人员注册执业资格

第二节 监理单位及从业人员

工程监理指监理单位受建设单位委托，根据法律法规、工程建设标准、勘察设计文件及合同，在施工阶段对建设工程质量、造价、进度进行控制，对合同、信息进行管理，对工程建设相关方的关系进行协调的一种服务活动。

一、监理单位资质

依照《中华人民共和国行政许可法》和行政审批制度改革的有关规定，《国务院对确需保留的行政审批项目设定行政许可的决定》（国务院令第 412 号）明确由水利部对水利工程监理单位资质进行审批。《水利工程建设监理单位资质管理办法》（水利部令第50号，2019年第四次修改）第六条中有“监理单位资质分为水利工程施工监理、水土保持工程施工监理、机电及金属结构设备制造监理和水利工程建设环境保护监理四个专业”。本书主要梳理水利部关于水利工程建设项目中涉及的水利工程施工监理、机电及金属结构设备制造监理专业资质及承担的业务范围。

（一）水利工程施工监理专业资质

水利工程施工监理专业资质分为甲级、乙级两个等级，各等级可承担的业务见表2-1。

表2-1　水利工程施工监理专业资质类型

等级	可承担业务
甲级	各等级水利工程的施工监理业务
乙级	Ⅱ等（堤防2级）以下各等级水利工程的施工监理业务

（二）机电及金属结构设备制造监理专业资质

设备制造监理即在建设项目中对重要设备形成过程中的质量、进度等环节工作进行控制、见证、检验和审核。设备制造监理对质量计划进行审核，选取停工待检点和见证点，并按相应程序完成质量计划的审批；对质量计划的控制点进行见证，并签字确认。机电及金属结构设备制造监理专业资质分为甲级、乙级两个等级，见表2-2。

表2-2　机电及金属结构设备制造监理专业资质类型

等级	可承担业务
甲级	各等级水利工程的施工监理业务
乙级	水利工程中的中小型机电及金属结构设备制造监理业务

二、监理单位从业人员资格

监理人员一般分为总监理工程师、监理工程师和监理员。水利工程监理工程师纳入国家职业资格制度体系，是经全国统一考试合格，取得职业资格并经注册取得监理工程师岗位证书的工程建设监理人员，主要包括水利工程施工、水土保持工程施工、机电及金属结构设备制造和水利工程建设环境保护四个专业。

监理工程师在总监理工程师授权下开展工作，总监理工程师指由监理单位法定代表人书面授权，全面负责委托监理合同的履行，主持项目监理机构的监理工程师。根据《水利工程施工监理规范》（SL 288—2014），以下事项为总监理工程师职责非授权事项：主持编制监理规划，审批监理实施细则；主持审查承包人提出的分包项目和分包人；审批承包人提交的合同工程开工申请、施工组织设计、施工总进度计划、年施工进度计划、专项施工进度计划、资金流计划；审批承包人按有关安全规定和合同要求提交的专项施工方案、度汛方案和灾害应急预案；签发施工图纸；主持第一次监理工地会议，签发合同工程开工通知、暂停施工指示和复工通知；签发各类付款证书；签发变更、索赔和违约有关文件；签署工程项目施工质量等级评定意见；要求承包人撤换不称职或不宜在本工程工作的现场施工人员或技术、管理人员；签发监理月报、监理专题报告和监理工作报告；参加合同工程完工验收、阶段验收和竣工验收。

监理员的工作职责是：在专业监理工程师的指导下开展现场监理工作；检查承包单位投入工程项目的人力、材料、主要设备及其使用、运行状况，并做好检查记录；复核或从施工现场直接获得工程计量的有关数据并签署原始凭证；按设计图及有关标准，负责旁站工作，发现问题及时指出并向专业监理工程师报告；做好有关的监理记录。监理员通常需要具有大专以上学历并经培训合格。

第三节　施工单位及从业人员

工程施工是水利工程建设管理的核心，也是水利工程建设项目从设计构想到建成落地的重要环节。施工单位组织施工管理时，应确保施工活动在合法、规范的条件下进行，防止施工工艺、施工方法或现场组织管理的不当给工程质量埋下隐患和损失。

一、施工单位资质

《建筑法》第十二条规定，从事建筑活动的建筑施工企业应经资质审查合格，取得相应等级的资质证书后，方可在其资质等级许可的范围内从事建筑活动。

《建设工程质量管理条例》第二十五条规定，施工单位应当依法取得相应等级的资质证书，并在其资质等级许可的范围内承揽工程。禁止施工单位超越本单位资质等级许可的业务范围或者以其他施工单位的名义承揽工程。禁止施工单位允许其他单位或者个人以本单位的名义承揽工程。施工单位不得转包或者违法分包工程。

（一）资质类别与等级

《建筑业企业资质管理规定》（住房和城乡建设部令第 22 号）和《建设工程

企业资质管理制度改革方案》（建市〔2020〕94号）对施工单位的资质进行了具体的制度安排。建筑业企业资质分为综合资质、施工总承包资质、专业承包资质和专业作业资质三个序列。施工综合资质不分行业、不分等级；水利水电工程施工总承包、水利水电工程类专业承包资质设甲、乙两个等级；专业作业资质由审批制改为备案制，不分等级。

（二）业务范围

1. 施工总承包企业业务范围

可以对工程实行施工总承包或者对主体工程实行施工承包。承担施工总承包的企业可以对所承接的工程全部自行施工，也可以将非主体工程或者劳务作业分包给具有相应专业承包资质或者劳务分包资质的其他建筑业企业。

（1）甲级资质：可承担各类型水利水电工程的施工。

（2）乙级资质：可承担工程规模中型以下水利水电工程和建筑物级别3级以下水工建筑物的施工，但下列工程规模限制在以下范围内：坝高70m以下、水电站总装机容量150MW以下、水工隧洞洞径小于8m（或断面积相等的其他形式）且长度小于1000m、堤防级别2级以下。

2. 专业承包企业业务范围

可以承接施工总承包企业分包的专业工程或者建设单位按照规定发包的专业工程。专业承包企业可以对所承接的工程全部自行施工，也可以将劳务作业分包给具有相应劳务分包资质的劳务分包企业。

甲级资质：可承担各类压力钢管、闸门、拦污栅等水工金属结构工程的制作、安装及启闭机的安装；可承担各类水电站、泵站主机（各类水轮发电机组、水泵机组）及其附属设备和水电（泵）站电气设备的安装工程。

乙级资质：可承担大型以下压力钢管、闸门、拦污栅等水工金属结构工程的制作、安装及启闭机的安装；可承担单机容量100MW以下的水电站、单机容量1000kW以下的泵站主机及其附属设备和水电（泵）站电气设备的安装工程。

3. 专业作业资质业务范围

不分等级，可以承接施工总承包企业或者专业承包企业分包的专业作业。

二、施工单位从业人员资格

水利工程建设施工项目部的主要技术管理人员由项目经理、技术负责人、安全员、质检员、施工员等组成。

（1）项目经理是现场施工过程中的最高责任者和组织者，是对施工管理全面负责的管理者，是项目中人、财、物、技术、信息和管理等所有生产要素的组织管理人。项目经理一般由注册建造师担任。建造师是指从事建设工程项目总承包和施工管理关键岗位的执业注册人员。根据《建造师执业资格制度暂行规定》，施工人员必须取得建造师资格并经注册方能担任建设工程项目总承包及施工管理的项目施工负责人。建造师分为一级注册建造师和二级注册建造师。一级注册建造师可以担任《建筑业企业资质等级标准》中规定的特级、一级建筑业企业资质的建设工程项目施工的项目经理；二级注册建造师可以担任二级建筑业企业资质的建设工程项目施工的项目经理。

（2）技术负责人在项目经理的领导下工作，针对工程上的技术做出指导，负责整个项目的技术工作，技术负责人原则上由注册建造师担任。

（3）安全员是施工现场从事安全生产管理的专职人员，督促现场施工人员严格按照规范要求进行施工，随时做好监督。定时或不定时在工地做好安全检查，与施工班组做好安全技术交底，做好安全记录和安全资料。安全员通过培训考核合格后获得证书。

（4）质检员执行国家颁发的安装工程质量验收标准和施工验收规范，照章独立行使质量监督权和内部惩戒权。质检员通过培训考核合格后获得证书。

（5）施工员是施工项目部和班组的联络人，是基层的技术组织管理人员，负责现场监督、测量、编写施工日志、上报施工进度和质量、处理现场问题。施工员通过培训考核合格后获得证书。

第四节　检测单位及从业人员

水利工程质量检测是指依据国家有关法律、法规和标准，对水利工程实体以及用于水利工程的原材料、中间产品、金属结构和机电设备等进行检查、测量、试验或者度量，并将结果与有关标准、要求进行比较以确定工程质量是否合格的活动。检测单位应确保检测活动在合法条件下进行，防止不规范的质量检测行为导致工程实体质量受损。

一、检测单位资质

《国务院对确需保留的行政审批项目设定行政许可的决定》（国务院令第412号，2009年和2016年两次修订）明确了水利工程质量检测资质由水利部、省级人民政府水行政主管部门、流域管理机构审批。《水利工程质量检测管理规定》第三条规定，“检测单位应当按照本规定取得资质，并在资质等级许可的范围内承担质量检测任务”。检测单位应当在资质认定证书规定的检测能力范围内，依据相关标准或者技术规范规定的程序和要求出具检测数据、结果。检测单位出具检测数据、结果时，应当注明检测依据，并使用符合资质认定的基本规范、评审准则规定的用语进行表述。

（一）资质类别与等级

《水利工程质量检测管理规定》对检测单位的资质进行了具体的规定：检测单位资质分为岩土工程、混凝土工程、金属结构、机械电气和量测共5个类别，每个类别分为甲级、乙级两个等级。检测单位资质等级标准由水利部另行制定并向社会公告。

（二）业务范围

取得甲级资质的检测单位可以承担各等级水利工程的质量检测业务。大型水利工程（含一级堤防）主要建筑物以及水利工程质量与安全事故鉴定的质量检测业务，必须由具有甲级资质的检测单位承担。取得乙级资质的检测单位可以承担除大型水利工程（含一级堤防）主要建筑物以外的其他各等级水利工程的质量检测业务。主要建筑物是指失事以后将造成下游灾害或者严重影响工程功能和效益的建筑物，如堤坝、泄洪建筑物、输水建筑物、电站厂房和泵站等。

表 2－3　检测单位不同资质类型可承接的业务范围

等级	可承担业务
甲级	各等级水利工程的质量检测业务
乙级	可承担除大型水利工程主要建筑物以外的其他各级水利工程质量检测业务

二、检测单位从业人员资格

水利工程质量检测员资格证书为水平评价类资格证书，水平评价类考试衡量一个人的专业素质，代表的是专业技能的高低，并没有强制性的准入要求。取得水利工程质量检测员资格证书的人员，在资格有效期内且受聘于一家单位从业的，即可上岗从事水利工程质量检测工作。检测员从业人员资格包括岩土工程、混凝土工程、金属结构、机械电气和量测共5个类别。

检测人员从事检测活动应当遵守国家相关法律法规，遵循客观独立、公平公正、诚实信用原则，恪守职业道德，承担社会责任。检测人员应当独立于其出具的检验检测数据和结果所涉及的利益相关各方，不受任何可能干扰其技术判断因素的影响，确保检测数据和结果的真实、客观、准确。

本　章　小　结

对水利工程建设项目而言，参建单位资质是否符合法律规定的业务承接范围，技术管理岗位人员是否具有相应的资格条件，是开展质量监督工作的第一步。本章对参与水利工程建设的勘察、设计、监理、施工等主要单位资质和人员资格、业务范围进行了系统梳理分析，为质量监督人员有效履行质量监督职责打下基础。

第三章 水利工程建设质量责任与义务

要确保水利工程建设质量、需要项目法人、勘察设计、施工、监理等责任主体各负其责。同时，各级水行政主管部门及监督机构需要熟悉各参建单位的具体责任与义务，从而提高水利工程质量监督工作效率，明确监督重点。

第一节 项目法人的主要质量责任与义务

项目法人作为水利工程建设项目的投资人，有权选择承包单位，有权对建设过程进行检查、控制，负责对工程进行验收，支付工程款和费用，在整个建设活动中居于主导地位。长期以来，水利行业中对项目法人的管理一直是监督管理的薄弱环节，这会直接或间接导致工程出现问题。

一、项目法人的主要质量义务

（1）项目法人应根据国家和水利部有关规定依法设立；项目法人要加强工程质量管理，建立健全施工质量检查体系，根据工程特点建立质量管理机构和质量管理制度。

关于项目法人需要重点关注以下两个问题：

1）项目法人的设立。水利部《关于印发水利工程建设项目法人管理指导意见的通知》（水建管〔2020〕258 号）对项目法人予以规范要求，要建立与新时代水利工程建设管理高质量发展相适应的项目法人管理制度。项目法人对项目建设的全过程负责，对项目的质量、安全、进度和资金管理负总责。水行政主管部门主要负责人不得兼任项目法人的法定代表人，法定代表人、技术负责人应为专职人员。

2）项目法人的质量管理体系。水利工程建设质量的好与坏是一个根本性的问题。水利工程投资大，建成及使用时期长，只有合乎质量标准才能投入生产和交付使用，发挥投资效益。一般来讲，质量管理体系包括了质量管理的规章制度、组织机构、人员配备及责任制四个方面。

（2）项目法人应当将工程发包给具有相应资质等级的单位；项目法人应当依法对工程建设项目的勘察、设计、施工、监理及与工程建设有关的重要设备、材料等的采购进行招标；项目法人不得将建设工程肢解发包。

1）关于发包对象资质。将工程发包给具有相应资质等级的单位来承担，是保证建设工程质量的基本前提。

2）关于依法发包。项目法人选择承包单位和材料供应单位，通常有两种方式，一是直接发包，即项目法人直接将工程的勘察、设计、施工、监理、材料设备供应等委托给有关单位；二是招标采购，包括公开招标和邀请招标。以招标形式发包工程的，项目法人作为招标方，通过发布招标公告、招标文件等方式，提出所需采购项目的性质、数量、质量、技术要求、工期以及对承包商、供应商的资格要求等招标采购条件；经招标方对各投标者的报价和其他条件进行审查比较后，从中择优选定中标者并与之签订合同。

3）关于禁止肢解发包。肢解发包是指项目法人将应当由一个承包单位完成的建设工程分解成若干部分发包给不同的承包单位的行为。禁止肢解分包的目的在于限制项目法人发包工程的最小单位。项目法人肢解发包，使得整个工程建设在管理和技术上缺乏应有的统筹协调，往往造成施工现场秩序的混乱、责任不清，严重影响工程建设质量。

（3）项目法人在工程开工前，应按规定向水利工程质量监督机构办理工程质量监督手续。

这是项目法人办理质量监督手续的责任与义务。水利部《水利工程质量监督管理规定》第二十一条明确规定，项目法人（或建设单位）应在工程开工前到相应的水利工程质量监督机构办理监督手续，签订《水利工程质量监督书》，并履行告知义务。在工程施工过程中，应主动接受质量监督机构对工程质量的监督检查。

（4）项目法人应组织设计和施工单位进行设计交底，施工中应对工程质量进行检查，工程完工后，应及时组织有关单位进行工程质量验收、签证。

上述责任和义务是关于项目法人质量过程管理的总要求。项目法人对工程质量管理负总责。上述条款分别从事前、事中、事后明确了应由项目法人具体承担的三项工作：一是事前组织设计交底，组织参建单位进一步了解、掌握设计意图，更好地完成好施工组织工作。二是工程建设期间对工程质量组织检查，这是项目法人履行质量管理职责的重要方式，项目法人不能认为既已经委托了工程监理单位，就回避自己的质量管理职责。三是事后及时组织相关验收。水利工程验收从内容上看，包括重要隐蔽（关键部位）单元工程验收、分部工程验收、单位工程验收、阶段验收、竣工验收；从组织形式上看，包括了法人验收及政府验收。无论法人验收还是政府验收，验收准备工作都需要由项目法人来组织。

（5）建设工程发包单位不得迫使承包方以低于成本的价格竞标，不得任意压缩合理工期。项目法人不得明示或者暗示设计单位或者施工单位违反工程建设强制性标准，降低建设工程质量。

这是关于项目法人建设管理的原则性要求，针对该项责任，应当重点关注以下两点。

1）针对任意压缩合理工期的现象。主要针对水利工程建设中出现的盲目赶工现象，要避免因无序赶工导致的施工组织混乱、施工质量下降、安全生产事故频发等问题。但需要注意的是，压缩工期并非一律禁止，而应经过科学论证，反对随意压缩工期。

2）关于工程建设强制性标准。强制性标准是保证建设工程结构安全可靠的基础性要求，违反了这类标准，必然会给建设工程带来重大质量隐患。在实践中，一些项目法人为了自身利益，明示或暗示承包单位违反强制性标准的要求，降低了工程质量标准，如要求施工单位使用甲方采购的不合格材料设备等，这种行为是法律所不允许的。

（6）不得使用未经审查批准的施工图设计文件。

开展施工图审查，是提升质量、保障安全的重要手段。国内外许多重大恶性工程事故根源常在于勘察、设计环节出现问题。开展施工图设计审查制度，在图纸交付施工之前就能及时发现勘察、设计重大问题，国务院《关于第三批取消中央指定地方实施行政许可事项的决定》（国发〔2017〕7号）中涉及水利工程的有3项，水利施工图设计文件审批不再作为行政许可事项。但项目法人仍应高度重视施工图审查工作，从项目管理层面组织好对涉及公共安全的强制性标准的施工图审查。

（7）必须实行监理的建设工程，项目法人应当委托具有相应资质等级的工程监理单位进行监理。

根据《建设工程质量管理条例》，实行监理的建设工程包括国家重点建设工程、大中型公用事业工程、利用外国政府或者国际组织贷款、援助资金的工程以及国家规定必须实行监理的其他工程。《水利工程建设监理规定》中有："总投资200万元以上且符合下列条件之一的水利工程建设项目，必须实行建设监理：

（一）关系社会公共利益或者公共安全的；

（二）使用国有资金投资或者国家融资的；

（三）使用外国政府或者国际组织贷款、援助资金的。

铁路、公路、城镇建设、矿山、电力、石油天然气、建材等开发建设项目的配套水土保持工程，符合前款规定条件的，应当按照本规定开展水土保持工程施工监理。"

（8）严格按照国家有关档案管理的规定，及时收集、整理建设项目各环节的文件资料，建立、健全建设项目档案。

对项目法人工程建设档案管理的总要求，建设工程是百年大计，一般的建筑物设计年限都在50～70年，重要的建筑物达100年。在建筑物使用期间，会遇到对建筑物的改建（包括装修）扩建或拆除活动，以及在其旁边进行建设活动，评估对该建筑物可能的不利影响等，都要参考原始的勘察、设计、施工资料，因此，所有的建筑活动都应建立完整的建设项目档案。

水利工程建设项目的档案组织、机构设置、项目文件管理、文件归档、项目档案管理、验收和移交工作应按《水利工程建设项目档案管理规定》（水办〔2021〕200 号）开展工作。

二、涉及项目法人的行政处罚事项

1. 必须进行招标的项目而未招标，将必须进行招标的项目化整为零或者以其他任何方式规避招标

《中华人民共和国招标投标法》第四十九条，“必须进行招标的项目而不招标的，将必须进行招标的项目化整为零或者以其他任何方式规避招标的，责令限期改正，可以处项目合同金额千分之五以上千分之十以下的罚款；对全部或者部分使用国有资金的项目，可以暂停项目执行或者暂停资金拨付；对单位直接负责的主管人员和其他直接责任人员依法给予处分”。

2. 建设单位将工程发包给不具有相应资质条件的参建单位

《建设工程质量管理条例》第五十四条，“违反本条例规定，建设单位将建设工程发包给不具有相应资质等级的勘察、设计、施工单位或者委托给不具有相应资质等级的工程监理单位的，责令改正，处 50 万元以上 100 万元以下的罚款”。

3. 建设单位将建筑工程肢解发包

《建设工程质量管理条例》第五十五条，“违反本条例规定，建设单位将建设工程肢解发包的，责令改正，处工程合同价款 0.5%以上 1%以下的罚款；对全部或者部分使用国有资金的项目，并可以暂停项目执行或者暂停资金拨付”。

4. 建设单位任意压缩合理工期

《建设工程质量管理条例》第五十六条，“违反本条例规定，建设单位有下列行为之一的，责令改正，处 20 万元以上 50 万元以下的罚款……（2）任意压缩合理工期的……”

5. 建设单位明示或者暗示设计单位或者施工单位违反工程建设强制性标准，降低工程质量

《建设工程质量管理条例》第五十六条，“违反本条例规定，建设单位有下列行为之一的，责令改正，处 20 万元以上 50 万元以下的罚款……（3）明示或者暗示设计单位或者施工单位违反工程建设强制性标准，降低工程质量的……”

6. 建设项目必须实行工程监理而未实行工程监理

《建设工程质量管理条例》第五十六条，“违反本条例规定，建设单位有下列行为之一的，责令改正，处 20 万元以上 50 万元以下的罚款……（5）建设项

目必须实行工程监理而未实行工程监理的……”

7. 项目法人未按照国家规定办理工程质量监督手续

《建设工程质量管理条例》第五十六条，“违反本条例规定，建设单位有下列行为之一的，责令改正，处20万元以上50万元以下的罚款……（6）未按照国家规定办理工程质量监督手续的……”

8. 项目法人明示或者暗示施工单位使用不合格的建筑材料、建筑构配件和设备

《建设工程质量管理条例》第五十六条，“违反本条例规定，建设单位有下列行为之一的，责令改正，处20万元以上50万元以下的罚款……（7）明示或者暗示施工单位使用不合格的建筑材料、建筑构配件和设备的……”

第二节 勘察、设计单位的主要质量责任与义务

勘察、设计单位主要职责包括查明、评价工程建设地质地理环境特征和工作条件，对工程建设的技术、经济、资源、环境等条件进行论证比选。由于勘察、设计质量与水利工程建设项目质量有直接相关性，因此勘察、设计质量与水利工程建设项目质量有直接相关性，奠定了水利工程建设项目成功与否的基础。

一、勘察、设计单位的主要质量义务

（1）从事建设工程勘察、设计的单位应当依法取得相应等级的资质证书，并在其资质等级许可的范围内承揽工程。勘察、设计单位不得转包或者违法分包所承揽的工程。

这是关于勘察、设计单位市场准入和市场行为的要求。严禁勘察、设计单位超越其资质等级许可的范围或者以其他勘察、设计单位的名义承揽工程。也禁止其他单位或者个人以单位的名义勘察、设计承揽工程。

勘察、设计单位的资质等级反映了勘察、设计单位从事某项勘察、设计工作的资格和能力，是国家对勘察、设计市场准入管理的重要手段。所谓转包是指勘察、设计单位将其承包的勘察、设计项目任务给第三人的行为。转包容易造成层层扒皮，使最终用于勘察、设计的费用大为降低以至于影响勘察、设计的质量。勘察、设计单位的违法分包主要是指将勘察、设计业务分包给不具备相应资质条件的单位；或勘察、设计单位作为分包单位又将其承包的工程再分包，造成实际用于勘察、设计的费用减少，最终影响勘察、设计的质量。

（2）设计单位必须建立健全设计质量保证体系，加强设计过程质量控制，健全设计文件的审核、会签批准制度，做好设计文件的技术交底工作。该项义

务是关于设计质量管理体系及执行要求的总体体现。

1）关于质量管理体系，设计单位通过建立规章制度、组织机构、责任制来把质量管理活动加以系统化、标准化及制度化，使设计的每个环节都可以被追溯，让设计人员认真对待、谨慎负责，以提升设计工作的科学合理性。设计文件应当符合国家、水利行业有关工程建设法规、工程勘察设计技术规程、标准和合同的要求。设计依据的基本资料应完整、准确、可靠，设计论证充分，计算成果可靠。设计文件的深度应满足相应设计阶段有关规定要求，设计质量必须满足工程质量、安全需要并符合设计规范的要求。

2）关于设计交底，设计交底是指设计单位就设计文件向施工单位作详细的说明，这对施工正确贯彻设计意图，加深对设计文件难点、疑点的理解，确保工程质量有重要的意义。设计交底通常是由设计单位将设计的意图、特殊的工艺要求，以及建筑布置、结构、设备等各专业在施工中的难点、疑点和容易发生的问题等向施工单位做出说明，并负责解释施工单位对设计图纸的疑问。

（3）勘察、设计单位必须按照工程建设强制性标准进行勘察、设计，并对其勘察、设计的质量负责。这是对勘察设计单位勘察设计质量主体责任的要求。工程建设强制性标准是工程建设技术和经验的积累，是勘察、设计工作的技术依据，只有满足工程建设强制性标准才能保证质量，才能满足工程对质量、安全、环保等多方面的要求，因此必须严格执行。

“谁勘察设计，谁负责”，这是国际上通行做法。《中华人民共和国合同法》第二百八十二条规定：“因承包人的原因致使建设工程在合理使用期限内造成人身和财产损害的，承包人应当承担损害赔偿责任。”这也从法律上明确了勘察、设计单位应对其勘察、设计的质量负责。

（4）设计单位在设计文件中选用的建筑材料、建筑构配件和设备，应当注明规格、型号、性能等技术指标，其质量要求必须符合国家规定的标准。这是关于设计单位在设计中选用原材料、构配件、机电设备时的基本原则。为使水利工程的建设准确实现设计意图，设计文件必须注明所选用的原材料、建筑构配件和设备的规格、型号、性能等技术指标，以满足设计文件编制深度的要求。

设计单位不能剥夺其他厂商的平等竞争权，不应妨碍公平竞争。设计文件中指定产品往往涉及回扣等腐败行为，对工程质量管理构成重大隐患。因此，除了特殊要求的建筑材料、专用设备、工艺生产线等外，设计单位不得指定生产厂、供应商。

（5）设计单位应按合同规定及时提供设计文件及施工图纸，随时掌握施工现场情况，优化设计，解决有关设计问题。对大中型工程，设计单位应按合同规定在施工现场设立设计代表机构或派驻设计代表。

这是对设计单位工程建设期间设计服务的总体要求。设计服务主要包括三个方面：①及时根据工程建设进度提供施工图纸。施工图纸是工程建设实施的前提，经审查合格、符合规范的图纸方可用于施工。在工程实践中，由于设计任务重，按时提供施工图纸的比例并不高。②派驻现场机构或设计代表。设计代表是在工地与设计单位联系的联络人，一般由专业技术人员担任，对于大型、新建、重要水利枢纽工程，设计单位应成立现场代表机构。③提供水利工程建设现场服务。设计代表的主要工作是处理与设计相关问题，包括设计图纸的修改完善，解答工程各方提出的问题，签署设计变更或技术联系单；参加重要隐蔽、关键部位单元工程验收，参加分部、单位工程等验收工作。

(6) 设计单位应当参与建设工程质量事故分析，并对因设计造成的质量事故，提出相应的技术处理方案。这是设计单位参与工程质量事故分析义务的责任要求。水利工程质量事故发生后，设计单位有义务参与质量事故分析，水利工程的结构、功能、质量标准在设计阶段就已确定，工程的好坏在一定程度上就是看工程是否准确实现了设计的意图，因此在工程出现事故时，该工程的设计单位对事故的分析具有权威性。

(7) 设计单位应按有关规定在阶段验收、单位工程验收和竣工验收中，对施工质量是否满足设计要求提出评价意见。这是对设计单位在水利工程验收阶段承担质量评价义务的要求。水利工程建设项目是参建各方共同完成的成果，是验收工作的标的物。《建设工程质量管理条例》第三条规定，“建设单位、勘察单位、设计单位、施工单位、工程监理单位依法对建设工程质量负责”，设计单位作为参建单位之一，自然需要对工程质量是否实现设计意图、满足设计要求作出明确的判断。在水利工程建设项目验收的制度设计中也体现这一安排。法人验收时，设计单位是验收成员单位之一，在政府验收中设计单位是被验收单位之一，设计单位均应提交设计工作报告，对施工质量是否满足设计要求提出明确的意见，这既是对设计单位质量管理义务的要求，也是对设计单位参与工程质量管理权利的保护。

二、涉及勘察、设计单位的行政处罚事项

1. 勘察、设计单位超越本单位资质等级承揽工程

法律责任及依据：《建设工程质量管理条例》第六十条，“违反本条例规定，勘察、设计、施工、工程监理单位超越本单位资质等级承揽工程的，责令停止违法行为，对勘察、设计单位或者工程监理单位处合同约定的勘察费、设计费或者监理酬金1倍以上2倍以下的罚款；……情节严重的，吊销资质证书；有违法所得的，予以没收”。

2. 勘察、设计单位未取得资质证书承揽工程

法律责任及依据：《建设工程质量管理条例》第六十条，“违反本条例规定，

勘察、设计、施工、工程监理单位超越本单位资质等级承揽工程的，责令停止违法行为，对勘察、设计单位或者工程监理单位处合同约定的勘察费、设计费或者监理酬金1倍以上2倍以下的罚款；未取得资质证书承揽工程的，予以取缔，依照前款规定处以罚款；有违法所得的，予以没收”。

3. 勘察、设计单位以欺骗手段取得资质证书承揽工程

法律责任及依据：《建设工程质量管理条例》第六十条，“以欺骗手段取得资质证书承揽工程的，吊销资质证书，依照本条第一款规定处以罚款；有违法所得的，予以没收”。

4. 勘察、设计单位允许其他单位或者个人以本单位名义承揽工程

法律责任及依据：《建设工程质量管理条例》第六十一条，“违反本条例规定，勘察、设计、施工、工程监理单位允许其他单位或者个人以本单位名义承揽工程的，责令改正，没收违法所得，对勘察、设计单位和工程监理单位处合同约定的勘察费、设计费和监理酬金1倍以上2倍以下的罚款……可以责令停业整顿，降低资质等级；情节严重的，吊销资质证书”。

5. 未经注册，擅自以注册建设工程勘察、设计人员的名义从事建设工程勘察、设计活动

法律责任及依据：《建设工程勘察设计管理条例》第三十六条，“违反本条例规定，未经注册，擅自以注册建设工程勘察、设计人员的名义从事建设工程勘察、设计活动的，责令停止违法行为，没收违法所得，处违法所得2倍以上5倍以下罚款；给他人造成损失的，依法承担赔偿责任”。

6. 勘察、设计单位将承包的工程转包的或者违法分包

法律责任及依据：《建设工程质量管理条例》第六十二条，“违反本条例规定，承包单位将承包的工程转包或者违法分包的，责令改正，没收违法所得，对勘察、设计单位处合同约定的勘察费、设计费25%以上50%以下的罚款……可以责令停业整顿，降低资质等级；情节严重的，吊销资质证书”。

7. 勘察单位、设计单位未按照工程建设强制性标准进行勘察

法律责任及依据：《建设工程质量管理条例》第六十三条，“违反本条例规定，有下列行为之一的，责令改正，处10万元以上30万元以下的罚款：(1) 勘察单位、设计单位未按照工程建设强制性标准进行勘察、设计的……有前款所列行为，造成工程质量事故的，责令停业整顿，降低资质等级；情节严重的，吊销资质证书；造成损失的，依法承担赔偿责任”。

8. 设计单位未根据勘察成果文件进行工程设计

法律责任及依据：《建设工程质量管理条例》第六十三条，“违反本条例规定，有下列行为之一的，责令改正，处10万元以上30万元以下的罚款……(2) 设计单位未根据勘察成果文件进行工程设计的……有前款所列行为，造成

工程质量事故的，责令停业整顿，降低资质等级；情节严重的，吊销资质证书；造成损失的，依法承担赔偿责任”。

9. 设计单位指定建筑材料、建筑构配件的生产厂、供应商

法律责任及依据：《建设工程质量管理条例》第六十三条，“违反本条例规定，有下列行为之一的，责令改正，处10万元以上30万元以下的罚款：……（3）设计单位指定建筑材料、建筑构配件的生产厂、供应商的……有前款所列行为，造成工程质量事故的，责令停业整顿，降低资质等级；情节严重的，吊销资质证书；造成损失的，依法承担赔偿责任”。

第三节　监理单位的主要质量责任与义务

工程监理是一种有偿技术服务，工程监理单位接受项目法人委托，代表项目法人对建设工程质量进行管理。因此，工程监理工作必须实事求是，遵循客观规律，按工程建设的科学要求实施监理活动，客观、公正地对待各方当事人，这是对工程监理单位执行监理任务的基本要求。

一、监理单位的主要质量义务

（1）工程监理单位应当依法取得相应等级的资质证书，并在其资质等级许可的范围内承担工程监理业务。工程监理单位不得转让工程监理业务。这是关于监理单位市场准入和市场行为的要求。工程监理单位的资质等级反映了该监理单位从事某项监理业务的资格和能力，是国家对工程监理市场准入管理的重要手段。监理单位只能在资质等级许可的范围内承担监理业务，这是保证监理工作质量的前提。工程监理单位接受委托后，应当自行完成工程监理任务，不得将工程监理业务转手委托给其他工程监理单位。工程监理单位转让监理业务与施工单位转包具有同样的危害性。

（2）工程监理单位与被监理工程的施工承包单位以及建筑材料、建筑构配件和设备供应单位有隶属关系或者其他利害关系的，不得承担该项建设工程的监理业务。这是关于监理单位与被监理单位不得存在利益关系原则的要求。由于工程监理单位与被监理工程的承包单位以及建筑材料、建筑构配件和设备供应单位之间是一种监督与被监督的关系，为了保证工程监理单位能客观、公正地执行监理任务，工程监理单位不得与被监理工程的承包单位以及建筑材料、建筑构配件和设备供应单位有隶属关系或者其他利害关系。这里的隶属关系是指工程监理单位与被监理对象存在行政上下级关系等，或存在可能直接影响监理单位工作公正性的非常明显的经济或其他利益关系，如参股、联营等关系。

（3）工程监理单位应当依照法律、法规以及有关技术标准、设计文件和建

设工程承包合同，代表项目法人对施工质量实施监理，并对施工质量承担监理责任。这是关于监理单位开展监理工作的依据、内容和监理责任的要求。监理工作依据主要包括4个方面：①法律法规，对参建各方违反法律、法规的要求，监理单位应当予以拒绝。②规程规范及技术标准，技术标准分为强制性标准和推荐性标准。强制性标准是必须执行的标准，经合同确认的推荐性标准也必须严格执行。③经批准的设计文件，设计文件是施工的依据，同时也是监理依据，其效力高于推荐性技术标准。④工程承包合同，监理单位应当依据工程承包合同的约定，监督施工单位是否全面履行合同规定的义务。

根据《水利工程建设监理规定》，监理单位的主要职责包括：按照监理合同，选派满足监理工作要求的总监理工程师、监理工程师和监理员组建项目监理机构，进驻现场；编制监理规划，明确项目监理机构的工作范围、内容、目标和依据，确定监理工作制度、程序、方法和措施，并报项目法人备案；按照工程建设进度计划，分专业编制监理实施细则；按照监理规划和监理实施细则开展监理工作，编制并提交监理报告；监理业务完成后，按照监理合同向项目法人提交监理工作报告、移交档案资料。

（4）监理单位根据所承担的监理任务向水利工程施工现场派出相应的监理机构，人员配备必须满足项目要求，监理工程师应当持证上岗。这是关于监理单位派驻监理机构及监理人员的要求。监理单位应按合同约定，组建驻现场监理机构。监理机构一般由总监理工程师、监理工程师和其他监理人员组成。

需要注意的是，根据《国务院关于取消一批职业资格许可和认定事项的决定》[国发（2016）35号] 和水利部通知，取消了水利工程建设总监理工程师职业资格，各监理单位可根据工作需要自行聘任满足工作要求的监理工程师担任总监理工程师。同时取消了水利工程建设监理员职业资格，监理单位可根据工作需要自行聘任具有工程类相关专业学习和工作经历的人员担任监理员。

（5）监理单位应根据监理合同签发施工图纸；审查施工单位的施工组织设计和技术措施；监督有关质量标准、要求的实施；参加工程质量检查、工程验收等工作。这是关于监理工作内容的总体要求。在水利工程建设施工阶段，受项目法人或建设单位委托，监理单位的主要工作内容包括：根据合同参与招标工作；协助确认承包单位选择的分包单位；审查承包单位施工过程中各单位、分部工程的施工准备情况，下达开工指令；审查承包单位的材料、机械、设备、人员等进场报验；检查施工技术措施和安全防护措施的实施情况；发现工程设计不符合质量标准或合同约定的，报告项目法人或建设单位要求设计单位变更；督促履行承包合同，协调合同条款的变更，调解合同双方的争议，处理索赔事项；检查工程进度和施工质量，验收分部、单位工程质量，签署工程付款凭证；督促整理承包合同文件和技术档案资料；提交竣工监理工作报告等。

（6）未经监理工程师签字，建筑材料、建筑构配件和设备不得在工程上使用或者安装，施工单位不得进行下一道工序的施工。这是关于监理工程师行使相关职权的规定。监理工程师拥有对建筑材料、构配件和设备以及每道施工工序的检查权。在施工过程中，监理工程师根据检查、检验的结果来确定是否允许建筑材料、构配件、设备在工程上使用；对每道施工工序的作业成果进行检查，决定是否允许进行下一道工序的施工，对于不符合规范和质量标准的工序、分部工程，有权要求施工单位停工整改、返工，从施工过程的各个环节起到把关的作用。

工程监理实行总监理工程师负责制，总监理工程师是指监理单位派到施工现场全面履行监理合同的全权负责人，享有合同赋予监理单位的全部权利，监理工程师及其他监理人员在总监理工程师的授权下开展工作。

（7）监理工程师应当按照工程监理规范的要求，采取旁站、巡视和平行检验等形式，对建设工程实施监理。这是关于监理工作所采取监理方式的规定。由于工程施工的不可逆性，监理要对整个施工过程进行全面控制，以各个工序的过程质量来保证整个工程的总体质量，旁站、巡视、平行检验等形式，充分体现了抓工序质量来保证总体质量的理念。监理单位通过上述监理方式，及时、有效地监督施工单位发挥自身质量体系的作用，达到“双管齐下”的效果。

旁站指对水利工程建设中有关工程结构安全的重要隐蔽部位和关键施工过程，进行连续不断地监督检查或检验的监理活动。巡视则强调除了关键点的质量控制外，监理工程师还应对施工现场进行面上巡查。平行检验主要是强调监理单位对施工单位检验的基础上应及时进行平行、独立的检验。对于关键性、较大体量的工程实体，采取平行检验的方式，有利于及时发现质量问题，及时采取措施予以纠正。

二、涉及监理单位的行政处罚事项

1. 工程监理单位超越本单位资质等级承揽工程

法律责任及依据：《建设工程质量管理条例》（国务院令第279号）第六十条，“违反本条例规定，勘察、设计、施工、工程监理单位超越本单位资质等级承揽工程的，责令停止违法行为，对勘察、设计单位或者工程监理单位处合同约定的勘察费、设计费或者监理酬金1倍以上2倍以下的罚款……情节严重的，吊销资质证书；有违法所得的，予以没收”。

2. 工程监理单位允许其他单位或者个人以本单位名义承揽工程

法律责任及依据：《建设工程质量管理条例》（国务院令第279号）第六十一条，“违反本条例规定，勘察、设计、施工、工程监理单位允许其他单位或者个人以本单位名义承揽工程的，责令改正，没收违法所得，对勘察、设计单位和工程监理单位处合同约定的勘察费、设计费和监理酬金1倍以上2倍以下的罚款……可以责令停业整顿，降低资质等级；情节严重的，吊销资质证书”。

3. 工程监理单位转让工程监理业务

法律责任及依据：《建设工程质量管理条例》（国务院令第279号）第六十二条，“违反本条例规定，承包单位将承包的工程转包或者违法分包的，责令改正，没收违法所得……工程监理单位转让工程监理业务的，责令改正，没收违法所得，处合同约定的监理酬金百分之二十五以上百分之五十以下的罚款；可以责令停业整顿，降低资质等级；情节严重的，吊销资质证书”。

4. 工程监理单位与建设单位或者建筑施工企业串通，弄虚作假、降低工程质量

法律责任及依据：《建设工程质量管理条例》第六十七条，“工程监理单位有下列行为之一的，责令改正，处50万元以上100万元以下的罚款，降低资质等级或者吊销资质证书；有违法所得的，予以没收；造成损失的，承担连带赔偿责任：（1）与建设单位或者施工单位串通，弄虚作假、降低工程质量的……”。

5. 工程监理单位将不合格的建设工程、建筑材料、建筑构配件和设备按照合格签字

法律责任及依据：《建设工程质量管理条例》第六十七条，“工程监理单位有下列行为之一的，责令改正，处50万元以上100万元以下的罚款，降低资质等级或者吊销资质证书；有违法所得的，予以没收；造成损失的，承担连带赔偿责任……（2）将不合格的建设工程、建筑材料、建筑构配件和设备按照合格签字的”。

6. 工程监理单位与被监理对象有隶属关系或者其他利害关系

法律责任及依据：《建设工程质量管理条例》第六十八条，“违反本条例规定，工程监理单位与被监理工程的施工承包单位以及建筑材料、建筑构配件和设备供应单位有隶属关系或者其他利害关系承担该项建设工程的监理业务的，责令改正，处5万元以上10万元以下的罚款，降低资质等级或者吊销资质证书；有违法所得的，予以没收”。

7. 监理单位聘用无相应监理人员资格的人员从事监理业务

法律责任及依据：《水利工程建设监理规定》第三十条，“监理单位有下列行为之一的，责令改正，给予警告；情节严重的，降低资质等级：（1）聘用无相应监理人员资格的人员从事监理业务的……”

8. 监理单位隐瞒有关情况、拒绝提供材料或者提供虚假材料

法律责任及依据：《水利工程建设监理规定》第三十条，“监理单位有下列行为之一的，责令改正，给予警告；情节严重的，降低资质等级……（2）隐瞒有关情况、拒绝提供材料或者提供虚假材料的”。

9. 工程监理单位未对施工组织设计中的安全技术措施或者专项施工方案进行审查

法律责任及依据：《水利工程建设监理规定》第二十九条，“监理单位有下列行为之一的，依照《建设工程安全生产管理条例》第五十七条处罚：(1) 未对施工组织设计中的安全技术措施或者专项施工方案进行审查的……”

10. 施工单位拒不整改或者不停止施工，工程监理单位未及时向有关主管部门报告

法律责任及依据：《水利工程建设监理规定》第二十九条，“监理单位有下列行为之一的，依照《建设工程安全生产管理条例》第五十七条处罚……(3) 施工单位拒不整改或者不停止施工，未及时向有关水行政主管部门或者流域管理机构报告的……”

第四节　施工单位的主要质量责任与义务

施工单位是水利工程建设项目的实施主体，根据合同约定和工程设计文件以及相应的技术标准要求，通过各种技术作业组织工程施工，对工程实体质量承担直接责任。本节通过施工单位在水利工程建设活动过程中应承担的质量责任和义务，明确了施工单位在工程建设活动中的行为准则。

一、施工单位的主要质量义务

(1) 施工单位应当依法取得相应等级的资质证书，并在其资质等级许可的范围内承揽工程。施工单位不得转包或者违法分包工程。这是关于施工单位的市场准入和市场行为方面的要求。施工单位的资质等级是施工单位建设业绩、人员素质、管理水平、资金数量、技术装备等综合能力的体现，因此，施工单位应在其资质等级许可的范围内承揽工程。正常的分包施工经营方式是建设活动自身的客观要求，既有利于降低成本，规避风险，也有利于保证工程质量，但分包要受一定的条件约束和限制。

所谓转包，是指承包单位承包建设工程后，不履行合同约定的责任和义务，将其承包的全部建设工程转给他人或者将其承包的全部工程肢解以后以分包的名义分别转给他人承包的行为。转包的最主要特点是转包人只从受转包方收取管理费，而不对工程进行施工和管理。所谓违法分包，主要包括以下几种情形：施工总承包单位将工程分包给不具备相应资质条件的单位；违反合同约定，又未经建设单位认可，擅自分包工程；将主体工程的施工分包给他人；分包单位再分包的。

(2) 总承包单位依法将建设工程分包给其他单位的，总承包单位与分包单

位对分包工程的质量承担连带责任。这是关于工程总承包与分包单位施工质量责任承担的规定。水利工程建设项目的承包方式，既可以按传统方式，也可按总承包方式进行。工程总承包充分发挥在工程建设方面具有较强技术力量、丰富经验和组织管理能力的大型企业的专业优势，综合协调工程建设中的各种关系，强化对水利工程建设的统一指挥和组织管理，保证工程质量和进度，提高投资效益。

实行工程施工总承包的，由总承包单位负全面质量及经济责任，对于分包工程发生的质量问题以及违约责任，总承包方与分包单位负连带责任。

(3) 施工单位要建立健全质量保证体系，落实质量责任制。在施工过程中要加强质量检验工作，认真执行“三检制”，切实做好工程质量的全过程控制。这是关于施工单位质量管理体系及质量检验的工作要求。此处重点解读三点内容：

1) 施工单位质量责任制。责任制是其质量保证体系的一个重要组成部分，也是项目质量目标得以实现的重要基础。建立质量责任制，主要包括制定质量目标及考核标准，并层层分解落实到具体的岗位和责任人。通过层层落实质量责任制，做到事事有人管，人人有职责，保证工程的施工质量。

2) 施工单位项目经理的性质和职责。项目经理是施工单位现场质量管理机构的核心岗位，受施工企业法人委派，对工程项目施工过程全面负责的项目管理者，是一种岗位职务。项目经理选调技术负责人、质检负责人、施工负责人、财务等管理人员，组成项目管理班子。项目经理对工程质量全面负责，不能“以包代管”，过分强调项目承包的自主权，技术和质量管理权力过度下放，削弱了企业的整体质量管理能力。实施项目部管理的工程，工程项目上的生产经营活动，必须在企业制度的制约下运行。其质量和技术活动，必须接受企业相应职能部门的监督和指导，把工程质量责任落实到项目经理。

3) 关于施工质量检验。施工质量检验，通常是指工序质量检验。只有施工过程质量都受到严格的控制，整个工程的质量才能得以保证。水利工程施工具有不可逆性，隐蔽部位被后续工序覆盖后，其施工质量就很难检验及认定，容易给工程留下隐患。施工单位最典型的检验制度就是“三检制”，“三检制”是指班组自检、施工队复检、项目部专门质检机构终检，是施工单位项目部进行现场施工质量管理的重要手段。

(4) 凡进入施工现场的建筑材料和工程设备均应按有关规定进行检验。经检验不合格的产品不得用于工程。该条款是关于建筑材料和工程设备采购质量管理原则的要求。根据《水利工程质量管理规定》第三十七条，建筑材料或工程设备应当符合以下要求：①有产品质量检验合格证明；②有中文标明的产品名称、生产厂名和厂址；③产品包装和商标式样符合国家有关规定和标准要求；

④工程设备应有产品详细的使用说明书，电气设备还应附有线路图；⑤实施生产许可证或实行质量认证的产品，应当具有相应的许可证或认证证书。

（5）施工单位必须按照工程设计图纸和施工技术标准施工，不得擅自修改工程设计，不得偷工减料。

这是关于施工单位组织工程施工的基本规定和原则性要求。施工过程中，如果施工单位不按图施工或不经原设计单位同意，就擅自修改工程设计，其直接的后果，往往违反了原设计的意图，影响工程质量，严重的将给工程结构安全留下隐患。偷工减料是一种非法牟利行为。减少工料的投入，简化操作工序，既可能产生一般性的质量通病，也可能导致关键部位的严重质量隐患。

施工单位发现设计文件的差错后，有义务及时向设计单位提出，避免造成不必要的损失和质量问题。

（6）施工人员对涉及结构安全的试块、试件以及有关材料，应当在项目法人或者工程监理单位监督下现场取样，并送具有相应资质等级的质量检测单位进行检测。这是为了保证涉及结构安全的试件、试块的真实性，就取样和检测问题对施工人员所做的具体要求。为了控制施工质量，施工单位一般要依据有关技术标准，对原材料、中间产品，进行检测或试验，这是控制和判断工程质量水平所采取的重要技术措施。试块和试件的真实性和代表性，是保证这一措施有效的前提条件。见证取样主要是要为了保证样品符合标准的要求，如取样方法、数量、频率、规格，等等，也从程序上保证该试块和试件能真实的代表工程或相应部位的真实情况，避免在检测环节弄虚作假。

（7）施工单位应当建立、健全教育培训制度，加强对职工的教育培训；未经教育培训或者考核不合格的人员，不得上岗作业。这是关于施工单位应实行先培训、后上岗的制度要求。施工单位建立、健全教育培训制度是企业重要的基础工作之一，教育培训通常包括各类质量教育和岗位技能培训等。这里所指的人员，主要是与质量工作有关的，如项目经理、技术负责人、施工员、质检员，试验员、资料员等技术管理人员，还包括关键技术工种如焊工、钢筋工等。而未经培训或培训考核不合格的、无相应岗位资格的人员不得上岗工作或作业。

（8）工程发生质量事故，施工单位必须按照有关规定向监理单位、项目法人及有关部门报告，并保护好现场，接受工程质量事故调查，认真进行事故处理。这是关于施工单位在质量事故发生时应履行的责任与义务。水利工程质量事故是指在水利工程建设过程中，由于勘察、设计、施工、材料、设备等原因造成工程质量不符合规程规范和合同规定的质量标准，影响使用寿命和对工程安全运行造成隐患和危害的事件。事故发生后，施工单位要严格保护现场，采取有效措施抢救人员和财产，防止事故扩大。因抢救人员、疏导交通等原因需移动现场物件时，应当做出标志、绘制现场简图并书面记录，妥善保管现场重要痕迹、物证，并进行拍照或录像。事故调查组有权向事故单位、各有关单位和个人了解事故的有关情况。施工单位和个人必须实事求是地提供有关文件或材料，不得以任何方式阻碍或干扰调查人员的正常工作。

(9) 水利工程在规定的保修期内，出现工程质量问题，一般由原施工单位承担保修，所需费用由责任方承担。

关于施工单位对有质量问题的工程保修责任，水利工程保修期从通过单项合同工程完工验收之日算起，保修期限按法律法规和合同约定执行。工程质量出现永久性缺陷的，承担责任的期限不受以上保修期限制。在规定的保修期限内，因勘察、设计、施工、材料等原因造成的质量缺陷，由施工承包单位负责维修、返工或更换，由责任单位负责赔偿损失。

二、 涉及施工单位的行政处罚事项

1. 施工单位超越本单位资质等级承揽工程

法律责任及依据：《建设工程质量管理条例》(国务院令第 279 号) 第六十条，“违反本条例规定，勘察、设计、施工、工程监理单位超越本单位资质等级承揽工程的，责令停止违法行为……；对施工单位处工程合同价款百分之二以上百分之四以下的罚款，可以责令停业整顿，降低资质等级；情节严重的，吊销资质证书；有违法所得的，予以没收。未取得资质证书承揽工程的，予以取缔，依照前款规定处以罚款；有违法所得的，予以没收。以欺骗手段取得资质证书承揽工程的，吊销资质证书，依照本条第一款规定处以罚款；有违法所得的，予以没收”。

2. 施工单位允许其他单位或者个人以本单位名义承揽工程

法律责任及依据：《建设工程质量管理条例》(国务院令第 279 号) 第六十一条，“违反本条例规定，勘察、设计、施工、工程监理单位允许其他单位或者个人以本单位名义承揽工程的，责令改正，没收违法所得……；对施工单位处工程合同价款百分之二以上百分之四以下的罚款；可以责令停业整顿，降低资质等级；情节严重的，吊销资质证书”。

3. 施工单位将承包的工程转包或者违法分包

法律责任及依据：《建设工程质量管理条例》(国务院令第 279 号) 第六十二条，“违反本条例规定，承包单位将承包的工程转包或者违法分包的，责令改正，没收违法所得……；对施工单位处工程合同价款百分之零点五以上百分之一以下的罚款；可以责令停业整顿，降低资质等级；情节严重的，吊销资质证书”。

4. 施工单位在施工中偷工减料的，使用不合格的建筑材料、建筑构配件和设备的，或者有不按照工程设计图纸或者施工技术标准施工的其他行为的

法律责任及依据：《建设工程质量管理条例》第六十四条，“违反本条例规

定，施工单位在施工中偷工减料的，使用不合格的建筑材料、建筑构配件和设备的，或者有不按照工程设计图纸或者施工技术标准施工的其他行为的，责令改正，处工程合同价款百分之二以上百分之四以下的罚款；造成建设工程质量不符合规定的质量标准的，负责返工、修理，并赔偿因此造成的损失；情节严重的，责令停业整顿，降低资质等级或者吊销资质证书”。

5. 施工单位未对建筑材料、建筑构配件、设备和商品混凝土进行检验，或未对涉及结构安全的试块、试件以及有关材料取样检测

法律责任及依据：《建设工程质量管理条例》第六十五条，“违反本条例规定，施工单位未对建筑材料、建筑构配件、设备和商品混凝土进行检验，或者未对涉及结构安全的试块、试件以及有关材料取样检测的，责令改正，处10万元以上20万元以下的罚款；情节严重的，责令停业整顿，降低资质等级或者吊销资质证书；造成损失的，依法承担赔偿责任”。

6. 施工单位不履行保修义务或者拖延履行保修义务

法律责任及依据：《建设工程质量管理条例》第六十六条，“违反本条例规定，施工单位不履行保修义务或者拖延履行保修义务的，责令改正，处10万元以上20万元以下的罚款，并对在保修期内因质量缺陷造成的损失承担赔偿责任”。

第五节　检测单位的主要质量责任与义务

工程质量检测是施工质量保证体系的重要组成部分，水利工程是否按工程设计要求、强制性标准的规定和合同的约定实现，质量检测是一个有效的控制手段。工程质量检测对于验证工程质量、控制施工工艺、推动技术进步起到极为重要的作用。

一、检测单位的主要质量义务

（1）检测单位应当建立健全质量保证体系，提高检测人员的技术水平，确保质量检测工作的科学、准确和公正。这是关于检测单位从业基本规范的要求。检测单位应当根据法律法规、标准和规范的要求，建立、审查和完善适应自身状况的管理体系并有效运行，保证其基本条件和技术能力能够持续符合资质认定条件和要求。如果管理体系停止运转，检测单位将失去向社会出具证明作用数据、结果的合法资格。

检测活动科学、准确和公正是指检测单位不受利益相关方的影响，不谋取不正当的利益，严格按照标准和相关技术规范，独立、客观、真实地实施检测，并报告检测结果，确保检测结果的真实、可靠和可追溯。检测单位不仅仅是向社会出具具有证明作用的数据、结果，从本质上讲是一种带有居间性质特征的

信用证明活动，不能受当事人各方的影响。

（2）检测单位不得转包质量检测业务；未经委托方同意，不得分包质量检测业务。这是关于检测单位违法转包及依法分包的要求。转包是绝对禁止的，此处主要分析依法分包及相关要求。依法分包应当符合以下3个条件：

1）发包的检测单位要审核承包的检测单位的资质和能力状况，确保其具备承包能力，并形成审核记录。

2）检测报告中标注分包情况。

3）具体分包的检测项目应当事先取得委托人书面同意。

检测单位对其出具的检测报告负责，如果该检测报告中涉及分包的项目出现争议问题或导致其他后果，发包的检测单位仍然需对此负连带责任。

（3）检测单位应当按照国家和行业标准开展质量检测活动；没有国家和行业标准的，由检测单位提出方案，经委托方确认后实施。检测单位违反法律、法规和强制性标准，给他人造成损失的，应当依法承担赔偿责任。这是关于检测单位质量检测遵循的标准及其法律后果的原则性要求。检测单位须按照国家和行业标准开展质量检测活动，遵守检测从业规范，诚信、规范、公正是检测单位的行为准则。根据权利与责任相一致原则，检测单位应当对检测结果承担法律责任。如果检测单位不认真负责，导致让不合格的产品、材料投入使用，造成财产损失和人身伤害的，专业技术组织及其有关人员要承担相应的责任，包括承担刑事责任、行政责任和承担民事赔偿责任。

（4）质量检测试样的取样应当严格执行国家和行业标准以及有关规定。提供质量检测试样的单位和个人，应当对试样的真实性负责。这是关于质量检测样品的要求。检测单位接受委托送检，不参与抽样过程的，其检测数据、结果仅证明该样品被检项目的情况。提供质量检测试样的单位和个人，应当对试样的真实性负责。检测单位应当在合同以及检测报告中对样品来源进行清晰描述，属于委托送样的情况时，应当对检测数据、结果的有限意义进行清晰阐述，避免数据、结果被误用，导致不可预测的后果。如果检测单位承担了样品抽样的工作，并能够确保样品的代表性时，可以检测报告中说明某批次样品相关检测项目的状况，但检测单位应了解出具相关结论的风险和法律责任。

（5）检测单位应当按照合同和有关标准及时、准确地向委托方提交质量检测报告并对质量检测报告负责。任何单位和个人不得明示或者暗示检测单位出具虚假质量检测报告，不得篡改或者伪造质量检测报告。

检测单位向社会出具具有证明作用的数据、结果时，在其检测报告上加盖检测专用章，并标注资质认定标志。检测专用章、资质认定标志两者缺一不可。资质认定标志应当按照国家有关部门有关标志管理的相关规定，符合尺寸、比例、颜色方面的要求，并准确、清晰地标注证书编号。资质认定标志一般加盖

（或者印刷）在检验检测报告封面左侧页眉。检测专用章一般加盖在检验检测报告的封面和骑缝位置，检测专用章应列明检测单位完整、准确的名称。检测单位出具检测数据、结果时，应当注明检测依据，并使用符合资质认定基本规范、评审准则规定的用语进行表述。

检测单位对其出具的检测数据、结果负责，并承担相应法律责任，任何单位和个人不得明示或者暗示检测单位出具虚假质量检测报告，不得篡改或者伪造质量检测报告。

(6) 检测单位应当将存在工程安全问题、可能形成质量隐患或者影响工程正常运行的检测结果以及检测过程中发现的项目法人、勘测设计单位、施工单位、监理单位违反法律、法规和强制性标准的情况，及时报告具有管辖权的水行政主管部门或者流域管理机构。这是关于检测单位不合格检测结果或违法行为的报告义务。通过第三方的检测单位对水利工程上使用的原材料、构配件、机电设备、金属结构等进行抽样检测，避免未经检测或检测不合格的材料使用在工程上，避免不合格的产品投入使用，影响工程建设或运行安全。因此，质量检测工作发挥了第三方监督的作用，检测单位在开展质量检测活动中，发现参建单位存在违法行为，或检测结果不合格时，基于维护工程质量与公共安全、减少工程损失的初衷，检测单位应及时向具有管辖权的水行政主管部门报告。

(7) 检测单位应当建立档案管理制度，应当单独建立检测结果不合格项目台账。这是关于检测单位档案管理的要求。检测单位应当对检验检测原始记录和报告归档留存，保证其具有可追溯性。检测单位的档案在保存过程中需要强调安全性、完整性，并指定专人负责管理。检测合同、委托单、原始记录、质量检测报告应当按年度统一编号，编号应当连续，不得随意抽撤、涂改。检测原始记录和报告可以以纸质文件或者电子媒介方式进行留存，但应当有措施确保存档材料与原始材料的一致性。

原始记录和报告的保存期限不少于 6 年，法律法规另有规定的，从其规定。除了原始记录和报告之外，有关检验检测单位的其他管理文件，如质量手册、程序文件、作业指导书、人员档案、质量管理记录等材料，可参照本条款的规定进行保存，以利于后续追溯。

二、涉及检测单位的行政处罚事项

1. 未取得相应的资质，擅自承担检测业务

法律责任及依据：《水利工程质量检测管理规定》（水利部令第 36 号）第二十四条，“违反本规定，未取得相应的资质，擅自承担检测业务的，其检测报告无效，由县级以上人民政府水行政主管部门责令改正，可并处 1 万元以上 3 万元以下的罚款”。

2. 检测单位超出资质等级范围从事检测活动

法律责任及依据：《水利工程质量检测管理规定》（水利部令第 36 号）第二十七条，“检测单位违反本规定，有下列行为之一的，由县级以上人民政府水行政主管部门责令改正，有违法所得的，没收违法所得，可并处 1 万元以上 3 万元以下的罚款；构成犯罪的，依法追究刑事责任：（1）超出资质等级范围从事检测活动的……”

3. 检测单位涂改、倒卖、出租、出借或者以其他形式非法转让《资质等级证书》

法律责任及依据：《水利工程质量检测管理规定》（水利部令第 36 号）第二十七条，“检测单位违反本规定，有下列行为之一的，由县级以上人民政府水行政主管部门责令改正，有违法所得的，没收违法所得，可并处 1 万元以上 3 万元以下的罚款；构成犯罪的，依法追究刑事责任……（2）涂改、倒卖、出租、出借或者以其他形式非法转让《资质等级证书》的……”

4. 检测单位使用不符合条件的检测人员

法律责任及依据：《水利工程质量检测管理规定》（水利部令第 36 号）第二十七条，“检测单位违反本规定，有下列行为之一的，由县级以上人民政府水行政主管部门责令改正，有违法所得的，没收违法所得，可并处 1 万元以上 3 万元以下的罚款；构成犯罪的，依法追究刑事责任……（3）使用不符合条件的检测人员的……”

5. 检测单位未按规定上报发现的违法违规行为和检测不合格事项

法律责任及依据：《水利工程质量检测管理规定》（水利部令第 36 号）第二十七条，“检测单位违反本规定，有下列行为之一的，由县级以上人民政府水行政主管部门责令改正，有违法所得的，没收违法所得，可并处 1 万元以上 3 万元以下的罚款；构成犯罪的，依法追究刑事责任……（4）未按规定上报发现的违法违规行为和检测不合格事项的……”

6. 检测单位未按规定在质量检测报告上签字盖章

法律责任及依据：《水利工程质量检测管理规定》（水利部令第 36 号）第二十七条，“检测单位违反本规定，有下列行为之一的，由县级以上人民政府水行政主管部门责令改正，有违法所得的，没收违法所得，可并处 1 万元以上 3 万元以下的罚款；构成犯罪的，依法追究刑事责任……（5）未按规定在质量检测报告上签字盖章的……”

7. 检测单位未按照国家和行业标准进行检测

法律责任及依据：《水利工程质量检测管理规定》（水利部令第 36 号）第二十七条，“检测单位违反本规定，有下列行为之一的，由县级以上人民政府水行政主管部门责令改正，有违法所得的，没收违法所得，可并处 1 万元以上 3 万元以下的罚款；构成犯罪的，依法追究刑事责任……（6）未按照国家和行业标准进行检测的……”

8. 检测单位档案资料管理混乱，造成检测数据无法追溯

法律责任及依据：《水利工程质量检测管理规定》（水利部令第 36 号）第二十七条，“检测单位违反本规定，有下列行为之一的，由县级以上人民政府水行政主管部门责令改正，有违法所得的，没收违法所得，可并处 1 万元以上 3 万元以下的罚款；构成犯罪的，依法追究刑事责任……（7）档案资料管理混乱，造成检测数据无法追溯的……”

9. 检测单位转包、违规分包检测业务

法律责任及依据：《水利工程质量检测管理规定》（水利部令第 36 号）第二十七条，“检测单位违反本规定，有下列行为之一的，由县级以上人民政府水行政主管部门责令改正，有违法所得的，没收违法所得，可并处 1 万元以上 3 万元以下的罚款；构成犯罪的，依法追究刑事责任……（8）转包、违规分包检测业务的……”

10. 检测单位伪造检测数据，出具虚假质量检测报告

法律责任及依据：《水利工程质量检测管理规定》（水利部令第 36 号）第二十八条，“检测单位伪造检测数据，出具虚假质量检测报告的，由县级以上人民政府水行政主管部门给予警告，并处 3 万元罚款；给他人造成损失的，依法承担赔偿责任；构成犯罪的，依法追究刑事责任”。

11. 检测人员从事质量检测活动中，不如实记录，随意取舍检测数据

法律责任及依据：《水利工程质量检测管理规定》（水利部令第 36 号）第三十条，“检测人员从事质量检测活动中，有下列行为之一的，由县级以上人民政府水行政主管部门责令改正，给予警告，可并处 1000 元以下罚款：（1）不如实记录，随意取舍检测数据的……”

12. 检测人员弄虚作假、伪造数据

法律责任及依据：《水利工程质量检测管理规定》（水利部令第 36 号）第三十条，“检测人员从事质量检测活动中，有下列行为之一的，由县级以上人民政府水行政主管部门责令改正，给予警告，可并处 1000 元以下罚款……（2）弄虚作假、伪造数据的……”

13. 检测人员未执行法律、法规和强制性标准

法律责任及依据：《水利工程质量检测管理规定》（水利部令第 36 号）第三十条，“检测人员从事质量检测活动中，有下列行为之一的，由县级以上人民政府水行政主管部门责令改正，给予警告，可并处 1000 元以下罚款……（3）未执行法律、法规和强制性标准的”。

14. 检测单位隐瞒有关情况或者提供虚假材料申请资质

法律责任及依据：《水利工程质量检测管理规定》（水利部令第 36 号）第二

十五条，“隐瞒有关情况或者提供虚假材料申请资质的，审批机关不予受理或者不予批准，并给予警告，一年之内不得再次申请资质”。

15. 检测单位以欺骗、贿赂等不正当手段取得《资质等级证书》

法律责任及依据：《水利工程质量检测管理规定》（水利部令第 36 号）第二十六条，“以欺骗、贿赂等不正当手段取得《资质等级证书》的，由审批机关予以撤销，3 年内不得再次申请，可并处 1 万元以上 3 万元以下的罚款；构成犯罪的，依法追究刑事责任”。

本 章 小 结

在工程实践中，水利工程建设项目所涉及的问题往往与多家单位有关，各单位间责任与义务错综复杂，惯于推诿责任。水利工程质量监督人员要善于从行政法的视角，在理清参建单位的法定职责与义务的基础上，对责任主体、存在问题、事实认定、监督依据等要素确实做到依法监督。

第四章　水利工程质量监督管理的职责与职权

水利工程质量直接影响人民群众生活，关系人民群众最切实、最直接的利益，全社会对水利工程质量的关注度越来越高。同时，水利工程建设质量管理水平依然不高，违法违规行为并不鲜见，质量隐患和质量问题呈现多发、频发态势。为了保障公共安全，保护人民群众生命财产安全，政府必须加强建设工程质量监督管理。

第一节　水利工程质量监督管理的性质与定位

一、浙江水利工程质量监督的发展历程

我国于1984年推行工程质量监督制度。1986年水利电力部出台了《水利电力部基本建设工程质量监督条例》[能源基（1990）399号]，以行业管理规定的形式提出对水利工程实施政府职能的监督管理。

1989年4月，水利部制定印发了《水利基本建设工程质量监督暂行规定》（水利部〔89〕水建1号），明确要建设形成国家、省、市的多层次水利工程质量监督体系。1997年8月，水利部出台了《水利工程质量监督管理规定》（水利部水建〔1997〕339号）。该规定强调了水利工程质量监督机构的工作特质和范围，重新定义了质量监督机构职责、人员资质、工作程序、检查内容等。2000年1月，国务院出台《建设工程质量管理条例》（国务院令第279号），工程质量监督工作的工作性质和地位通过行政法规予以保障，条例明确了工程参与各方的质量责任，强调"国家实行建设工程质量监督管理制度""建设工程质量监督管理，可以由建设行政主管部门或者其他有关部门委托的建设工程质量监督机构具体实施"。

浙江省水利工程质量监督始于1986年，目前已基本建成省、市、县三级质量监督体系，并按照分级管理原则开展质量监督管理。截至2020年年底，全省共成立水利工程质量监督机构96个，其中省级机构1个、市级机构11个、县级机构84个。全省现有质量监督人员358人，其中省级23人、市级74人、县级261人。

二、水利工程质量监督的性质

水利工程质量监督指监督机构受各级水行政主管部门委托，依法对水利建

设工程项目法人、施工、监理、勘察、设计等参建单位的质量行为及工程实体质量实施强制性的质量监督管理，属于政府行政行为。水利建设工程周期长，环节多，点多面广，工程质量监督工作是一项专业性强、技术性强，而且又很繁杂的工作，实践中这项职能往往由具有独立法人资格的事业单位代为实施，也就是说，水利工程建设项目的质量监督管理职能可以由水行政主管部门承担，也可委托监督机构具体实施。因此，监督机构虽然是受水行政主管部门委托，但履行的仍然是政府行政管理职能。

水利工程质量监督以抽查为主，监督人员到现场不是代替企业直接控制工程质量或进行质量把关，而是进行监督检查。监督人员通过抽查部分环节，发现有关责任主体和责任人存在的违法违规行为，责令改正，并依法予以处置，督促其自觉履行质量责任。与抽查方式相适应，监督机构可遵循差别化监督原则，根据工程类别、重要性及工程参与单位的资质、信誉、质量保证能力等情况实施分类监督。对涉及违法违规行为、多发频发质量问题的工程项目，要加大抽查频次，进行重点监督。根据需要，质量监督机构可以委托具有相应资质的检测单位，对水利工程所采用的建筑材料和工程实体质量进行抽样检测。

三、 水利工程质量监督的职权

行政机关的职权依照法律、法规、规章以及县级以上人民政府依法制定的行政规范性文件确定。县级以上人民政府应当根据法律、法规和规章的规定合理界定和划分所属工作部门的职权，并以权力清单、责任清单等形式予以公布。

《建设工程质量管理条例》（国务院令第 279 号）第四条，“县级以上人民政府建设行政主管部门和其他有关部门应当加强对建设工程质量的监督管理。”水利部《水利工程质量管理规定》（水利部令 7 号）第十条，“政府对水利工程的质量实施监督的制度，水利工程按照分级的原则由相应的水行政主管部门授权的质量监督机构实施质量监督”。分别从行政法规和部门规章的高度明确了各级水行政主管部门对水利工程质量监督管理的职责及执行机制。

《建设工程质量管理条例》（国务院令第 279 号）、《水利工程质量监督管理规定》（水利部〔89〕水建 1 号）等行政法规、规范性文件对监督检查权限要求各有不同。《建设工程质量管理条例》第四十八条指出，有关部门履行监督检查职责时，有权采取下列措施：要求被检查的单位提供有关工程质量的文件和资料；进入被检查单位的施工现场进行检查；发现有影响工程质量的问题时，责令改正。水利部《水利建设工程质量监督工作清单》（办监督〔2019〕211 号），明确了监督检查发现的问题要以通知书、通报的方式，印发项目法人并督促其组织相关参建单位落实整改，发现严重质量问题时，及时报送相关项目主管部门。

可以看出，在制度安排上，监督检查和行政处理决定是两个相对独立的行政行为。作为监督机构，其工程质量监督被委托的权限仅限于检查、督促、责成有关单位改正，或向水行政主管部门报告，提出处理建议。有关质量问题的行政处理决定，仍需由水行政主管部门做出。

第二节　水利工程质量监督失职、渎职风险防范

近年来，随着政府问责力度的不断加大，工程质量监督责任问题日益成为社会关注的焦点，监督人员也面临越来越大的履职压力与风险。那么，应如何正确看待监督责任？监督工作实践中还存在监督责任的界定问题，特别是质量监督作为一种政府委托行为，水行政主管部门与监督机构的职责和职权的边界模糊，而一旦问责，监督机构首当其冲。其次是监督工作自身职责不清，应该做的工作没有做到位，不应该做的事情乱作为，都会带来责任风险。因此，需要建立完善的水利工程质量监督责任制，科学制定监督工作的程序、界定监督工作的职责范围及权限，严格按照有关规定和工作制度开展工作，既不缺位，也不越位，做到尽职尽责。

一、 失职和渎职概念与内涵

失职是指工作人员对职责范围内的工作不认真负责，未依照规定完成自己的职务，致使本单位造成损失的行为。当失职的主体是国家工作人员时，造成严重损失的失职行为即构成渎职犯罪。渎职是指国家机关工作人员利用职务上的便利或者徇私舞弊、滥用职权、玩忽职守，妨害国家机关公务的合法、公正、有效执行，辜负公众对国家机关公务的客观性及有效执行的信赖，致使国家与人民利益遭受重大损失的行为。

因此，水利工程质量监督人员的失职、渎职是指水利工程建设监督管理职责部门工作人员不履行或者不认真履行工作职责，在工作中有滥用职权或者玩忽职守的行为，这会致使公共财产、国家利益、人民利益遭受损失。

水利工程质量监督人员的失渎职责任可运用监督过失理论进行分析。即监督人员自己并不亲自从事危险事务，但对直接从事危险事务者负有监督责任，当直接从事危险事务的人因过失行为导致危害结果发生时，监督人员应当承担其监督过失责任。监督人员与工程参建单位的关系，是一种监督与被监督的关系。如果监督人员不履行或不正确履行自己的监督职责，导致水利工程建设项目引发危害性后果，监督人员主观上对该危害结果就具有监督过失责任。监督过失虽然本身并不直接导致危害结果的发生，但却对危害结果

的发生具有原因力，或是导致危害结果进一步扩大的原因力，因而也具有危险性。

二、失职、渎职行为表现及其后果

《建设工程质量管理条例》（国务院令第279号）第七十六条规定，“国家机关工作人员在建设工程质量监督管理工作中玩忽职守、滥用职权、徇私舞弊，构成犯罪的，依法追究刑事责任；尚不构成犯罪的，依法给予行政处分”；《水利工程质量管理规定》（水利部令第7号）第四十六条规定，“从事工程质量监督的工作人员执法不严，违法不究或者滥用职权、贪污受贿，由其所在单位或上级主管部门给予行政处分，构成犯罪的，依法追究刑事责任”。因此，质量监督人员失职、渎职行为表现及后果主要集中在行政责任与刑事责任两个方面。

（一）失职、渎职行为引发的政务处分或党纪处分

失职、渎职行为引发的政务处分或党纪处分的执行依据主要有《中华人民共和国监察法》（中华人民共和国主席令第3号）、《中华人民共和国公务员法》（中华人民共和国主席令第20号）、《中华人民共和国公职人员政务处分法》（中华人民共和国主席令第46号）、《事业单位人事管理条例》（中华人民共和国国务院令第652号）和《事业单位工作人员处分暂行规定》（人社部令第18号）等。

政务处分是监察机关对违法的公职人员给予的惩戒。在公职人员政务处分法施行之前，政务处分的依据主要有《中华人民共和国监察法》（中华人民共和国主席令第3号）、《中华人民共和国公务员法》（中华人民共和国主席令第20号）、《事业单位工作人员处分暂行规定》（人社部令第18号）等法律法规规章。《中华人民共和国公职人员政务处分法》（中华人民共和国主席令第46号）施行后，成为政务处分的重要法律依据，该法注重与其他法律法规规章协调衔接，有利于推进政务处分工作的法治化、规范化。根据公职人员政务处分法的相关文件，政务处分有警告、记过、记大过、降级、撤职、开除六种。

根据党章的相关规定，党员违反党的纪律，危害党、国家和人民利益，就应当依照规定受到纪律处分，这就是党纪处分。党纪处分包括警告、严重警告、撤销党内职务、留党察看和开除党籍五种。

政务处分与党纪处分的区别主要有：①党纪处分的对象是党员，政务处分的对象是行使公权的公职人员；②党纪处分对应的是违纪行为，政务处分对应的是违法行为；③党纪处分的依据，主要是党章、党纪处分条例、党内监督条例等党内法规，政务处分的依据主要是《中华人民共和国监察法》（中华人民共和国主席令第3号）、中华人民共和国公职人员政务处分法（中华人民共和国主席令第46号）、《事业单位工作人员处分暂行规定》（人社部令第18号）等法律法规。

（二）失职、渎职行为引发的刑事责任

失职、渎职行为引发的刑事责任主要包括玩忽职守与滥用职权。《中华人民共和国刑法》第三百九十七条第一款：“国家机关工作人员滥用职权或者玩忽职守，致使公共财产、国家和人民利益遭受重大损失的，处三年以下有期徒刑或者拘役；情节特别严重的，处三年以上七年以下有期徒刑。”该罪的主体是从事公务活动的国家工作人员，因此，从事水利工程质量监督工作的人员，无论其身份为公务员、事业编制人员还是编制外合同制人员，均属依照法律从事公务活动的人员，应以国家机关工作人员论。如果因其失职、渎职行为，致使公共财产、国家和人民利益遭受重大损失，可适用刑法第397条的规定，追究刑事责任。

1. 玩忽职守罪

玩忽职守罪是指国家机关工作人员严重不负责任，不履行或者不认真履行职责，致使公共财产、国家和人民利益遭受重大损失的行为。其特征表现为：

（1）在客观方面表现为国家机关工作人员违反工作纪律、规章制度，不履行职责义务或者不认真履行职责义务，致使公共财产、国家和人民利益遭受重大损失的行为。

（2）其为结果犯。构成玩忽职守罪，既要有玩忽职守的行为，又必须具有公共财产、国家和人民利益造成重大损失的结果。根据最高人民法院、最高人民检察院《关于办理渎职刑事案件适用法律若干问题的解释（一）》（法释〔2012〕18号），国家机关工作人员滥用职权或者玩忽职守，具有下列情形之一的，应当认定为刑法第三百九十七条规定的“致使公共财产、国家和人民利益遭受重大损失”：造成死亡1人以上，或者重伤3人以上，或者轻伤9人以上，或者重伤2人、轻伤3人以上，或者重伤1人、轻伤6人以上的；造成经济损失30万元以上的；造成恶劣社会影响的；其他致使公共财产、国家和人民利益遭受重大损失的情形。

（3）其主观预见行为过失。行为人应当知道自己违反工作纪律、规章制度，不履行职责义务或者不认真履行职责义务，可能会发生一定的损害后果，但其因为疏忽大意而没有预见，或是虽然已经预见可能会发生损害后果，却凭借自己的知识或经验轻信可以避免损害后果的发生。

2. 滥用职权罪

滥用职权罪是指国家机关工作人员故意逾越职权，不按或违反法律决定，处理其无权决定、处理的事项，或者违反规定处理公务，致使侵吞公共财产、国家和人民遭受重大财产损失等行为。滥用职权罪其特征表现为：

（1）滥用职权罪侵犯的客体是国家机关的正常活动，其客观表现为由于国家机关工作人员逾越职权，致使国家机关的某项具体工作遭到破坏，给国家、

集体和人民利益造成严重损害，从而危害了国家机关的正常活动。

(2) 其犯罪为主观故意，行为人对后果的发生持希望或放任态度。行为人超越职权，擅自决定或处理没有具体决定、处理权限的事项；或是玩弄职权，随心所欲地对事项作出决定或者处理。

(3) 其为结果犯，行为人违背职务宗旨不当，并造成了严重后果。所谓严重后果，是指给国家和人民造成的重大物质性损失或非物质性损失。物质性损失一般是指人身伤亡和公私财物的重大损失，是确认滥用职权犯罪行为的重要依据；非物质性损失是指严重损害国家机关的正常活动和声誉等。

三、质量监督失职、渎职原因分析及防范建议

1. 完善质量监督制度，切勿“牛栏关猫”

“牛栏关猫”主要指制度疏漏，纪律松弛，或规章制度面面俱到，但高高挂起，形同虚设。制度上有疏漏，执行上不严格，是“牛栏关猫”现象大量存在的主要原因。例如：监督计划是质量监督工作制度的一部分，是监督工作履职的细部安排，对照监督计划及时开展监督检查，是一件严肃的事情，监督项目一旦发生事故，作为质量监督主体亦可能成为被调查对象，因此不认真履行监督计划存在严重失职、渎职风险。

“牛栏关猫”导致的不作为，不仅包括法律法规赋予的职责，更包括所在单位关于履行这些职责的内部工作制度，也包括监督人员在监督检查意见所呈现的相关事实表述。

2. 尊法学法守法用法，切勿“滥竽充数”

失职、渎职行为都是先从思想意识上开始的，因此，必须从思想上加强预防失职、渎职的建设。监督人员要心中有法，用心学法，恪职守法，严格执法。监督人员在学法用法的问题上，应有清醒的头脑与认识，切不可滥竽充数，蒙混过关。只有真正掌握了质量监督工作的职责、程序、步骤和方式，以法律为准绳，严守工作底线，才能在头脑里筑起预防失职、渎职犯罪的坚固堤坝。

3. 突出项目法人全面责任，切勿“喧宾夺主”

水利工程建设是一项由项目法人领导下的项目管理工作。项目法人处于整个项目管理的中心。水利工程建设项目采取项目监督的模式，这让质量监督看似位于项目管理的顶层，质量监督工作贯穿水利工程建设全过程各个环节，过去长期采用核验制的做法，也让监督机构的决定作为工程建设质量的最终决定。这让参建单位更想也更愿意利用水行政主管部门、监督人员的说法来实现自己的意图，也让监督工作的风险大幅增加，涉嫌乱作为。

4. 规范开展监督检查，切勿“随心所欲”

监督检查不规范是工程建设监督领域失职、渎职案件多发、易发的一个重

要原因。工程质量监督人员往往根据经验“随心所欲”，虽然表面上进行了质量监督检查，但没能达到预期效果。因此质量监督机构应做到完善监督检查的措施，明确监督检查的程序。监督人员在监督检查过程中，发现问题应提出书面整改意见，并分别由监督人员和被检查单位的负责人签字，存档备查。质量监督机构应依法制定检查标准，对于在检查中发现的问题，督促其整改闭合。被检查单位拒不整改的，监督机构向水行政主管部门报告，提出处理建议。

5. 落实问题整改闭环，切勿“敷衍了事”

工程质量监督计划、监督实施、检查反馈、整改闭合，这 4 个环节构成了水利工程质量监督的整改闭环，缺一不可。而现实情况中往往仅做到计划与实施，这造成质量监督工作虽然开展但缺乏成效，缺少实施后效果的反馈。必须做到 4 个环节步步落实，才能在监督档案中形成包括整改通知、通知回复的书面记录等在内的监督闭合圈。

本 章 小 结

监督责任作为一种政府监管责任，如果存在失职、渎职行为，就必然要被追责。监督人员要想依法规范履职，就有必要弄清质量监督工作的性质、职责和工作程序，“法无授权不可为，法定职责必须为”是监督人员时刻要牢记的一句话。只有监督行为本身规范了，才能真正促进和带动水利行业质量监督管理水平的提升。

管 理 篇

第五章　水利工程建设质量监督工作流程

2019 年 10 月，水利部出台《水利建设工程质量监督工作清单》（办监督〔2019〕211 号），第一次从规范性文件角度系统性地梳理了水利工程建设项目质量监督工作的主要内容及要求。本章以该文件为脉络，总结分析质量监督工作清单各工作事项的执行依据、法律性质、工作内容及程序。

第一节　质量监督手续

一、执行依据与法律性质

（一）执行依据

国务院《建设工程质量管理条例》（2019 年 4 月 23 日修改）第十三条、水利部《水利工程质量管理规定》（2017 年 12 月 22 日修改）第十八条均明确规定，项目法人（建设单位）在开工前，应当按规定向水利工程质量监督机构申请办理工程质量监督手续。其中，国务院《建设工程质量管理条例》第八章第五十六条指出，项目法人（建设单位）未按照国家规定办理工程质量监督手续的，责令改正并处以罚款。

（二）法律性质

质量监督手续过去被视为“非行政许可审批”，2015 年国家取消“非行政许可审批”类别之后，一般将质量监督手续作为“行政备案”行为来定性。通过质量监督手续备案，告知监督机构工程已具备施工条件，即将开工建设。监督期内，监督机构应依法履行质量监督职责，开展质量监督检查，对参与水利工程建设项目的各责任主体及有关机构履行法律法规、规范性文件及强制性标准的行为进行监督。

二、浙江水利工程质量监督事权划分

水利工程质量监督事权划分是为了确立责任明确、权责一致、上下协调、运转高效的政府监管机制。各省在监督事权划分的制度设计中，各有不同，有按照“谁审批、谁监管”的做法，亦有采取“谁组建项目法人、谁负责监管”的方案，而较多的则采用“按工程建设规模”实施分级监管的模式。浙江省水利厅《关于进一步明确水利工程建设质量与安全监督事权划分的意见的通知》（浙水建

〔2016〕33号）按规模对全省水利工程质量监督事权范围做出了如下划分。

（一）省级水行政主管部门监督事权范围

省级水行政主管部门全面负责省内工程建设质量监督工作，具体负责工程技术难度高、建设规模大、防汛抗旱责任重、工程经济社会效应显著的高坝、大型水库、水闸、泵站、引水枢纽、围垦工程、堤防、海塘等工程。省级、市级水行政主管部门监督事权范围如图5-1所示。

（二）市级水行政主管部门监督事权范围

市级水行政主管部门在省级水行政主管部门的指导下，负责所在市的工程建设质量监督工作，具体负责工程技术难度较高、建设规模较大的中型水库、水闸、泵站、引水枢纽、围垦工程、堤防、海塘、大型灌区等工程，如图5-1所示。

省级水行政主管部门监督事权范围	市级水行政主管部门监督事权范围
● 总库容1亿m^3（含）以上的大型水库工程； ● 土石坝坝高超过70m或混凝土坝坝高超过100m的中型水库工程； ● 过闸流量1000m^3/s（含）以上的大型拦河水闸工程； ● 装机流量50m^3/s（含）以上或装机功率1万kW（含）以上的大型排涝泵站工程； ● 引水流量50m^3/s（含）以上的大型引水枢纽工程； ● 海堤防潮标准为100年一遇（含）以上的围垦工程； ● 防洪标准为100年一遇（含）以上的堤防工程、新建海塘工程； ● 省人民政府或省水利厅组建项目法人的水利工程； ● 省水利厅直属单位组建项目法人的水利工程	● 省水行政主管部门监督范围以外的中型水库工程（1亿m^3＞总库容≥1000万m^3）； ● 中型拦河水闸工程（1000m^3/s＞过闸流量≥100m^3/s）； ● 中型排涝泵站工程（50m^3/s＞装机流量≥10m^3/s或1万kW＞装机功率≥1000kW）； ● 海堤防潮标准为30年一遇（含）以上、100年一遇以下的围垦工程； ● 防洪标准为30年一遇（含）以上、100年一遇以下的堤防工程； ● 省水行政主管部门监督范围以外的防潮标准为30年一遇（含）以上的海塘工程； ● 灌溉面积50万亩（含）以上的大型灌区工程； ● 省水行政主管部门监督范围以外的市人民政府或市水利局组建项目法人的水利工程，市水利局直属单位组建项目法人的水利工程，其他市本级水利工程

图5-1　省级、市级水行政主管部门监督事权范围

（三）县级水行政主管部门监督事权范围

负责对省、设区的市水行政主管部门监督范围以外的水利工程建设项目实施质量与安全监督。

（四）其他

（1）对于包含不同级别、不同类型永久性建筑物的新建、扩建水利工程建设项目，原则上按照超过建筑安装工程投资50%的永久性建筑物的级别标准，根据上述条款划分监督事权。

（2）对于改建、加固的水利工程建设项目，建设内容中涉及主体建筑物的

建筑安装投资超过工程总投资50%的，按上述条款划分监督事权。

(3) 跨行政区域的或按照上述条款划分不明确的水利工程建设项目，原则由上一级水行政主管部门负责协调，根据项目具体情况，确定各级水行政主管部门质量与安全监督范围。

三、办理质量监督手续的基本要求

水利工程建设项目进入监督期后，监督机构需要根据受监督工程的类型、规模、重要性等特点，确定质量监督的组织形式及监督重点，并启动工作部署。为了保障质量监督工作的及时性、连续性，以及监督手续的依法合规，质量监督手续应在工程完成施工准备，即将开工建设前办理。工程已开工建设但未办理质量监督手续的，或质量监督手续在总监理工程师开工令之后办理的，均涉嫌未按规定办理质量监督手续，属于违法行为。

办理质量监督手续的其他基本要求包括：

(1) 工程项目建设已完成审批。工程项目建设审批属于行政许可事项，即项目主管部门批准该项目建设的组织实施。在我国，水利工程的项目建议书和可行性研究属于立项审批，初步设计（或实施方案）批复属于项目建设许可审批。考虑到我国水利工程质量监督分级管理的原则，初步设计（或实施方案）批复后，项目法人可进行质量监督申请的相关咨询。

(2) 工程建设合同已签订。项目法人与设计、施工、监理等主要各责任主体签订工程建设合同，工程建设项目管理组织机构形成，工程现场施工可投入各项开工准备工作。一般来讲，第一个施工标段完成合同签订，项目法人即可组织各责任主体编制质量监督申请材料。

四、质量监督申请材料

水利部《水利工程质量监督管理规定》(水建〔1997〕339号) 第二十一条明确了质量监督申请材料的内容。结合浙江监督工作实践，这些材料一般应包括申请材料、工程项目建设审批文件、项目法人相关文件、参建各方资质文件及其他材料等，材料内容如图5-2所示。

采用PPP、EPC项目模式建设的项目，或采取全过程咨询、代建等项目管理模式的项目，项目法人还需提交PPP责任主体单位、EPC总承包等单位相关工程建设合同、企业资质、人员资格以及其他相关材料。在工程建设期间，有新的市场主体参与工程建设时，项目法人应及时将相关材料报质量监督机构备案。

五、质量监督申请材料的核查

监督机构在接收项目法人提交的质量监督申请材料后，需尽快组织核查，

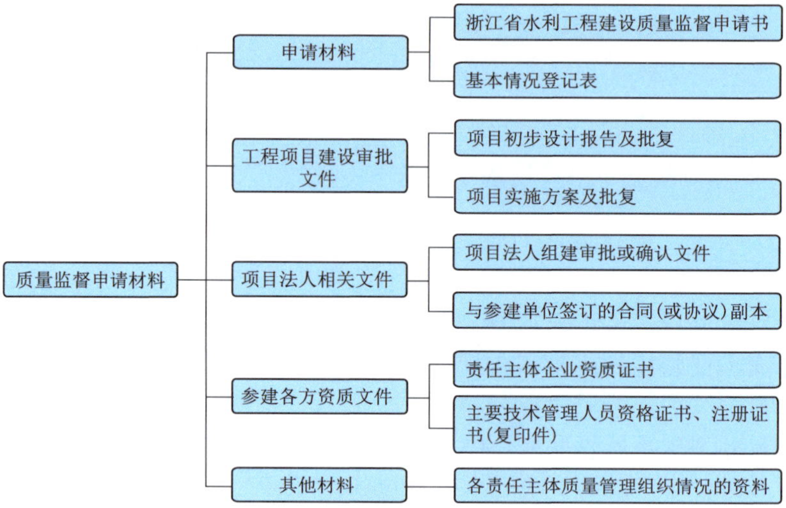

图 5-2　质量监督申请材料

一般监督机构都会在工作制度中承诺办结期限。监督机构作为水利工程质量监督工作的具体实施、执行机构，质量监督申请材料的核查是监督实践中非常重要的一环，监督机构需要判断该项目是否在监督事权划分的管辖范围内，同时也应避免让水利建设项目带病进入监督期。对质量监督申请材料的核查内容有以下几个方面。

（一）工程项目是否在监督事权管辖范围内

水利工程质量监督作为一项行政行为，其事权按分级管理的原则由各级水行政主管部门管辖。监督机构需根据水行政主管部门关于水利工程质量监督事权划分的具体规定来判断是否受理。

对于涉及市政、房建、交通等综合水利建设项目，在无相关法规依据的情况下，项目法人需综合考虑前期可研、初步设计审批情况，并结合自身组织机构及法人监督管理机关属性，综合考虑分行业监督还是水利单一行业监督方式。

（二）参建单位资质资格是否符合相关规定

水利工程建设项目对参与工程建设的市场主体实施企业资质准入制度，对主要技术管理人员实施执业资格制度，并根据工程建设项目的不同规模、不同等级对企业资质、人员资格做出了具体规定。虽然这些资质资格的合规性前期大多在公开招投标阶段已经过审查，但如果这些项目不通过公开招投标，或者前期招投标监管出现纰漏，项目则可能带病进入监督期，给监督工作带来隐患。监督机构发现申请监督项目涉嫌违法违规的，应及时向水行政主管部门报告。

（三）质量监督申请材料是否齐全

对于项目法人质量监督申请材料是否齐全，水利部《水利工程质量监督管理规定》（水建〔1997〕339号）第二十一条关于质量监督申请材料第三点提出的“建设、监理、设计、施工等单位的基本情况和工程质量管理组织情况等资料”的条款具有兜底性，监督机构在审查资料完整性时，应重点从材料的核查内容前两项考虑，如已提供的材料不影响监督机构对前两项进行有效判断的，参建单位基本情况和工程质量组织情况的材料可以在后期监督工作中督促补充完善。

质量监督申请材料核查通过，监督机构应向项目法人签发《水利工程建设质量监督书》，落实质量监督工作责任人，制定监督计划，履行质量监督职责。

六、监督问答

水利工程质量监督手续的受理主体是谁

关于水利工程质量监督手续的受理主体，国务院《建设工程质量管理条例》（国务院令279号，2019年4月23日修改）第十三条并未明确，水利部《水利工程质量管理规定》（水利部令第7号、49号）第十八条明确了项目法人要向水利工程质量监督机构申请办理，这一做法也贯彻在以往的质量监督实践中。

事业单位“去行政化”改革后，工程质量监督作为一项行政行为，回归行政机关，制度设计中监督机构大多以技术支撑单位参与质量监督工作。监督机构履行质量监督职责的组织形式是否需要调整，引发了广大监督人员的思考与讨论，谁来受理质量监督手续即是其中问题之一。目前浙江质量监督工作实践中，质量监督手续由水行政主管部门受理后转交监督机构，或由监督机构直接受理的方式都存在。质量监督手续作为项目法人履行的一项法定告知义务，无论由水行政主管部门还是监督机构受理，并不涉及行政相对人权利义务的影响或改变，只要在制度设计上事先明确，均应以改革的视角、包容的心态来对待。

第二节　监督计划与交底

一、执行依据与法律性质

（一）执行依据

监督机构必须建立健全质量监督工作机制，完善监督手段，增强监督工作的权威性和有效性。制定质量监督计划，开展监督工作交底，是监督机构积极规范履职的两项基本工作制度。

水利部《水利工程质量监督管理规定》（水建〔1997〕339号）第二十二条

明确了质量监督计划的工作要求。规定指出，监督机构应根据工程的规模、重要性等，制定质量监督工作计划，确定质量监督的组织形式。水利部在《关于印发水利建设工程质量监督工作清单的通知》（办监督〔2019〕211号）的监督工作清单中亦明确了相关要求。

相对于规范性文件对编制质量监督计划的明确要求，监督工作交底则多见于监督机构内部工作制度和监督实践。从某种程度上讲，质量监督计划和监督工作交底都是监督人员主动履职的一种体现。

（二）法律性质

工程质量监督是一项行政行为，监督工作计划与交底是监督机构履行监督职责的过程性行为，均不对行政相对人的权利义务产生影响。对监督机构而言，监督工作计划、交底依然是规范监督的一项重要工作内容。

二、目的与意义

监督机构根据所监督工程的规模和特点，依据法律法规、强制性标准及工程设计文件，制订质量监督计划，就监督工作内容及工作要求向项目法人、设计、施工、监理等单位主要项目负责人员进行告知，可以起到未雨绸缪、事半功倍的效果。一方面，质量监督计划使监督工作进一步标准化、制度化，是规范监督行为的重要基础，也提高了监督工作的可预见性。另一方面，监督工作交底让各责任主体了解在工程建设中必须遵循的监督工作制度，同时也是宣贯法律法规、强制性条文的一种有效的手段。其目的在于加强工程质量事前监管，争取各责任主体对监督工作的理解、信任和支持，以此提升监督实效。

三、质量监督计划的内容与要求

水利部《关于印发水利建设工程质量监督工作清单的通知》（办监督〔2019〕211号）明确指出，跨年度工程要编写质量监督工作总计划和年度监督计划。总计划一般在项目的监督组织形成后进行编制，年度计划则在每年的年初编制。监督计划均应以正式文件主送项目法人，抄送水行政主管部门及有关单位。

（一）质量监督工作总计划

质量监督手续办结后，监督机构应根据工程类型、建设规模、主要建筑物和建设计划等内容，制定较为翔实的监督工作总计划，明确监督组织形式、监督任务、监督方式、监督重点等内容。质量监督工作总计划内容如图5-3所示。

1. 组织形式

工程质量监督组是较为普遍的一种组织形式，监督组可由水行政主管部门、

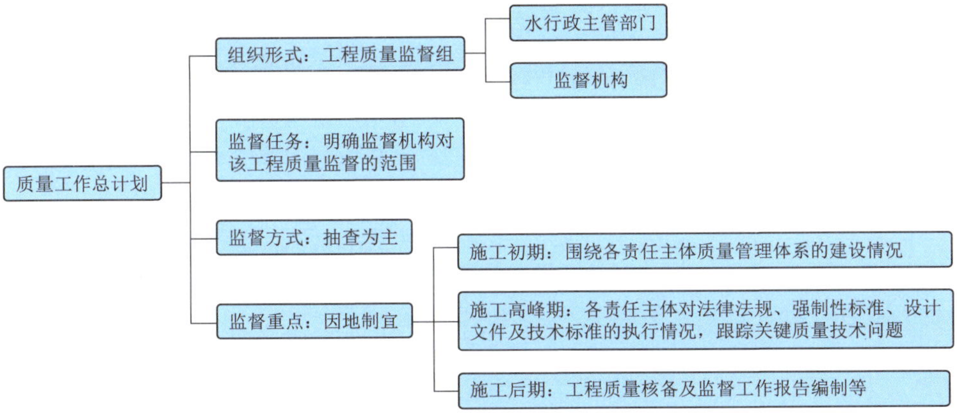

图 5-3　质量监督工作总计划内容

监督机构的两名及以上监督人员组成，参建单位包括项目法人不应参加工程质量监督组。监督组组长负责质量监督的计划、检查、整改督促等具体实施工作。

2. 监督任务

水利工程建设项目逐渐呈现综合性、多样性的特点。有些水利工程建设项目可能由多个行业、多个监督机构联合监督。因此，质量监督计划中应根据质量监督书的约定，明确监督机构对该工程质量监督的范围，以明晰监管责任。

3. 监督方式

此处明确质量监督方式为抽查，监督机构履行政府监督职能，不代替项目法人、监理、设计、施工单位的质量管理工作。主体工程施工高峰期间，监督机构一般按每季度开展监督检查，其余时间段根据工程建设进度安排质量监督活动。

4. 监督重点

不同阶段监督工作各有侧重，不同类型的水利工程建设的重、难点也不相同，监督工作重点要因地制宜。一般来讲，施工初期质量监督重点围绕各责任主体质量管理体系建设；施工高峰期重点监督各责任主体对法律法规、强制性标准、设计文件及技术标准的执行，跟踪关键质量技术问题；施工后期重点是工程验收及质量核备等。

（二）年度监督工作计划

对于跨年度施工的大中型工程，监督机构应编制年度监督工作计划，年度监督工作计划应结合当年度工程实际建设计划，内容上应比监督工作总计划更为详细、具体，细化各季度监督要点，明晰监督重点环节和检查内容，对监督检查指导性更强，针对性更明确。

四、监督工作交底的准备与实施

监督工作交底的两个任务：一是向各责任主体系统地说明水利工程建设质量的监督依据、监督方式、监督权限、监督内容、监督重点及工作要求等；二是通过交底使各责任主体进一步熟悉质量法定责任和义务，建立现场质量管理工作的红线。

监督组成立后，监督人员应尽快了解工程基本情况，熟悉设计图纸；对工程关键部位、重要结构、难点问题进行筛选、记录；根据监督工程的规模、类型以及设计文件，结合法律法规、强制性标准等有关文件规定，制订出详细可行的监督工作计划，作为监督工作交底的主要内容。其次，结合以往监督工作经历，分析类似工程多发频发问题、重大质量技术问题、违法违规问题等工作案例，向参建单位有关人员进行事前警示。

监督工作交底会议是另一种形式的建章立制，也是一次对参建单位全面的摸排与评估。在组织形式上，监督工作交底可独立进行，邀请各参建单位主要技术管理人员参加会议，宣贯的同时，也可增加互动交流环节，请各参建单位交流分析各自对工程建设质量管理的思路和安排，从而对各参建单位力量投入、责任分工、管理方案的针对性与操作性等方面进行综合评价。

第三节　项目划分确认与质量标准核备

一、执行依据与法律性质

（一）执行依据

水利工程建设前期，项目法人需组织参建单位，按现行规程规范的要求，建立健全项目质量管理标准，这其中包括项目划分、外观质量评分标准、新增单元工程质量评定标准等，并按规定报监督机构确认或核备，以确保项目划分科学、合理，质量标准、系统完整且在政府监督下被有效执行。水利部在《关于印发水利建设工程质量监督工作清单的通知》（办监督〔2019〕211号）的监督工作事项清单中也明确了监督机构具体的工作内容和相关要求。

（二）法律性质

项目法人确认或者质量标准的核备本身没有独立的法律意义，是对工程质量验收和核备行为的一种预备行为，对参建单位权利义务并不产生影响，属于质量监督履职的过程性行为。确认或核备后，各参建单位应按确认或核备的内容开展相关工作，不得随意调整，以确保工程施工质量验收的客观性与严肃性。项目法人对报送材料的时效性和完整性负责，监督机构对材料的合规性进行检查。

二、项目划分确认

由于工程质量管理及验收需要，水利工程建设前期需进行项目划分。水利工程项目划分一般结合工程结构特点、施工部署及施工合同要求进行。项目划分为三级，分别为单位工程、分部工程、单元（工序）工程等。水利工程特别是枢纽工程的复杂性和多样性，决定其工程项目的划分不可能完全实现标准化。工程项目划分是对工程项目按结构降序分解，工程质量验收时按结构升序验收，从而实现对工程质量的整体把控，建立工程架构与逻辑关系。监督机构在项目划分确认工作中，应重点关注以下问题：

（1）项目划分应由项目法人在主体工程开工前报送质量监督机构。项目划分文件中，应确定单位工程、分部工程、重要隐蔽单元工程和关键部位单元工程，以及单元工程的划分原则。

（2）项目划分应遵循以下原则：

1）单位工程划分原则。枢纽工程一般以每座独立的建筑物划分；堤防工程、引水（渠道）工程按招标标段或工程结构划分；除险加固工程按招标标段或加固内容，并结合工程量划分。

2）分部工程划分原则。枢纽工程土建部分按设计的主要组成部分划分；金属结构、启闭机及机电设备安装工程按功能划分；堤防工程、引水（渠道）工程按长度或功能划分；除险加固工程按加固内容或部位划分。

3）单元工程划分原则。一般按《水利水电工程施工质量检验与评定规程》（SL 176—2007）明确的划分原则进行，河（渠）道等线性工程单元工程划分宜结合变形缝或结构缝，长度一般不大于100m；其他单元工程可依据工程结构、施工部署或按层、块、段进行划分。

（3）监督机构对项目划分的确认内容，包括单位工程和分部工程的名称、数量，以及主要单位工程、主要分部工程、重要隐蔽（关键部位）单元工程，并将确认结果以书面形式在14个工作日内通知项目法人。

（4）分期或分阶段实施的建设项目，可分期或分阶段进行项目划分确认。工程实施过程中，需对单位工程、主要分部工程、重要隐蔽单元工程和关键部位单元工程的项目划分进行调整时，项目法人应重新报送质量监督机构确认。

（5）永久性房屋（管理设施用房）、专用公路、专用铁路等附属工程，可按相关行业标准划分和确定项目名称。

项目划分确认重点关注的问题如图5－4所示。

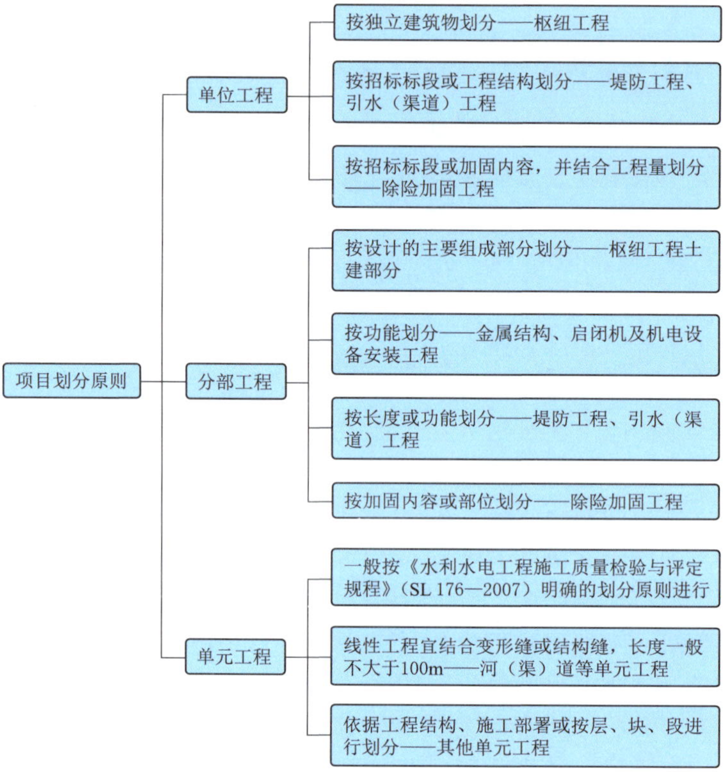

图 5-4 项目划分确认重点关注的问题

三、外观质量标准确认

外观质量是指通过检查和必要的测量所反映的工程外表质量。水利部《水利建设工程质量监督工作清单》（办监督〔2019〕211号）中明确，监督机构应确认的外观质量标准包括枢纽工程外观质量评定标准；对现行规程尚未列出的外观质量项目，核备其质量标准及标准分。

项目法人应在主体工程开工初期组织监理、设计、施工等单位根据工程特点，系统梳理外观质量标准及标准分，符合确认范围的，项目法人应将外观质量标准报送质量监督机构。监督机构在收到项目法人书面报送的工程外观质量标准后的14个工作日内完成确认，并将确认结果书面通知项目法人。

四、新增单元工程质量标准核备

新增单元工程是指《水利水电工程单元工程施工质量验收评定标准》（SL

631—2012～SL 639—2013）和《水利水电工程单元工程施工质量验收评定表及填表说明》中未涉及的单元工程。

监督机构在收到项目法人书面报送的新增单元工程质量标准及评定表格后，应复核报批的施工、安装质量验收评定标准是否符合设计要求、设备生产商的技术说明书和相应规范技术标准是否符合要求，检查评定表格是否符合《水利水电工程单元工程施工质量验收评定标准》制定的统一格式（表头、表身、表尾），并将检查结果及时通知项目法人。

五、临时工程质量标准核备

此处的临时工程是指影响主体工程质量和施工安全的临建工程。临时工程（如围堰、导流隧洞、导流明渠等）质量直接影响主体工程质量、进度与投资，必须高度重视。项目法人应组织监理、设计及施工等单位根据工程特点，参照单元工程评定标准的要求编制相关质量标准，并报监督机构核备。同时，施工期也应对临时工程进行质量验收。

监督机构在收到项目法人书面上报的临时工程质量检验及评定标准和新增外观项目质量标准及标准分后，应复核临时工程质量检验及评定标准是否符合设计和相关规程规范的要求，检查评定表格是否符合单元工程施工质量验收评定表的统一格式；检查拟定的外观质量标准项目及其标准分的合理性，并将检查结果及时通知项目法人。

六、监督问答

关于单位工程质量验收标准，监督工作应注意哪些内容

单位工程评定与验收资料是整个工程资料的重中之重，对此，现行规程规范已作出了框架性的制度安排与要求，但这些要求都是原则性与基础性的，大多数情况下与特定在建项并不完全吻合，与设计质量要求也不尽相同。因此，监督人员应督促项目法人根据项目划分，组织对单元工程质量验收用表进行系统梳理，特别要结合设计图纸及施工总说明相关要求，对检验项目质量标准进行微调，以适应施工质量验收工作需要。

第四节　监　督　检　查

一、执行依据与法律性质

（一）工作事项与执行依据

开展监督检查是水利工程质量监督工作的重要手段，根据水利部《水利工程质量管理规定》（水利部令第 7 号、49 号）和《水利工程质量监督管理规定》（水建〔1997〕339 号）的相关规定，质量监督机构依据法律法规、规程规范、质量标准及经批准的设计文件，对参建单位履行质量责任的行为以及工程实体质量进行抽查。

（二）法律性质

监督检查在法律性质上可以归类于“行政检查”。复核质量责任主体资质，检查参建单位质量管理体系建立及运行情况，开展监督检测等，均属于“行政检查”的范畴。在监督检查过程中，可能出现一些其他的独立行政行为，如责令改正便可构成独立的行政行为。监督检查后，水行政主管部门如根据检查结果对行政相对人立案查处，此时监督检查也可作为行政处罚的前期过程行为。《浙江省行政程序办法》将行政检查列入“特别行政执法”类别，反映出监督检查在传统行政法认知中，并不是行政执法行为。由于监督检查结果可能影响行政相对人的权利义务，也可作为行政处罚的预备性行为，很多学者专家近年来倾向于将其看作行政执法行为，以约束、规范监督检查人员，保障行政相对人的权利救济。

二、检查类型与方式

在检查类型上，监督检查包括日常检查、专项检查和突击检查。专项检查是相对日常检查而言的，某一检查特征相对固定，如金属结构专项检查、桥梁专项检查等。突击检查则体现其突击性，如“四不两直”检查（指不发通知、不打招呼、不听汇报、不用陪同、直奔基层、直插现场），以减少检查准备过程中弄虚作假的情况，有助于了解真实情况。

在检查频次上，水利部《水利建设工程质量监督工作清单》（办监督〔2019〕211 号）指出，“根据工程建设进展情况，原则上一年不少于两次”。根据工程现场施工质量总体情况和参建单位的市场信用情况，监督工作实践可适度调整监督检查的频率，原则上主体工程施工高峰期每季度不少于一次。政府规章《浙江省行政程序办法》指出，“对投诉举报较多、列入经营异常名录或者有严重违法记录等情况的，可以视情增加行政检查次数”。这反映出频繁的行政检查一定程度上可能会干扰、影响参建单位的正常施工安排与秩序，无正当理由不予提倡频繁开展检查。

在组织形式上，监督机构可根据工程规模和监督能力，通过购买服务、聘请专家等方式弥补监督技术力量的不足。监督机构也可根据工程监督工作需要，委托符合资质要求的检测单位开展质量监督检测，监督检测在主体工程施工期间原则上一年不少于一次。

三、监督检查程序

监督检查如何实施，法律上并没有明确、统一的程序，根据行政检查工作的一般性原则，结合工程质量监督工作实践，质量监督检查程序一般如下：

（1）批准。监督检查应当经监督机构负责人批准。从现代行政法的角度，参建单位在监督机构实施监督检查之前，有要求监督机构出示批准文书的程序性权利，否则，参建单位有权拒绝检查。

（2）通知。虽然不通知也可开展监督检查，但监督检查的目的是督促参建单位遵纪守法，因此获得参建单位特别是项目法人的配合十分重要。因此，在不影响监督检查目的的情况下，从减轻监督检查对参建单位生产经营活动影响的角度看，监督检查的事先通知十分必要。

（3）检查。一般根据工程规模大小，检查范围不同，由监督组长对检查人员的工作进行分工，或根据专业，或根据检查对象等。一般采取查看施工现场、抽查施工资料、听取阶段工作报告等形式展开，监督检查人员可就检查发现的问题进行核实，对检查内容进行记录和取证。监督机构在开展监督检查时，可根据工作需要，聘请专家参加检查活动，也可委托有相应资质的质量检测单位对工程进行监督检测。

（4）反馈。根据质量监督检查的性质和工作要求，检查结束后，监督人员应及时将监督检查中发现的问题向参建单位反馈，听取参建单位的陈述与申辩，并对有关情况进行合理排除，形成最终的质量监督检查结果，以书面形式送达项目法人。

（5）闭环。监督检查意见原则上由项目法人组织整改，项目法人应限期将整改落实情况书面报送监督机构。监督机构应对质量监督检查意见的整改情况进行核查，以督促有关问题纠正、闭合。对不按要求整改的责任单位及责任人，质量监督机构可进行通报，必要时提请有关主管部门按规定进行处理。

监督检查程序如图 5-5 所示。

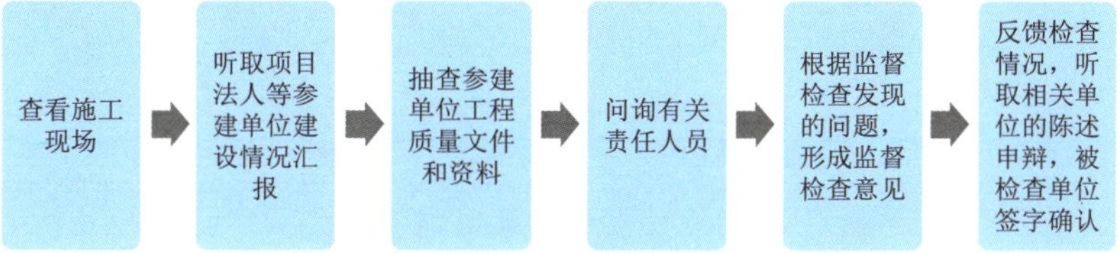

图 5-5 监督检查程序

四、监督检查的主要内容

国务院《建设工程质量管理条例》（国务院令第 279 号）第四十四条明确工程质量监督检查的重点为“有关建设工程质量的法律、法规和强制性标准执行情况”。《水利工程质量管理规定》（水利部令第 7 号、49 号）则从资质、体系及法律法规等执行情况做了原则性规定，水利部《水利建设工程质量监督工作清单》(办监督〔2019〕211号）则明确了监督检查主要内容，如图5-6所示。

监督检查主要内容

- 复核勘察设计、监理、施工、设备制造安装等单位的资质
- 检查各参建单位的质量管理体系的建立和执行情况
- 检查各参建单位对有关质量法律法规、质量标准和规程规范、强制性条文、设计文件的执行情况
- 检查工程实体质量以及工程质量检测、验收情况
- 根据工程建设情况对影响结构安全的原材料、中间产品和工程实体适时进行质量抽测

图5-6　监督检查主要内容

五、问题整改与闭环

监督检查应形成书面检查意见。检查意见应载明检查时间、检查人员、抽查事项或部位、问题及意见建议等内容。监督检查发现的问题，一般应与被检查单位充分沟通，并经双方签字确认，按图5-7所示原则进行处理与闭环。

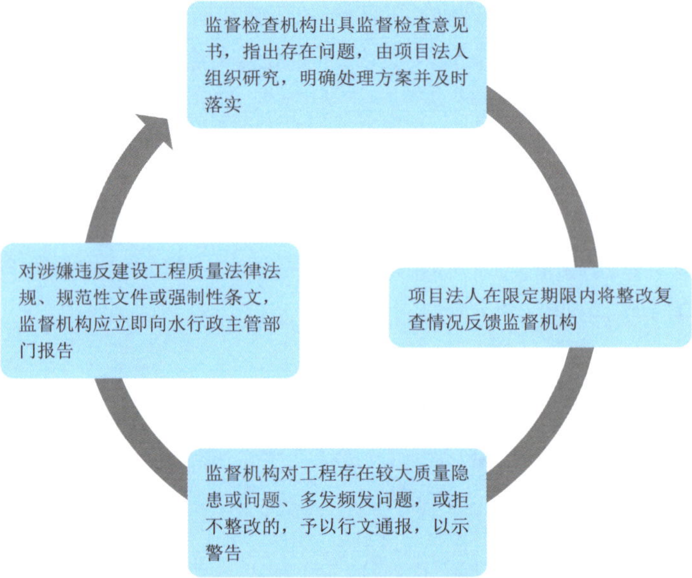

图5-7　监督检查处理原则

六、监督问答

监督检测的性质与作用是什么

近年来，越来越多的质量监督机构开展监督检测。与参建单位实施的工程

质量检测不同，监督检测本质上是质量监督行为，是质量监督工作的一种方式和手段，辅助监督人员验证可能存在的问题。运用好监督检测这一工作手段，对监督人员而言是十分必要的。监督检测往往委托具有水利工程质量检测资质的检测单位承担，检测报告具有公信力与法律效力。基层质量监督机构以监督小微型水利工程为主，参建单位质量管理体系很难规范、健全，常规的监督检查发现的体系行为问题多，但问题往往是屡改屡犯，解决不了根本问题。从监督检测出发，通过发现实体质量问题，增加参建各方的处理成本，倒逼参建单位重视质量管理的核心问题。

第五节　工程质量核备

一、执行依据与法律性质

（一）执行依据

《水利工程质量管理规定》（水利部令第7号、第49号）第十三条规定，“工程竣工验收前，质量监督机构应对工程质量结论进行核备。未经质量核备的工程，项目法人不得报验，工程主管部门不得验收”。《水利工程建设项目验收管理规定》（水利部令第30号）第十六条规定，“法人验收后，质量评定结论应当报该项目的质量监督机构核备。未经核备的，不得组织下一阶段验收”。

监督机构在收到项目法人报送的重要隐蔽（关键部位）单元工程、分部工程和单位工程质量验收结论后，应及时对行为合规性和资料完整性进行审查，并明确是否同意备案。

（二）法律性质

核备意指审核、备案。核备的内容是项目法人报送的工程质量结论，属于对相关法律事实的行政确认。同时，该行政确认属于政府验收的前置程序。

二、现场质量核查

监督人员开展工程质量核备，首先要掌握工程现场情况，结合历次质量监督检查情况，核实工程质量结论是否与工程实际相符，程序是否规范。《水利水电建设工程验收规程》（SL 223—2008）等相关规程为现场核查做出了制度上的安排，即单位工程、大型枢纽工程主要建筑物分部工程、竣工验收自查等工作会议监督机构应列席，其他法人验收可列席。监督人员在列席法人验收时，应对验收内容是否已按初步设计批准建设完成进行核实，核实历次监督检查意见的处理情况，对项目法人验收组织工作进行指导，确保法人验收成果真实、客观、规范、有效。

三、质量缺陷备案

质量缺陷是指对工程质量有影响，但小于一般质量事故的质量问题。规程规范明确需要备案的质量缺陷主要存在如图 5-8 所示的三种情形。

质量缺陷备案表由监理单位组织填写，内容应真实、准确、完整。各工程参建单位代表应在质量缺陷备案表上签字，若有不同意见应明确记载。质量缺陷备案表应及时报工程质量监督机构备案。

在施工过程中，因特殊原因使得工程个别部位或局部发生达不到技术标准和设计要求，但不影响使用，且未能及时进行处理的

（a）情形一

单元（工序）工程施工质量达不到合格标准时，经处理后质量指标仍达不到设计要求时，经设计复核，项目法人及监理单位确认能满足安全和使用功能要求，不再进行处理的

（b）情形二

单元（工序）工程施工质量达不到合格标准时，经加固补强后，改变了外形尺寸或造成工程永久性缺陷的，经项目法人、监理及设计单位确认能基本满足设计要求

（c）情形三

图 5-8　质量缺陷主要情形

四、质量核备资料

查阅有关规范性文件及规程规范，项目法人申请工程质量核备的资料并无明确规定，根据浙江质量监督工作实践，建议如下：

（1）重要隐蔽单元工程（关键部位单元工程）质量核备资料：联合验收签证表、工程质量检测汇总表。

（2）分部工程质量核备资料：分部工程验收鉴定书、工程质量检测（数理统计）汇总表。

（3）单位工程质量核备资料：核备表、单位工程验收鉴定书、单位工程外观质量评分表及量测数据、单位工程验收工程质量资料核查表、工程质量检测（数理统计）汇总表。

（4）工程项目质量核备资料：核备表、竣工验收自查报告、原位监测报告、

项目法人委托检测报告等。

五、工程质量核备要点

（1）项目法人对质量结论和报送材料的真实性负责；质量监督机构根据监督检查情况，主要依据质量资料是否规范齐全、质量验收程序是否规范、监督检查问题是否得到处理等方面给出是否同意核备的意见。

（2）监督机构应督促项目法人按照规定时限及时报送核备材料，并在收到材料的20个工作日内，及时将核备意见书面反馈项目法人。若材料不符合核备要求，监督机构应一次性说明并及时退还，经项目法人补正材料后重新报送。

（3）重要隐蔽（关键部位）单元工程质量核备时，应检查联合验收小组成员单位是否齐备、验收组成员是否具备资格、验收结论是否明确、联合验收签证是否齐全、是否有留存影像资料等。

（4）分部工程质量核备时，应检查验收小组成员单位是否齐备、验收组成员是否具备资格、验收结论是否准确、质量缺陷是否按要求处理、抽查工程质量检测数理统计情况等。

（5）单位工程质量核备时，监督机构应赴工程现场，结合历次监督检查主要意见和工程实体质量情况复核单位工程质量结论的准确性，检查验收小组成员单位是否齐备、验收组成员是否具备资格、复核部分项目的外观质量、复核质量缺陷和遗留问题的处理情况等。

（6）工程项目质量核备时，监督机构应赴工程现场，结合历次监督检查主要意见查看工程实体质量情况，复核工程质量结论的准确性、复核工程遗留问题的处理情况、检查竣工验收自查小组成员单位是否齐备、验收组成员是否具备资格等。

六、监督问答

工程质量的认定、核定与核备

从概念来看，认定是指承认并确定；核定是指检查确定，一般指检查、核实之后签署确定等级的意见；核备是指核实并备案。2017年12月22日，《水利部关于废止和修改部分规章的决定》对《水利工程质量管理规定》第十三条进行了修订，“工程竣工验收前，质量监督机构应对工程质量结论进行核备。”在此之前，水利工程建设质量由项目法人认定后，报监督机构核定。核定对工程质量具有最终确认定权，将核定改为核备，其法律意义重大，政府与市场的界限更加清晰。

本 章 小 结

与其他行业相比，水利工程建设项目的质量监督工作有共性的内容，同时也体现行业特点，具体表现为水利行业的质量监督工作以节点监督的形式，进行全过程质量把关，监督工作贯穿于整个建设期间。本章把各节点监督工作内容与程序进行了梳理总结，充分体现了规范监督的操作性要求。

第六章 对参建单位质量体系及行为的监督检查

工程质量监督重点围绕水利工程建设项目对法律法规及工程建设强制性标准的执行情况开展，在执行层面则以参建单位在质量体系、行为和工程实体质量上的法律责任与义务呈现。质量管理目标中，质量体系是基础，是前提；质量行为是过程，是途径；工程实体质量则是结果，是成效；三者环环相扣，共同形成和反映一个水利工程建设项目的质量管理水平和状态。

第一节 对项目法人质量管理体系及行为的监督检查

项目法人（建设单位）是水利工程建设项目的所有人及组织者，这决定了其对工程质量负全面责任和首要责任。因此，水利工程质量监督工作应以监督项目法人为核心。根据水利部《关于印发水利工程建设项目法人管理指导意见的通知》（水建设〔2020〕258号）有关要求，项目法人对水利工程建设项目的质量、安全、进度和投资负总责。在质量管理和控制方面，其职责和义务主要包括以下内容：

（1）按照基本建设程序和批准的建设规模、内容、标准组织工程建设，按照有关规定履行设计变更的审核与报批工作。

（2）根据工程建设需要组建现场质量管理机构，建立健全质量管理规章制度，负责按规定办理工程质量监督手续。

（3）负责监督检查各参建单位现场管理机构建设管理情况，包括工程投资、工期、质量、安全生产和工程建设责任制落实等情况。

（4）按照有关规定和技术标准组织或参与工程各类各阶段验收工作。

梳理项目法人质量管理体系和行为的重点监督检查内容，本书设置为8个类别、31个事项，包括质量监督手续（1项）、工程监理制（1项）、质量管理体系（8项）、项目划分与质量评定标准（4项）、设计质量管理（4项）、项目法人质量检测（5项）、工程质量检查（3项）及工程质量验收（5项）。对项目法人质量管理体系和行为监督检查要点见表6-1。

表 6-1　对项目法人质量管理体系和行为监督检查要点

序号	检查要点	问题类型	责任和义务	监督检查依据
1	质量监督手续	未按规定办理监督手续	项目法人（建设单位）在工程开工前，应按规定向水利工程质量监督机构办理工程质量监督手续。在工程施工过程中，应主动接受质量监督机构对工程质量的监督检查	《水利工程质量管理规定》（水利部令第 7 号、49 号）第十八条
2	工程监理制	未依法实施工程监理	水利工程建设项目依法应实行建设监理的项目，必须实行建设监理。按照《水利工程建设监理规定》必须实施建设监理的水利工程建设项目，项目法人应当按照水利工程建设项目招标投标管理的规定，确定具有相应资质的监理单位，并报项目主管部门备案	《水利工程建设监理规定》（水利部令第 28 号）第三条、第五条
3	质量管理体系	未建立健全质量管理机构	项目法人（建设单位）要加强工程质量管理，建立健全施工质量检查体系，根据工程特点建立质量管理机构和质量管理制度	《水利工程质量管理规定》（水利部令第 7 号、49 号）第十七条
		未制定质量管理制度或制度不健全	项目法人必须严格遵守国家有关法律法规，结合建设项目实际，依法完善项目法人治理结构，制定质量、安全、计划执行、设计、财务、合同、档案等各项管理制度，定期开展制度执行情况自查，加强对参建单位的管理	《水利部关于印发〈水利工程建设项目法人管理指导意见的通知〉》（水建设〔2020〕258 号）第十四条
		人员配备及教育培训：人员配备不满足要求	（1）项目法人总人数应满足工程建设管理需要，大、中、小型工程人数一般按照不少于 30 人、12 人、6 人配备，其中工程专业技术人员原则上不少于总人数的 50%。 （2）项目法人的主要负责人、技术负责人和财务负责人应具备相应的管理能力和工程建设管理经验。其中，技术负责人应为专职人员，有从事类似水利工程建设管理的工作经历和经验，能够独立处理工程建设中的专业问题，并具备与工程建设相适应的专业技术职称。大型水利工程和坝高大于 70m 的水库工程项目法人技术负责人应具备水利或相关专业高级职称或执业资格，其他水利工程项目法人技术负责人应具备水利或相关专业中级以上职称或执业资格。 （3）水利工程建设期间，项目法人主要管理人员应保持相对稳定	《水利部关于印发〈水利工程建设项目法人管理指导意见的通知〉》（水建设〔2020〕258 号）第十一条

续表

序号	检查要点	问题类型		责任和义务	监督检查依据
3	质量管理体系	人员配备及教育培训	未对质量管理人员进行业务培训	水利工程建设各单位要加强质量法制教育，增强质量法制观念，把提高劳动者的素质作为提高质量的重要环节，加强对管理人员和职工的质量意识和质量管理知识的教育，建立和完善质量管理的激励机制，积极开展群众性质量管理和合理化建议活动	《水利工程质量管理规定》（水利部令第7号、49号）第九条
		质量责任制	项目负责人未明确	水利基本建设工程开工建设前，勘察、设计、施工、监理等责任主体应当书面明确工程项目负责人，赋予其承担质量责任应当履行的职责。项目法人（建设单位）如需设置法定代表人以外的项目负责人，也应在开工前书面明确	《浙江省水利工程建设质量责任主体终身责任制管理办法（试行）》（浙水建〔2019〕8号）第六条
			未设置质量责任公示牌	项目法人（建设单位）应在施工期施工现场明显位置设置质量责任公示牌，内容包括：工程项目名称、简介、各责任主体名称及项目负责人姓名、职务、联系电话，质量举报方式等	《浙江省水利工程建设质量责任主体终身责任制管理办法（试行）》（浙水建〔2019〕8号）第八条
			未明确质量岗位职责及责任人	水利工程项目法人（建设单位）、监理、设计、施工等单位的负责人，对本单位的质量工作负领导责任。各单位在工程现场的项目负责人对本单位在工程现场的质量工作负直接领导责任。各单位的工程技术负责人对质量工作负技术责任。具体工作人员为直接责任人	《水利工程质量管理规定》（水利部令第7号、49号）第七条
			未建立人员考核奖惩机制	项目法人必须严格遵守国家有关法律法规，结合建设项目实际，依法完善项目法人治理结构，制定质量、安全、计划执行、设计、财务、合同、档案等各项管理制度，定期开展制度执行情况自查，加强对参建单位的管理	《水利部关于印发水利工程建设项目法人管理指导意见的通知》（水建设〔2020〕258号）第十四条

续表

序号	检查要点	问题类型	责任和义务	监督检查依据
4	项目划分与质量评定标准	未按要求组织项目划分	由项目法人组织监理、设计及施工单位进行工程项目划分，并确定主要单位工程、主要分部工程、重要隐蔽单元工程和关键部位单元工程。项目法人在主体工程开工前将项目划分表及说明书报相应工程质量监督机构确认。 工程实施过程中，对单位工程、主要分部工程、重要隐蔽单元工程和关键部位单元工程的项目划分进行调整时，项目法人应重新报送质量监督机构审查确认	《水利水电工程施工质量检验与评定规程》（SL 176—2007）第 3.3.1 条、第 3.3.3 条
		未制定新增单元工程质量验收标准	工程项目中如遇无现有的项目质量评定标准时，其质量标准及评定表格，由项目法人组织监理、设计及施工单位按水利部有关规定进行编制和报批	《水利水电工程施工质量检验与评定规程》（SL 176—2007）第 4.1.7 条
		未制定临时工程质量验收标准	临时工程质量检验及评定标准，应由项目法人组织监理、设计及施工等单位根据工程特点，参照单元工程评定标准和其他相关标准确定，并报相应的工程质量监督机构核备	《水利水电工程施工质量检验与评定规程》（SL 176—2007）第 4.2.2 条
		未及时组织制定工程外观质量标准	项目法人应在主体工程开工初期，组织监理、设计、施工等单位，根据工程特点（工程等级及使用情况）和相关技术标准，提出所列各项目的质量标准，报工程质量监督机构确认	《水利水电工程施工质量检验与评定规程》（SL 176—2007）附录 A.2.2
5	设计质量管理	未及时组织参建单位设计交底	项目法人（建设单位）应组织设计和施工单位进行设计交底；施工中应对工程质量进行检查，工程完工后，应及时组织有关单位进行工程质量验收、签证	《水利工程质量管理规定》（水利部令第 7 号，2017 年第 49 号修改）第十九条
		未组织施工图审查	施工图设计文件未经审查批准的，不得使用	《水利部关于印发〈水利工程建设项目法人管理指导意见〉的通知》（水建设〔2020〕258 号）第八条第七款

续表

序号	检查要点	问题类型		责任和义务	监督检查依据
5	设计质量管理	设计变更管理	一般设计变更手续不规范	一般设计变更文件由项目法人组织有关参建方研究确认后实施变更，并报项目主管部门核备，项目主管部门认为必要时可组织审批。设计变更文件审查批准后，由项目法人负责组织实施	《水利部关于印发〈水利工程设计变更管理暂行办法〉的通知》（水规计〔2020〕283号）第十七条
			重大设计变更未按规定报原主管部门批准	工程设计变更审批采用分级管理制度。重大设计变更文件，由项目法人按原报审程序报原初步设计审批部门审批。报水利部审批的重大设计变更，应附原初步设计文件报送单位的意见	《水利部关于印发〈水利工程设计变更管理暂行办法〉的通知》（水规计〔2020〕283号）第十六条
6	项目法人质量检测	未开展质量检测		全省水利建设工程施工、监理、项目法人等单位应根据工程建设需要，委托具有相应水利工程质量检测资质的检测单位进行质量检测	《浙江省水利厅关于印发〈浙江省水利工程质量检测管理办法〉的通知》（浙水建〔2017〕23号）第十四条
		检测单位资质不符合要求		检测单位应当按照本规定取得资质，并在资质等级许可的范围内承担质量检测业务	《水利工程质量检测管理规定》（水利部令第36号、50号）第三条
		法人委托检测项目、数量不符合规定		施工自检、监理抽检、项目法人委托检测的检测项目及检测频次应符合水利行业标准、国家标准及地方标准的相关要求	《浙江省水利厅关于印发〈浙江省水利工程质量检测管理办法〉的通知》（浙水建〔2017〕23号）第十六条
		项目法人委托检测单位与施工自检相同		承接施工自检的检测单位，不得承接同一水利工程建设项目的监理平行检测或项目法人委托检测	《浙江省水利厅关于印发〈浙江省水利工程质量检测管理办法〉的通知》（浙水建〔2017〕23号）第十七条
		未制定检测方案或未按检测方案实施		项目法人可组织质量检测、监理等单位，依据相关规定编制检测方案，报质量监督机构备案。工程实体质量应按照项目法人认定的检测方案中的检测项目、方法、数量进行检测	《水利工程质量检测技术规程》（SL 734—2016）第3.0.2条；附录A.0.7

续表

序号	检查要点	问题类型	责任和义务	监督检查依据
7	工程质量检查	未按制度开展工程质量检查	建设单位要建立健全施工质量检查体系，按国家和行业技术标准、设计合同文件，检查和控制工程施工质量	《水利工程建设项目管理规定（试行）》（水建〔1995〕128号，水利部令第46号修订）第二十条
		未及时组织、督促有关问题整改闭合	建设单位要建立健全施工质量检查体系，按国家和行业技术标准、设计合同文件，检查和控制工程施工质量	《水利工程建设项目管理规定（试行）》（水建〔1995〕128号，水利部令第46号修订）第二十条
		质量缺陷未按规定备案	项目法人应及时将质量缺陷备案表报工程质量监督机构备案。质量缺陷备案资料按竣工验收的标准制备。工程竣工验收时，项目法人应向竣工验收委员会汇报并提交历次质量缺陷备案资料	《水利水电工程施工质量检验与评定规程》（SL 176—2007）第4.4.4条
8	工程质量验收	重要隐蔽（关键部位）单元工程联合验收不规范	重要隐蔽单元工程及关键部位单元工程质量经施工单位自评合格、监理单位抽检后，由项目法人（或委托监理）、监理、设计、施工、工程运行管理（施工阶段已经有时）等单位成立联合小组，共同检查核定其质量等级并填写签证表，报质量监督机构核备	《水利水电工程施工质量检验与评定规程》（SL 176—2007）第5.3.2条
		分部工程质量未及时核备	法人验收后，质量评定结论应当报该项目的质量监督机构核备。未经核备的，不得组织下一阶段验收	《水利工程建设项目验收管理规定》（水利部令第30号）第十六条
		工程外观质量验收不规范	单位工程完工后，项目法人应组织监理、设计、施工及工程运行管理等单位组成工程外观质量评定组，现场进行工程外观质量检验评定，并将评定结论报质量监督机构核（定）备	《水利水电工程施工质量检验与评定规程》（SL 176—2007）第4.3.7条
		单位工程验收程序不规范	单位工程验收应按以下程序进行：①听取工程参建单位工程建设有关情况的汇报；②现场检查工程完成情况和工程质量；③检查分部工程验收有关文件及相关档案资料；④讨论并通过单位工程验收鉴定书	《水利水电建设工程验收规程》（SL 223—2008）第4.0.7条
		法人验收不及时	当工程具备验收条件时，应及时组织验收。未经验收或验收不合格的工程不得交付使用或进行后续工程施工	《水利水电建设工程验收规程》（SL 233—2008）第1.0.9条

近年来，浙江省水利工程质量监督能力的整体提升，重点体现在建立以强化项目法人对工程质量首要责任的全方位监督模式，防止项目法人当“甩手掌柜”。一是落实项目法人为水利工程建设项目的第一责任人，监督工作以项目法人为重心。二是进一步明确、细化项目法人的质量管理职责，如质量监督活动中，要求项目法人进行全面汇报，其他参建单位补充；监督检查问题的整改工作，由项目法人负责明确处理意见，组织整改复查，并将整改情况书面反馈给监督机构等，这些机制措施可以让项目法人职责更好地落地。三是强化项目法人检测。《水利工程质量管理》第十七条明确要求项目法人建立质量检查体系，施工中对工程质量进行检查。实践表明，除一般质量巡查外，委托检测单位开展质量检测是项目法人落实质量检查职责的一种很好的工作形式。在浙江省水利工程建设实践中，项目法人委托质量检测以工程实体质量为主，与监理平行抽检以原材料、中间产品为主有所区分，各有侧重；项目法人通过委托第三方对工程实体质量进行检测，以具体检测报告和数据真实反映工程质量，具有较强的说服力，成效显著。

第二节 对勘察、设计单位质量体系及行为的监督检查

勘察、设计是水利工程建设项目的第一步，把项目法人的设想变成现实，是勘察、设计单位的主要工作。在工程建设的项目建议书、可行性研究、初步设计、施工图设计及施工各个阶段，勘察、设计单位举足轻重，发挥十分重要的技术指挥棒的作用。资质是从事水利工程建设勘察、设计的前提与准入条件，勘察、设计单位需依法取得相应等级的资质证书，保证勘察、设计成果符合法律法规和工程建设强制性标准的要求，对勘察、设计质量负责，主动接受水行政主管部门、监督机构对其资质等级及质量体系的监督检查。

勘察、设计文件（成果）是工程建设的依据和遵循，监督人员应重点检查强制性标准、技术规程规范的落实执行情况，施工图纸审查、签批程序及是否存在“错、缺、碰、漏”等不满足设计深度等现象。工程建设期间，现场服务是设计合同的重要内容，直接关系工程建设进展和设计成效。监督人员应重点检查现场设计代表机构设置或派驻代表（驻场时间、专业配置）情况；设计交底工作开展情况；现场施工技术问题解决情况；以及设计变更联系单出具的及时性等。

在监督检查事项清单设置过程中，本书主要根据现行法律法规、规范性文件对勘察、设计单位在水利工程建设中应当具备的资格条件和应当履行的职责与义务进行解析。本节将设计单位重点监督检查事项设置为单位资质（1 项）、勘察、设计质量管理（8 项）、现场服务质量（7 项）共 3 大类、16 个事项。检查事项清单见表 6－2。

表 6-2　对勘察、设计单位质量管理体系和行为监督检查要点

序号	检查要点	问题类型		责任和义务	监督检查依据
1	单位资质	资质不符合有关规定		从事建设工程勘察、设计的单位应当依法取得相应等级的资质证书，并在其资质等级许可的范围内承揽工程	《建设工程质量管理条例》（国务院令第 279 号、714 号）第十八条
2	勘察、设计质量管理	强制性标准执行不到位	未按强制性标准进行勘察、设计	勘察、设计单位必须按照工程建设强制性标准进行勘察、设计，并对其勘察、设计的质量负责	《建设工程质量管理条例》（国务院令第 279 号、714 号）第十九条
			未对设计文件进行强制性标准执行情况检查，或未形成检查记录	勘察、设计单位必须按照强制性条文开展工作，定期对强制性条文执行情况进行自查，并对其完成的成果质量负责。不符合强制性条文的勘察、设计等成果，不得批准	《水利工程建设标准强制性条文管理办法（试行）》（水国科〔2012〕546 号）第十六条
			采用“四新”技术，未对其是否符合强制性标准进行专题技术论证	工程建设中拟采用的新技术、新工艺、新材料、新装备，应由拟采用单位提请，项目法人组织相关专家对其是否符合强制性条文进行专题技术论证，按程序履行审批手续	《水利工程建设标准强制性条文管理办法（试行）》（水国科〔2012〕546 号）第 20 条
			设计文件未执行或引用符合要求的技术标准	设计文件必须符合下列基本要求： （1）设计文件应当符合国家、水利行业有关工程建设法规、工程勘测设计技术规程、标准和合同的要求。 （2）设计依据的基本资料应完整、准确、可靠，设计论证充分，计算成果可靠。 （3）设计文件的深度应满足相应设计阶段有关规定要求，设计质量必须满足工程质量、安全需要并符合设计规范的要求	《建设工程质量管理条例》（国务院令第 279 号、714 号）第二十六条
		设计深度不满足有关规定	部分建筑材料、构配件和设备的技术指标不完整	设计文件中选用的建筑材料、建筑构配件和设备，应当注明规格、型号、性能等技术指标，其质量要求必须符合国家规定的标准	《建设工程质量管理条例》（国务院令第 279 号、714 号）第二十二条，《建设工程勘察设计管理条例》（国务院令第 293 号、687 号）第二十七条
			施工图纸设计深度不满足设计规范和工程要求	设计文件应当符合国家规定的设计深度要求，注明工程合理使用年限	《建设工程质量管理条例》（国务院令第 279 号、714 号）第二十一条

续表

序号	检查要点	问题类型		责任和义务	监督检查依据
2	设计质量管理	文件会签、审核不规范	审核、会签、批准制度，技术交底不完善	设计单位必须建立健全设计质量保证体系，加强设计过程质量控制，健全设计文件的审核、会签批准制度，做好设计文件的技术交底工作	《水利工程质量管理规定》（水利部令第 7 号、49 号）第二十五条
			施工图出具不规范	注册建筑师、注册结构工程师等注册执业人员应当在设计文件上签字，对设计文件负责	《建设工程质量管理条例》（国务院令第 279 号、714 号）第十九条
3	现场服务质量	未及时提供设计文件及施工图纸		设计单位应按合同规定及时提供设计文件及施工图纸	《水利工程质量管理规定》（水利部令第 7 号、49 号）第二十七条
		未及时进行技术交底		设计单位应当就审查合格的施工图设计文件向施工单位作出详细说明	《建设工程质量管理条例》（国务院令第 279 号、714 号）第二十三条
		未按合同派驻现场代表机构或人员		对大中型工程，设计单位应按合同规定在施工现场设立设计代表机构或派驻设计代表	《水利工程质量管理规定》（水利部令第 7 号、49 号）第二十七条
		未及时解决现场设计问题		建设工程勘察、设计单位应当及时解决施工中出现的勘察、设计问题	《建设工程勘察设计管理条例》（国务院令第 293 号、687 号）第三十条
		未参加重要隐蔽、关键部位等质量验收		重要隐蔽单元工程及关键部位单元质量经施工单位自评合格、监理单位抽检后，由项目法人（或委托监理）、监理、设计、施工、工程运行管理（施工阶段已有时）等单位组成联合小组，共同检查核定质量等级并填写签证表，报工程质量监督机构核备	《水利水电工程施工质量检验与评定规程》（SL 176—2007）第 5.3.2 条
		未及时编制设计变更文件		（1）重大设计变更报告内容：工程概况；设计变更的缘由、依据；设计变更的项目和内容；设计变更方案比选及设计；设计变更对工程任务和规模、工程安全、工期、生态环境、工程投资、效益和运行等方面的影响分析；变更方案工程量、投资以及与原初步设计方案变化对比；结论及建议。 （2）一般设计变更文件的编制内容，可根据工程具体情况适当简化。 （3）若工程在施工过程中不能停工，或不继续施工会造成安全事故或重大质量事故的，经项目法人、勘察设计单位、监理单位同意并签字认可后即可施工，但项目法人应将情况在 5 个工作日内报告项目主管部门备案，同时按照本办法办理设计变更审批手续	《水利部关于印发〈水利工程设计变更管理暂行办法〉的通知》（水规计〔2020〕283 号）第十四条、第十八条
		未出具工程质量评价意见		设计单位应按水利部有关规定在阶段验收、单位工程验收和竣工验收中，对施工质量是否满足设计要求提出评价意见	《水利工程质量管理规定》（水利部令第 7 号、49 号）第二十八条

第三节　对监理单位质量控制体系及行为的监督检查

水利工程建设依法实行建设监理制。监理单位受项目法人委托，依据工程建设管理法规和工程建设合同文件规定独立开展工作，主要任务是按照合同控制水利工程建设的质量、工期和投资，并协调参建各方的工作关系，即通常而言的“三控制、两管理、一协调”。“三控制”即质量控制、进度控制和投资控制，“两管理”即合同管理和信息管理，“一协调”即组织协调。在水利工程建设质量管理体系中，监理单位的主要职责是“控制”，根据监理合同参与招标工作，从保证工程质量、全面履行工程承建合同出发，签发施工图纸，审查施工单位的施工组织设计和技术措施，指导监督合同中有关质量标准、要求的实施，参加工程质量检查、工程质量事故调查处理和工程验收等工作，监理工程师作为工程建设合同和工程现场施工的管理者，应以独立的判断和公正的态度在工程建设过程履行检查、监督和管理等监理职责，严格执行国家法律、水利行业法规和技术标准，严格履行监理合同。

本节按照监理单位自身应具备的条件和在水利工程各建设阶段应尽的质量管理及控制职责，将监理单位质量管理体系和行为的监督检查共划分为6大类、32个检查事项，重点围绕监理单位资质（1项）、监理机构及人员（5项）、监理工作制度（5项）、施工质量控制（16项）、金属结构与设备监造（2项）和监理资料（3项）设置监督检查事项清单。检查事项清单及监督依据详见表6－3。

表6－3　对监理单位质量管理体系和行为监督检查要点

序号	检查要点	问题类型	责任和义务	监督检查依据
1	监理单位资质	监理资质不符合要求	监理单位应当依法取得相应等级的资质证书，并在其资质等级许可的范围内承担工程监理业务。 监理单位应当按照水利部的规定，取得《水利工程建设监理单位资质等级证书》，并在其资质等级许可的范围内承揽水利工程建设监理业务	《建设工程质量管理条例》（国务院令第279号、714号）第三十四条，《水利工程建设监理规定》（水利部令第28号、49号）第七条

续表

序号	检查要点	问题类型	责任和义务	监督检查依据
2	监理机构及人员	未按规定或合同要求组建现场监理机构	监理单位根据所承担的监理任务向水利工程施工现场派出相应的监理机构，人员配备满足项目要求。 监理单位应依照监理合同约定，组建项目监理机构，并根据工程进展情况及时调整	《水利工程质量管理规定》（水利部令第7号、49号）第二十二条，《水利工程施工监理规范》（SL 288—2014）第3.1.3条
		主要监理人员驻工地时间不满足合同约定	监理机构主要人员驻工地时间应满足合同要求	监理合同
		监理人员未持证上岗	监理单位必须持有水利部颁发的监理单位资格等级证书，依照核定的监理范围承担相应水利工程的监理任务。 监理单位根据所承担的监理任务向水利工程施工现场派出相应的监理机构，人员配备必须满足项目要求。监理工程师应当持证上岗	《水利工程质量管理规定》（水利部令第7号、49号）第二十条、第二十二条
		监理人员超越职责范围承担监理工作	水利工程施工监理实行总监理工程师负责制。总监理工程师应负责全面履行监理合同约定的监理单位义务。监理工程师应按照职责权限开展监理工作，是所实施监理工作的直接责任人，并对总监理工程师负责。监理员在监理工程师或者总监理工程师授权范围内从事监理辅助工作	《水利工程建设监理规定》（水利部令第28号、49号）第十二条
		主要监理人员变更不符合合同约定	监理单位更换总监理工程师和其他主要监理人员的，应当符合监理合同的约定	《水利工程建设监理规定》（水利部令第28号、49号）第十三条
3	监理工作制度	质量管理制度不完善	监理机构应制定与监理工作内容相适应的工作制度。 监理单位应建立技术文件核查、审核和审批制度，原材料、中间产品和工程设备报验制度，工程质量报验制度，工程计量付款签证制度，会议制度，紧急情况报告制度，工程建设标准强制性条文（水利工程部分）符合性审核制度，监理报告制度和工程验收制度等监理工作制度	《水利工程施工监理规范》（SL 288—2014）第3.2.3条、第4.3条、第5.1.2条

续表

序号	检查要点	问题类型		责任和义务	监督检查依据
3	监理工作制度	监理机构岗位质量责任不明确、不落实，未制定质量奖惩措施		监理单位应加强内部管理，对监理人员进行技术、管理培训，建立监理人员考核、评价、选拔、培养和奖惩制度。 监理规划要明确现场监理机构的组织形式与部门设置，部门职责，主要监理人员的配置和岗位职责等。明确监理人员守则和奖惩制度	《水利工程施工监理规范》（SL 288—2014）第3.1.5条及附录A.2
		监理规划与监理细则	监理规划或监理细则未制定	监理单位编制项目监理规划和监理实施细则，实施施工监理工作	《水利工程建设监理规定》（水利部令第28号、49号）第十一条
			监理规划、细则不规范或未落实	监理规划由总监理工程师主持编制，并经监理单位技术负责人批准的，用以指导监理机构全面开展监理工作。 监理实施细则由监理工程师负责编制，并经总监理工程师批准，用以指导实施某一专业工程或专业工作监理的操作性文件	《水利工程施工监理规范》（SL 288—2014）第2.0.11条、第2.0.12条
		监理工作未交底		进行监理工作交底	《水利工程施工监理规范》（SL 288—2014）第4.1.4条
4	施工质量控制	对施工单位施工技术准备工作审核不严		监理机构根据施工合同约定由发包人或承包人提供的施工图纸、技术文件以及承包人提交的开工申请、施工组织设计、施工措施计划、专项施工方案、安全技术措施、度汛方案和灾害应急预案等文件，均应经监理机构核查、审核或审批后方可实施	《水利工程施工监理规范》（SL 288—2014）第4.3.1条
		同意或默认施工单位在无正式施工图纸的情况下施工		工程施工所需的施工图纸，应经监理机构核查并签发后，承包人方可用于施工。承包人无图施工或按照未经监理机构签发的施工图纸施工，监理机构有权责令其停工、返工或拆除，有权拒绝计量和签发付款证书	《水利工程施工监理规范》（SL 288—2014）第5.2.4条

续表

序号	检查要点	问题类型	责任和义务	监督检查依据
4	施工质量控制	施工图纸核查签发不规范	施工图纸核查与签发应符合下列规定： （1）监理机构应在收到发包人提供的施工图纸后及时核查并签发。在施工图纸核查过程中监理机构可征求承包人的意见，必要时提请发包人组织有关专家会审。 （2）对承包人提供的施工图纸，监理机构应按施工合同约定进行核查，在规定的期限内签发。对核查过程中发现的问题，监理机构应通知承包人修改后重新报审。 （3）经核查的施工图纸应由总监理工程师签发，并加盖监理机构章	《水利工程施工监理规范》（SL 288—2014）第5.2.4条
		未按规定发出变更指示	监理机构应根据监理合同授权和施工合同约定，向承包人发出变更指示	《水利工程施工监理规范》（SL 288—2014）第6.7.1条
		委托不具备相应资质的检测单位	检测单位应当按规定取得资质，并在资质等级许可范围内承担检测业务	《水利工程质量检测管理规定》（水利部令第36号、50号）第三条
		监理平行检测与施工自检为同一家单位	承接施工自检的检测单位，不得承接同一水利工程建设项目的监理平行检测或项目法人委托检测	《浙江省水利厅关于印发〈浙江省水利工程质量检测管理办法〉的通知》（浙水建〔2017〕23号）第十七条
		监理检测计划制定不及时、不完整	平行检测的项目和数量（比例）应在监理合同中约定。施工过程中，监理机构可根据工程质量控制工作需要和工程质量状况等确定平行检测的频次分布	《水利工程施工监理规范》（SL 288—2014）附录B.2.2、第6.2.14条
		监理平行检测频次不足	监理平行抽检项目数量按施工自检数量的10%～20%进行	《浙江省水利厅关于印发〈浙江省水利工程质量检测管理办法〉的通知》（浙水建〔2017〕23号）第十六条

续表

序号	检查要点	问题类型	责任和义务	监督检查依据
4	施工质量控制	平行检测差异性分析不及时不到位	当平行检测试验结果与承包人的自检结果不一致时，监理机构应组织承包人及有关各方进行原因分析，提出处理意见	《水利工程施工监理规范》（SL 288—2014）第6.2.14条
		未按规定履行检测见证职责	监理人员应监督承包人的取样、送样以及试样的标记和记录，并与承包人送样人员共同在送样记录上签字	《水利工程施工监理规范》（SL 288—2014）第6.2.13条
		未按要求履行检查、巡视职责	监理单位应对承包人的人员、原材料、中间产品、工程设备、施工设备、工艺方法、施工环境和施工质量等进行巡视、检查	《水利工程施工监理规范》（SL 288—2014）第6.2.10条
		未按规定旁站监理	监理机构按照监理合同约定和监理工作需要，在施工现场对工程项目的重要部位和关键工序的施工，实施连续性的全过程监督、检查与记录	《水利工程施工监理规范》（SL 288—2014）第4.2.3条
		质量问题未及时督促处理	监理机构发现由于承包人使用的原材料、中间产品、工程设备以及施工设备或其他原因可能导致工程质量不合格或造成质量问题时，应及时发出指示，要求承包人立即采取措施纠正，必要时，责令其停工整改。监理机构应对要求承包人纠正问题的处理结果进行复查，并形成复查记录，确认问题已经解决	《水利工程施工监理规范》（SL 288—2014）第6.2.10条
		单元工程质量未复核或不规范	监理工程师对质量合格的工序，应当按照有关规定及时签认。 监理机构对承包人经自检合格后报送的单元工程（工序）质量评定表和有关资料，应按有关技术标准和施工合同约定的要求进行复核。复核合格后方可签认	《水利工程施工监理规范》（SL 288—2014）第6.2.10条、第6.2.12条

续表

序号	检查要点	问题类型	责任和义务	监督检查依据
4	施工质量控制	未按规定组织质量缺陷处理备案	监理机构应组织填写施工质量缺陷备案表，内容应真实、准确、完整，并及时提交发包人。施工质量缺陷备案表应由相关参建单位签字	《水利工程施工监理规范》（SL 288—2014）第6.2.15条
		质量控制不到位	监理人员不得将质量检测或者检验不合格的建设工程、建筑材料、建筑构配件和设备按照合格签字	《水利工程建设监理规定》（水利部令第28号、49号）第十五条
5	金属结构与设备监造	未按合同约定进行驻厂监造	监理单位应按照监理合同的规定，组建监理机构，配备监理人员，进驻设备制造现场。 在设备制造过程中，监理机构应对生产进度、产品质量、费用支付以及合同履行的其他信息进行采集、整理，并形成书面文件	《水利工程设备制造监理规范》（SL 472—2010）第3.5.1条、第9.1.1条
		未参加出厂验收，或未审核出厂验收资料	监理人员应参加设备出厂验收，合格后应予以签认。 设备出厂验收阶段，监理机构应进行下列工作： （1）审核制造单位报送的设备验收大纲和验收申请，依据合同文件规定的时间要求，签署意见后报送建设单位。 （2）督促制造单位完成符合合同文件要求的验收资料整理。 （3）对验收会后的遗留问题处理及后续工序等进行监督，对处理结果进行验收和签认	《水利工程设备制造监理规范》（SL 472—2010）第5.3.5条、第11.0.2条
6	监理资料	监理日志不规范，或日志填写内容不能反映工程实际情况	监理机构记录每日施工现场的人员、原材料、中间产品、工程设备、天气、施工环境、施工作业内容、存在的问题及其处理情况等	《水利工程施工监理规范》（SL 288—2014）第4.2.1条

续表

序号	检查要点	问题类型	责任和义务	监督检查依据
6	监理资料	旁站记录不规范	监理机构按照监理合同约定和监理工作需要，在施工现场对工程项目的重要部位和关键工序的施工，实施连续性的全过程监督、检查与记录	《水利工程施工监理规范》（SL 288—2014）第4.2.3条
		未对施工单位提交的档案资料进行审核或审核无记录	监理机构对承包人提交的归档材料应进行审核，并向发包人提交对工程档案内容与整编质量情况审核的专题报告	《水利工程施工监理规范》（SL 288—2014）第6.8.6条

第四节　对施工单位质量保证体系及行为的监督检查

施工是工程建设的关键环节，施工单位作为工程的直接实施主体，保证施工质量是其首要责任和义务。施工单位必须按照强制性标准、工程设计文件实施，对因施工导致的工程质量事故或质量问题承担责任。因此，施工单位质量体系的建立情况及执行是否到位对于施工现场质量管理，以及工程实体质量的形成尤为重要。

对施工单位的监督检查，应以其质量保证体系建立为基础，重点围绕施工单位施工期各个阶段中质量责任、义务展开。人员管理方面，主要施工技术人员到位情况及变更审批手续是短板。施工准备方面，专项施工方案、工艺试验等编报情况，以及是否严格执行是检查重点；施工生产要素是否履行进场报验也是施工单位履行质量管理职责的基础性工作。在工程实施阶段，是否按图纸施工、施工是否规范、实体质量是否合格，应作为是监督检查的重中之重。

本节按照施工单位质量管理职责，将质量管理体系和行为的职责义务划分为6大类、28个检查事项，包括施工单位资质（1项）、质量保证体系（8项）、施工准备工作（4项）、施工质量保证（6项）、评定与验收（6项）和质量问题处理（3项）。检查事项清单及监督依据详见表6-4。

表 6-4　　对施工单位质量管理体系和行为监督检查要点

序号	检查要点	问题类型		责任和义务	监督依据
1	施工单位资质	单位资质不符合要求		施工单位必须按其资质等级和业务范围承揽工程施工任务	《水利工程质量管理规定》（水利部令第7号、49号）第二十九条
2	质量保证体系	未制定质量目标和保证措施，制定的质量目标和保证措施内容不全，目标或措施不明确		施工单位在施工中要推行全面质量管理，建立健全施工质量保证体系，严格执行国家行业技术标准和水利部施工质量管理规定、质量评定标准	《水利工程建设项目管理规定》第二十条
		质量管理机构及人员配备	主要管理人员变更未履行审批手续	在合同工程未通过完工验收或合同解除前，项目负责人、技术负责人确需更换的，应征得发包人、原项目负责人备案主管部门同意，且更换后的人员不得低于原投标承诺人员所具有的资格和业绩条件	招标文件及合同专用条款
			主要技术管理人员未持证上岗	从事水利工程建设施工的现场管理人员必须持有中国水利工程协会颁发的全国水利水电施工现场管理人员培训合格证书或者中国水利企业协会颁发的全国水利水电工程施工现场管理人员培训合格证书方可上岗，持有其他证书均不得担任水利工程建设施工现场管理人员	《浙江省水利厅关于加强水利建设施工现场人员资格管理的公告》（浙水建〔2018〕1号）第三条
			特殊工种、关键岗位作业人员未做到持证上岗或配备不满足施工要求	垂直运输机械作业人员、安装拆卸工、爆破作业人员、起重信号工、登高架设作业人员等特种作业人员，必须按照国家有关规定经过专门的安全作业培训，并取得特种作业操作资格证书后，方可上岗作业	《水利工程安全管理规定》（水利部令第26号、50号）第二十二条
			主要管理人员驻工地时间不满足合同要求	承包人主要人员驻工地时间应满足合同要求	招标文件及合同专用条款
			施工项目部（质量管理机构）未以正式文件成立	施工单位要推行全面质量管理，建立健全质量保证体系，制定和完善岗位质量规范、质量责任及考核办法，落实质量责任制	《水利工程质量管理规定》（水利部令第7号、49号）第三十二条

续表

序号	检查要点	问题类型	责任和义务	监督依据
2	质量保证体系	质量管理制度不完善	施工单位要推行全面质量管理，建立健全质量保证体系，制定和完善岗位质量规范、质量责任及考核办法，落实质量责任制	《水利工程质量管理规定》（水利部令第7号、49号）第三十二条
		质量责任制未建立	施工单位应当建立质量责任制，确定工程的项目经理、技术负责人和施工管理负责人	《建设工程质量管理条例》（国务院令第279号、714号）第二十六条
3	施工准备工作	施工组织设计、施工方案及措施计划等未编制或不完善	施工单位应当在施工组织设计中编制安全技术措施和施工现场临时用电方案，对达到一定规模的危险较大的工程应当编制专项施工方案，并附具安全验算结果，经施工单位技术负责人签字以及总监理工程师核签后实施	《水利工程建设安全管理规定》（水利部令第26号）第二十三条
		未按要求进行施工工艺性试验	承包人应根据设计、规范或合同要求，编制现场工艺试验方案报监理审批；现场工艺试验完成后，现场工艺试验成果及施工参数应报监理审批后方可用于施工	《水利工程施工监理规范》（SL 288—2014）第6.2.9条
		未经批准主体工程擅自施工	主体工程开工前，施工单位应组织人员进行施工准备检查，并经项目法人或监理单位确认合格，履行相关手续后，才能进行主体工程施工	《水利水电工程施工质量检验与评定规程》（SL 176—2007）第4.3.2条
		未按规定履行进场报验手续	施工单位必须按照工程设计要求、施工技术标准和合同约定，对建筑材料、建筑构配件、设备和商品混凝土进行检验，检验应当有书面记录和专人签字；未经检验或者检验不合格的，不得使用	《建设工程质量管理条例》（国务院令第279号、714号）第二十九条
4	施工质量保证	未按工程设计图纸、技术标准及相关规范施工	施工单位必须依据国家、水利行业有关工程建设法规、技术规程、技术标准的规定以及设计文件和施工合同的要求进行施工，并对其施工的工程质量负责	《水利工程质量管理规定》（水利部令第7号、49号）第三十条

续表

序号	检查要点	问题类型	责 任 和 义 务	监督依据
4	施工质量保证	进场验收记录和相关资料不完整	水工金属结构、启闭机及机电产品进场后，有关单位应按有关合同进行交货检查和验收。安装前，施工单位应检查产品是否有出厂合格证、设备安装说明书及有关技术文件，对在运输和存放过程中发生的变形、受潮、损坏等问题应作好记录，并进行妥善处理。无出厂合格证或不符合质量标准的产品不得用于工程中	《水利水电工程施工质量检验与评定规程》(SL 176—2007) 第4.3.4条
		委托的检测机构资质不符合规定	检测单位应当按规定取得资质，并在资质等级许可范围内承担检测业务	《水利工程质量检测管理规定》(水利部令第36号、50号) 第三条
		在施工中使用未经检验或检验不合格的原材料、构配件、设备	建筑材料和工程设备的质量由采购单位承担相应责任。凡进入施工现场的建筑材料和工程设备均应按有关规定进行检验。经检验不合格的产品不得用于工程	《水利工程质量管理规定》(水利部令第7号、49号) 第三十五条
		试件取样不规范	施工人员对涉及结构安全的试块、试件以及有关材料，应当在建设单位或者工程监理单位监督下现场取样，并送具有相应资质等级的质量检测单位进行检测	《建设工程质量管理条例》(国务院令第279号、714号) 第三十一条
		原材料、中间产品检测项目和频次不符合规范要求	施工自检、监理抽检、项目法人委托检测的检测项目及监测频次应符合水利行业标准、国家标准及地方标准的相关要求	《浙江省水利厅关于印发〈浙江省水利工程质量检测管理办法〉的通知》(浙水建〔2017〕23号) 第十六条
5	评定与验收	使用未经批准的评定表格	工程项目中如遇《单元工程评定标准》中尚未涉及的项目质量评定标准时，其质量标准及评定表格，由项目法人组织监理、设计及施工单位按水利部有关规定进行编制和报批	《水利水电工程施工质量检验与评定规程》(SL 176—2007) 第4.1.7条

续表

序号	检查要点	问题类型	责任和义务	监督依据
5	评定与验收	单元工程施工资料不规范或不齐全	工程质量检验数据应真实可靠，检验记录及签证应完整齐全	《水利水电工程施工质量检验与评定规程》（SL 176—2007）第4.1.6条
		单元工程自评不及时	施工单位应及时将原材料、中间产品及单元（工序）工程质量检验结果送监理单位复核	《水利水电工程施工质量检验与评定规程》（SL 176—2007）第4.3.6条
		未经验收或批准进行下一工序施工	未经监理工程师签字，建筑材料、建筑构配件和设备不得在工程上使用或者安装，施工单位不得进行下一道工序的施工	《建设工程质量管理条例》（国务院令第279号、714号）第三十七条
		未正确使用现行技术标准及规程规范	施工单位必须依据国家、水利行业有关工程建设法规、技术规程、技术标准的规定以及设计文件和施工合同的要求进行施工，并对其施工的工程质量负责	《水利工程质量管理规定》（水利部令第7号、49号）第三十条
		未及时提出验收申请	施工单位在完成相应工程后，应当向项目法人提出验收申请。项目法人经检查认为建设项目具备相应的验收条件的，应当及时组织验收	《水利工程建设项目验收管理规定》（水利部令第30号）第十四条
6	质量问题处理	质量问题未整改或问题未闭合	施工单位必须依据国家、水利行业有关工程建设法规、技术规程、技术标准的规定以及设计文件和施工合同的要求进行施工，并对其施工的工程质量负责	《水利工程质量管理规定》（水利部令第7号、49号）第三十条
		未按批准的处理方案实施	事故处理需要进行设计变更的，需原设计单位或有资质的单位提出设计变更方案。需要进行重大设计变更的，必须经原设计审批部门审定后实施	《水利水电工程施工质量检验与评定规程》（SL 176—2007）第4.4.2条
		质量事故未按规定报告	工程发生质量事故，施工单位必须按照有关规定向监理单位、项目法人（建设单位）及有关部门报告，并保护好现场，接受工程质量事故调查，认真进行事故处理	《水利工程质量管理规定》（水利部令第7号、49号）第三十三条

第五节　对检测单位质量保证体系及行为的监督检查

按照《水利工程质量检测管理规定》（水利部令第36号）的界定，水利工程质量检测单位（以下简称“检测单位”）依据国家有关法律、法规和标准，对水利工程实体以及原材料、中间产品、金属结构和机电设备等进行的检查、测量、试验或者度量，并将结果与有关标准、要求进行比较以确定工程质量是否合格。检测单位按照规定取得相应资质，遵循独立、科学、公正、求实的原则，在资质许可的范围内承担检测业务，并对其检测结果负责。

目前，浙江水利工程建设项目质量检测类型主要包括四类：①施工自检，即检测由施工单位委托，按有关规范要求的频次、数量实施，主要针对原材料和中间产品；②监理平行抽检，由监理单位委托，平行于施工单位开展的质量检测，浙江水利工程建设项目监理平行抽检比例为10%～20%；③项目法人检测，由项目法人委托，侧重工程实体质量，作为项目法人质量认定的重要依据；④监督检测，由水行政主管部门或监督机构委托，作为政府对水利工程质量监督管理的一种方式和手段。

检测单位不属于参建单位，但其检测行为是验证工程质量的一种重要手段。因此，对检测单位检测行为的监督检查十分必要，除检查其资质等级和从业人员持证上岗等基本条件外，应重点关注质量检测行为及过程，包括报告出具的及时性、规范性和真实性，是否存在抽撤和涂改的情况，不合格事项是否及时按规定上报等。

本节将质量检测单位的监督检查事项清单分为3大类、12个检查事项，其中检测单位资质（2项）、质量检测人员（1项）、质量检测行为（9项），具体见表6-5。

表6-5　对检测单位质量管理体系和行为监督检查要点

序号	检查要点	问题类型	责任和义务	监督依据
1	检测单位资质	检测单位不具备相应资质	检测单位应当按照本规定取得资质，并在资质等级许可的范围内承担质量检测业务。取得甲级资质的检测单位可以承担各等级水利工程的质量检测业务。取得乙级资质的检测单位可以承担除大型水利工程（含一级堤防）主要建筑物以外的其他各等级水利工程的质量检测业务	《水利工程质量检测管理规定》（水利部令第36号、50号）第三条

续表

序号	检查要点	问题类型	责任和义务	监督依据
1	检测单位资质	工地试验室对外承揽业务	工地试验室不得对外承揽检测业务	《浙江省水利厅关于印发〈浙江省水利工程质量检测管理办法〉的通知》（浙水建〔2017〕23号）第十三条
2	质量检测人员	检测人员未持证上岗	从事水利工程质量检测的专业技术人员，应当具备相应的质量检测知识和能力，并按照国家职业资格管理或者行业自律管理的规定取得从业资格	《水利工程质量检测管理规定》（水利部令第36号、50号）第四条； 《浙江省水利厅关于印发〈浙江省水利工程质量检测管理办法〉的通知》（浙水建〔2017〕23号）第八条
3	质量检测行为	违规分包、转包检测业务	检测单位不得转包质量检测业务；未经委托方同意，不得分包质量检测业务	《水利工程质量检测管理规定》（水利部令第36号、50号）第十四条
		检测设备未按规定核查或检定	检测单位、分支机构及工地试验室应具备开展检测活动所需设施、设备和环境条件，并按照有关规定对仪器设备进行正常维护，进行期间核查或检定	《浙江省水利厅关于印发〈浙江省水利工程质量检测管理办法〉的通知》（浙水建〔2017〕23号）第七条
		不合格事项未按规定报告	检测单位应当将存在工程安全问题、可能形成质量隐患或者影响工程正常运行的检测结果以及检测过程中发现的参建单位违反法律、法规和强制性标准的情况，及时报告委托方和具有管辖权的水行政主管部门或者流域管理机构。 涉及存在工程安全问题、可能形成质量隐患或者影响工程正常运行的检测结果应及时报告委托方，同时还应及时报告当地水行政主管部门及项目质量监督机构	《水利工程质量检测管理规定》（水利部令第36号、50号）第十八条； 《浙江省水利厅关于印发〈浙江省水利工程质量检测管理办法〉的通知》（浙水建〔2017〕23号）第二十二条

续表

序号	检查要点	问题类型	责任和义务	监督依据
3	质量检测行为	未建立不合格台账	检测单位应单独建立检测结果不合格台账。在检测中发现结果不合格时，有样品的应保存样品，并及时登记检测不合格台账	《水利工程质量检测管理规定》（水利部令第36号、50号）第十九条； 《浙江省水利厅关于印发〈浙江省水利工程质量检测管理办法〉的通知》（浙水建〔2017〕23号）第二十二条
		检测报告提交不及时	检测单位应当按照合同和有关标准及时、准确地向委托方提交质量检测报告并对质量检测报告负责	《水利工程质量检测管理规定》（水利部令第36号、50号）第十七条
		工地试验室未获授权	设立工地试验室的检测单位或分支机构应经浙江省计量认证部门进行计量认证，并在其水利工程质量检测单位资质等级证书许可的范围内，对工地试验室进行授权。授权内容包括技术负责人、工地试验室的公章、工地试验室可开展的检测项目、期限等	《浙江省水利厅关于印发〈浙江省水利工程质量检测管理办法〉的通知》（浙水建〔2017〕23号）第十一条
		质量检测报告不规范	结果报告中应包括检验检测报告或证书的唯一性标识（如系列号）和每一页上的标识，以确保能够识别该页是属于检验检测报告或证书的一部分，以及表明检验检测报告或证书结束的清晰标识	《检验检测机构资质认定能力评价 检验检测机构通用要求》（RB/T 214—2017）第4.5.20条
		检测采用的规程不符合国家或行业标准	检测单位应当按照国家和行业标准开展质量检测活动；没有国家和行业标准的，由检测单位提出方案，经委托方确认后实施	《水利工程质量检测管理规定》（水利部令第36号、50号）第十五条
		同时承接施工自检和平行检测（或法人检测）	承接施工自检的检测单位，不得承接同一水利工程建设项目的监理平行检测或项目法人委托检测	《浙江省水利厅关于印发〈浙江省水利工程质量检测管理办法〉的通知》（浙水建〔2017〕23号）第十七条

本 章 小 结

水行政主管部门及监督机构负有对水利工程建设质量监督检查的职责，监督检查重点为法律、法规和国家强制性标准的执行情况，即参建单位法定质量责任及义务是否得到落实，这些内容通过水利工程建设活动的主体各方质量体系及行为进行体现。本章的重点依据质量监督检查的职责，结合参建单位法定质量责任及义务，对项目法人、勘察设计、施工、监理及检测单位的质量体系及行为主要内容进行梳理，明确检查依据，为监督人员建立监督检查事项清单。

第七章　水利工程建设质量监管措施及处理决定

第一节　质量监督检查意见

一、定义与内涵

质量监督检查意见是指水行政主管部门或者监督机构，赴工地现场对水利工程建设项目执行国家法律法规、强制性条文及技术标准的质量活动进行监督、检查、指导，并按照特定的格式、经过一定的程序形成的书面材料。

对检查中发现违反法律法规、依法应给予处理的情形，在制发质量监督检查意见告之、提醒、通报的同时，水行政主管部门应对相关责任单位及责任人员进行行政处罚，情节严重的，依法移送司法机关。

二、监督检查意见的常见形式

根据质量监督活动开展形式的不同，问题的性质、情节及后果的差异性，在浙江水利工程监督实践中的检查意见主要采取活动纪要、指导意见、检查通报等形式，如图 7－1 所示。

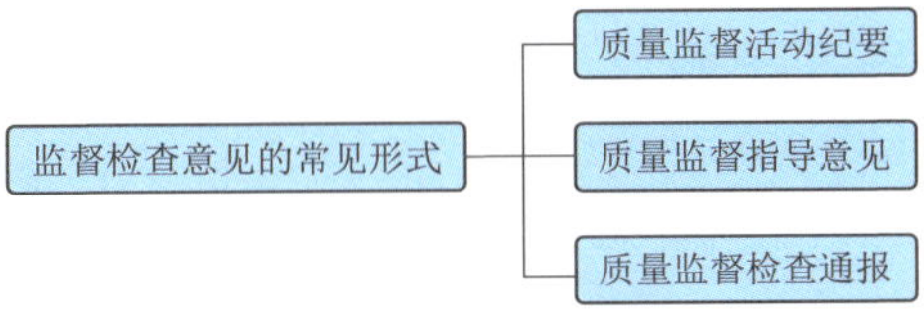

图 7－1　监督检查意见的常见形式

（1）质量监督活动纪要。质量监督活动纪要是反映质量监督活动基本情况和意见建议的纪实性文件，具有综合性、指导性、备查性等特点。活动纪要内容应真实、准确，不能随意增减或修改，主要记录质量监督活动情况及讨论商定的事项。工程质量监督费取消之前，省质管中心普遍采取这种形式，体现指导性与合意性，活动纪要由监督机构正式行文印发，加盖监督机构公章。

（2）质量监督指导意见。浙江省在水利工程质量监督实践中，监督机构通过移动监督 APP 出具格式化检查意见书，该检查意见书经检查人员及被检查单位代表签字予以确认，可视为质量监督环节的过程性书证材料。结合当前监督机构去“行政化”背景，监督机构的检查行为更符合指导、服务性质，检查意见书体现的是双方的合意性，属于一种柔性行政管理方式。

（3）质量监督检查通报。通报本身并无褒贬之义，属于中性词汇，有通报表扬、通报批评及事实性通报等类型。质量监督检查通报通常会采取以“关于×××工程第×次监督检查情况的通报”的文件名，对于监督检查中发现的典型性问题、多发频发问题、违法违规行为在一定范围内通报。通报体现的是一种单方的意志，水行政主管部门或监督机构为突出有关问题的严重性与政府监督的强制性特征，督促有关单位及时纠正错误，而采用通报这种比较有效的公文形式。通报形成正式公文，加盖单位公章，送达、告之被检查对象及有关部门。

三、监督检查记录的四要素

监督检查记录是形成质量监督意见的基础，监督人员在检查中发现问题后，应规范记录，做到于法有据，事实清楚，责任明确。归纳起来，一条问题的检查记录包括责任单位、存在问题、事实描述、监督依据四个要素，如图 7－2 所示。

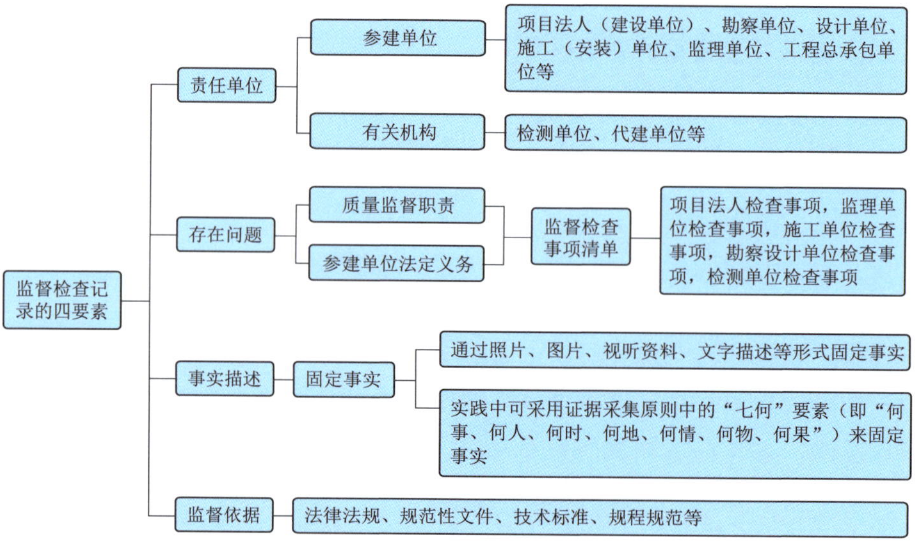

图 7－2　监督检查记录四要素

1. 责任单位

每一个发现的问题均应明确责任单位，以查明原因，落实责任。根据质量监督相关法规规章，监督检查所涉及的质量责任单位主要指参与水利工程建设的有关单位，包括参建单位及有关机构。参建单位指项目法人（建设单位）、勘察单位、设计单位、施工（安装）单位、监理单位、工程总承包单位等；有关机构主要指检测单位、代建单位等。

2. 存在问题

存在问题即检查中所发现问题的高度概括。对监督人员而言，问题清单也是检查事项清单，《建设工程质量管理条例》（国务院令第279号、714号）第四十四条指出，"国务院建设行政主管部门和国务院铁路、交通、水利等有关部门应当加强对有关建设工程质量的法律、法规和强制性标准执行情况的监督检查"，而水利部《水利工程质量监督管理规定》（水建〔1997〕339号）第二十三条则明确了工程质量监督的主要内容，对国务院行政法规进行了原则性细化。本书从质量监督职责、参建单位法定义务两个角度，对监督检查的事项内容进行梳理、辨识，系统性地形成了监督检查事项清单。其中，主要涉及项目法人、监理单位、施工单位、勘察设计单位、检测单位检查事项。

3. 事实描述

监督人员在发现问题后，应首先做好有关事实认定，通过照片、图片、视听资料、文字描述等形式固定事实。所涉问题的事实描述必须充分考虑其合法性、关联性和真实性。实践中可采用证据采集原则中的"七何"要素来固定事实，即"何事、何人、何时、何地、何情、何物、何果"。问题描述中将质量监督检查所发现问题按七要素的要求进行关联表述，让事实更为准确、逻辑更为清晰、追溯更为有效。

4. 监督依据

监督工作要于法有据，检查内容也是如此。对于市场主体而言，"法无禁止皆可为"，因此，监督人员提出的每一个问题，都应有相应的监督依据，这些依据包括法律法规、规范性文件、技术标准、规程规范等。明确了监督依据的检查意见让监督工作履职更加规范，也让问题的表述更加完整，有助于被检查单位的理解与认同，促进问题及时纠正。

四、监督问答

质量监督检查意见的主送单位是谁

参与水利工程建设的参建单位及有关机构，都是质量监督机构的监督对象。因此，水行政主管部门或监督机构可以向参建各方发出监督检查意见。但参建各方质量主体之间，分工并不相同，项目法人是工程建设的组织方，是工程建设合同的发包方，是工程项目的所有人。其他参建单位在项目法人的组织下，按照合同履行各方义务。因此，质量监督检查除非是专项检查，或特定检查对象，一般应主送项目法人，抄送其他参建单位，由项目法人组织落实监督检查意见，并将有关问题的处理情况按时限要求反馈给监督机构。

第二节　行　政　约　谈

行政约谈契合了现代公共行政管理的先进理念，作为典型的质量监督工作机制，其监管功效优势明显。在当前的社会背景下，行政约谈的必要性和规范性还需进一步加深认识，扩大制度共识。水利工程质量监督实践中仍需对现有行政约谈存在的漏洞和不足进一步补充和完善，就其法律依据、正当程序以及权利救济等方面进行全面的保障。

一、定义及内涵

行政约谈是指水行政主管部门对违法市场主体的警示提醒、告诫指导或督促整改的约见谈话，进而达到督促市场主体完善质量管理体系，规范质量管理行为，消除质量隐患，确保工程建设质量满足要求的柔性执法方式。

水行政主管部门通过“约”请有关单位及个人进行“谈”话，展现包容心态与服务理念，避免单方面的强制性做法。通过交换意见、达成共识，从而让有关单位、个人认识到问题的严重性，积极纠正错误行为，既有效地减少行政纠纷的产生，又能一定程度节约行政监管成本，缓解执法压力。

行政约谈是一种新型、非强制性的行政行为，目前尚无高位阶的法律法规来指导和规范。从法律性质来看，行政约谈并不直接改变行政相对人的权利义务，定性为行政事实行为更为恰当。作为行政管理方式的创新，行政约谈符合我国深化治理体制改革和建设服务型政府要求。

行政约谈可针对水利工程质量监督工作中发现下列行为之一的，对相关质量责任主体及责任人进行行政约谈，如图 7－3 所示。

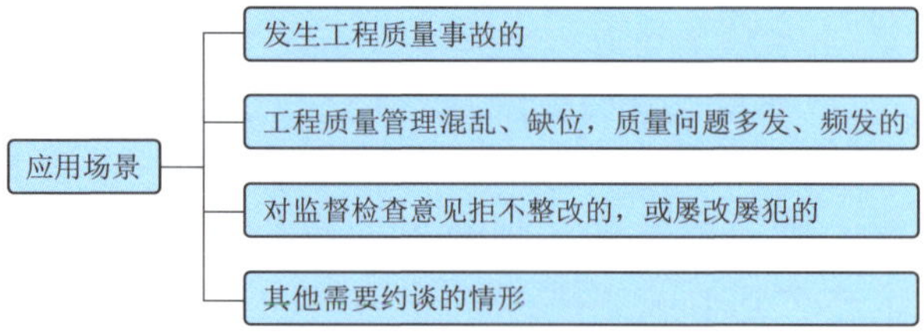

图 7－3　行政约谈应用场景

二、组织形式及程序

行政约谈组织形式及程序是行政约谈取得良好实施效果的重要基础。组织形式上太草率，程序不严谨或欠妥当，则可能造成行政约谈的随意性，其权威性和约谈效果大打折扣。一般来讲，行政约谈实施过程可划分为约谈前、约谈中和约谈后三个阶段。

1. 约谈前

在约谈前，水行政主管部门应做好“约”的各项准备工作。这里包括以下内容：

（1）确定约谈工作小组，明确分工。行政约谈应两名以上工作人员参加，并安排专人记录；准备约谈材料。

（2）制发书面约谈通知。约谈通知书应载明约谈时间、地点、内容、需要提交的相关材料等内容，明确其权利义务等，按要求送达被约谈单位及个人。

2. 约谈中

约谈过程重点在“谈”，强调约谈双方的互动，要通过“谈”达成双方合意的效果。行政约谈过程的步骤如图 7－4 所示。

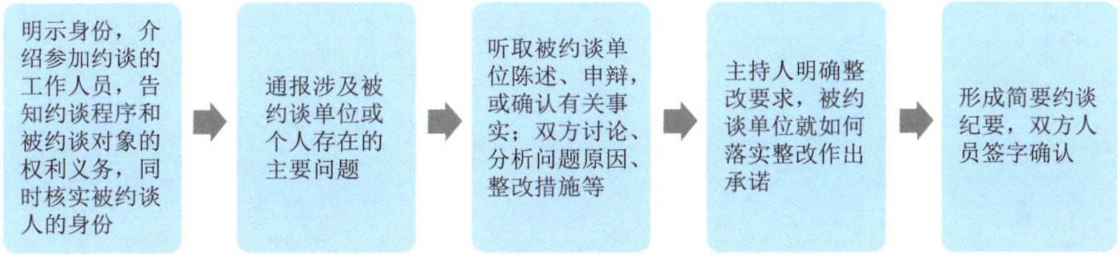

图 7－4　行政约谈过程步骤

水行政主管部门只能就约谈通知书中所记载的内容进行约谈，随意扩大或者改变约谈内容的行为会降低行政约谈的严肃性。行政机关应该全程记录约谈的内容和事项，明确被约谈单位的问题和整改目标。约谈记录应经被约谈人确认无误后由双方签字，一式两份，约谈机关和被约谈对象各自保存。约谈机关应该告知被约谈对象，如果不按照要求进行整改可能承担的法律后果。

3. 约谈后

被约谈单位或个人应当按照约谈机关提出的要求，落实整改措施，并及时报告工作情况。约谈机关应该就有关问题进行跟踪，以期通过行政约谈达到行政目的。如果约谈没有效果或者违法行为扩大，约谈机关则应该采取其他措施来对违法行为进行规制。

三、注意事项

（1）对同一问题启动约谈原则上只安排一次，一般不超过两次。一方面限制行政机关以谈代管，减少行政权力寻租机会；另一方面，避免过于频繁的行政活动给参建单位的生产活动造成困扰。

（2）行政约谈本身不能作为行政处罚的构成要件，但如果被约谈单位拒绝参加约谈或约谈未达成合意，行政机关应依据法律法规的规定予以处理。

四、行政约谈告之书（示例）

水利工程建设约谈告知书

××监理有限公司：

你单位承担施工监理的××工程监理部，在我局质量安全监督检查中被发现存在质量安全控制体系未建立、监理工作混乱无序等系列问题，已严重影响现场监理工作的正常开展。经研究，现决定对你公司主要负责人及该项目总监理工程师进行约谈，请按要求准时参加。

约谈时间：××××年××月××日××：××时

约谈地点：××市××区××路××××××

联系电话：××××—×××××××

传　　真：××××—×××××××

水行政主管部门（章）

××××年×月××日

五、行政约谈记录（示例）

××工程监理单位约谈记录

工程名称	×××工程		
约谈事由	××××年××月××日监督检查发现，监理机构××监理有限公司存		
被约谈单位	××监理有限公司		
被约谈对象	张××（监理单位总经理）；沈××（项目总监理工程师）		
约谈时间	××××年××月××日××：××	约谈地点	局会议室
约谈人员	×××（副局长）；×××（监督组组长）	记录人	

续表

约谈记录	（一）会议由县水利局副局长李××主持，首先确认双方身份，李××介绍了此次约谈的内容、程序，告之其权利义务。 （二）监督组长通报该工程监理机构存在的主要问题 （李××）：“总监，监督组长通报的有关问题是否属实？” （沈××）：“属实，通报的问题我们都认领。” （三）监理单位对主要问题整改进行表态 主要问题一：质量安全控制体系未建立，总监岗位职责未落实。开工至今，监理部无成立文件；未编制土方回填、砌石挡墙、安全监理等实施细则；未明确建立质量控制、检查、监理例会等制度；总监理工程师未到岗履职，监理规划、专项方案等审核环节总监理工程师未签字确认。 （张××）：“目前，监理部成立文件已提交业主，监理细则已补充并提交给业主，监理例会制度已落实，确定在每月月底。前期我们对监理工作不太重视，总监在其他工程还有尾工，没有到岗。接下来监理人员会调整，总监一定到位。签字以前不太重视，今后一定规范起来。” …… （四）总结 （李××）：“针对这些问题，你们应形成整改报告，要在对完善制度的基础上紧抓落实，制度不能挂在墙上。在这些通报的问题中，有些问题已涉及违法行为，务必高度重视，尽快整改。我们监督人员将持续跟踪整改情况，并根据整改情况依法处理。”
约谈负责人：（签名）	被约谈人员：（签名）

记录人员：（签名）

第三节　不良行为记录

不良行为记录是反映水利建设市场主体信用的一种动态指标。不良行为记录亦可作为准入、资质管理、招标投标、表彰评优等工作的重要参考，也是失信联合惩戒的重要依据。因此，水行政主管部门引入、采用不良行为记录作为质量监督管理的一种重要手段，能够对水利工程建设市场主体违法违规行为形成有效震慑，监管优势明显，有助于加快推进社会诚信建设，保障水利工程建设质量与安全。

一、不良行为的定义与内涵

不良行为是指水利工程建设市场主体对自身信用水平产生负面影响的行为。与工程质量相关的不良行为主要指参与水利工程建设的质量责任主体违反有关工程建设的法律法规、规范性文件、政策、技术标准、设计文件、合同等行为。

水行政主管部门对工程质量责任主体的不良行为建档、记录及动态管理，可视为是一种对失信行为的惩罚。不良行为是连接政府监管、市场监督、行业自律的信息桥梁，多方联合惩戒将会产生比单纯行政处罚更有力的震慑效果，从而督促有关单位、个人规范质量行为，及时纠正失信行为，有效地保证建设领域市场健康良性发展。

不良行为记录是政府对建设市场主体违法违规行为的一种客观反映，属于政府信息公开。其仅对已经发生的事实和行为进行记录和公示，不具有法律约束力，不直接对被记录人的权利义务产生法律效果。其作用体现为建设市场主体的商誉损失，进而转化为财产性利益损失等间接后果，在性质上划分为行政事实行为更为妥当。作为信用管理手段的创新，不良行为记录符合建设市场监管体制改革要求。

二、不良行为的内容与分类

1. 不良行为的内容

根据水利部《水利建设市场主体信用信息管理办法》（水建设〔2019〕306号）的有关规定，违反有关工程建设的法律法规、规范性文件、政策、技术标准、设计文件、合同等行为，受到县级以上人民政府、各级水行政主管部门或发展改革、财政、住房城乡建设、人力资源社会保障、市场监管、安全监管等部门的责任追究、行政处罚和司法判决等，将被纳入不良行为记录。主要包括四类情形，如图 7－5 所示。

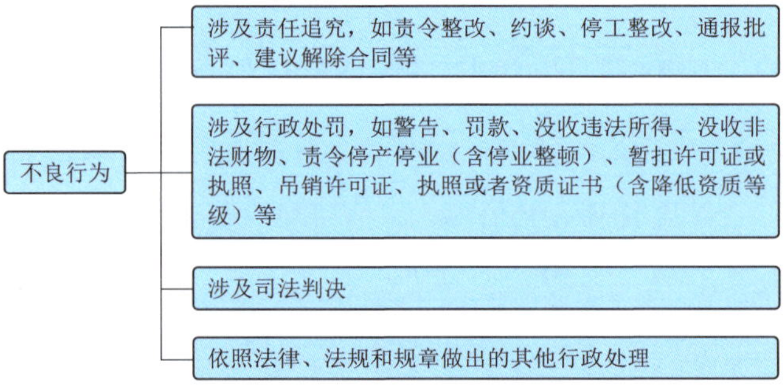

图 7－5　不良行为的四类情形

2. 不良行为的分类

根据不良行为的性质及社会危害程度将其分为三类：一般不良行为、较重不良行为和严重不良行为。

一般不良行为是指水利建设市场主体在工程建设活动中违反有关法律、法规、规章、规范性文件或技术标准等，被水利工程建设相关管理部门或单位做出的责任追究，主要包括责令整改、约谈、停工整改、通报批评和建议解除合同。

较重不良行为是指水利建设市场主体发生了对人民群众身体健康、生命安全和工程质量危害较大、对市场公平竞争秩序和社会正常秩序破坏较大、拒不履行法定义务，对司法机关、行政机关公信力影响较大的不良行为，被水利工程建设相关管理部门或单位做出的行政处罚，主要包括警告、罚款、没收违法所得、没收非法财物。

严重不良行为是指水利建设市场主体发生了严重危害人民群众身体健康、生命安全和工程质量、严重破坏市场公平竞争秩序和社会正常秩序、拒不履行法定义务，严重影响司法机关、行政机关公信力的不良行为，被水利工程建设相关管理部门或单位做出的行政处罚和司法判决，其中行政处罚主要包括责令停产停业（含停业整顿）、暂扣许可证或执照、吊销许可证、执照或者资质证书（含降低资质等级）。

三、不良行为的量化扣分

水利部对不良行为记录量化计分管理实行扣分制。全国水利建设市场监管服务平台根据量化计分标准自动扣分。主要包括：责任追究扣分、行政处罚扣分、司法判处扣分等，具体标准如图 7－6 所示。

四、不良行为的认定与公告

对水利建设市场主体不良行为作出责任追究、行政处罚或司法判决等处理决定的单位，为该不良行为记录的认定单位。目前，水利部已建成全国水利建设市场监管服务平台，县级以上水行政主管部门认定的不良行为记录，经采集录入监管服务平台。非水行政主管部门认定的不良行为记录，由于缺少跨部门信息平台，不良行为记录不能实现互联互通，需由同级水行政主管部门采集。

责任追究扣分标准

- 责令整改扣0.2分/次
- 约谈扣1分/次
- 停工整改扣1.5分/次
- 通报批评扣2.5分/次
- 做出建议解除合同后观察期内完成整改、继续执行合同的扣3分/次，做出建议解除合同后已解除合同的扣4分/次

行政处罚扣分标准

- 警告扣2.5分/次
- 罚款扣3分/次（因发生较大及以上质量事故罚款的扣5分/次）
- 没收违法所得、没收非法财物扣3.5分/次
- 责令停产停业（含停业整顿）扣4分/次
- 暂扣许可证或执照扣5分/次
- 降低资质等级扣8分/次

司法判处扣分标准

- 免于刑事处罚的扣2.5分/次
- 受到刑事处罚的扣5分/次
- 同一不良行为同时受到2类及以上行政处理的，按最重的行政处理进行量化计分
- 被吊销许可证、执照或者资质证书的水利建设市场主体不再量化计分，有信用等级的取消其信用等级

图 7－6　不良行为的量化扣分标准

不良行为记录信息可向社会公开：单位名称、违法（违规）行为、处理依据、处理决定、处理时间和处理机关等。被公开的水利建设市场主体，对其法定代表人、主要负责人和实际控制人进行的责任追究、行政处罚和司法判决等，一并进行公开。根据规定，涉及责任追究的不良行为，可不予公开。

五、不良行为记录案例

某工程咨询有限公司监理控制不到位问题。

某工程咨询有限公司负责某重点段河道治理工程施工Ⅱ标和施工Ⅲ标的监理工作，经调查核实，该公司未履行监理合同约定，在“以次充好，偷工减料”的较大质量事故中，对施工单位把容易风化的页岩当填充石料，笼子缩小规格等现象负有弄虚作假、监理控制不到位等主要责任。按照《中华人民共和国合同法》第七章、《建设工程质量管理条例》第六十七条、《水利监督规定（试行）》第二十八条规定和《××省建设市场主体不良行为记录公示管理办法》，决定罚款50万元，并对工程损失承担连带赔偿责任；对该单位在全省水利行业通报批评，记较重不良记录1次，公告期1年；并实行量化计分，通报批评扣2.5分/次，罚款扣3分/次。

六、监督问答

水行政主管部门以不良行为记录为由限制市场主体投标是否具有合法性

水行政主管部门用不良行为记录来限制市场主体投标，缺少上位法依据。不良行为记录是对已经发生的事实和行为进行记录和公示，属于政府信息公开的范畴，不直接对被记录人的权利义务产生法效果。限制市场主体投标资格，既无法理上的支持，也无法在有关实体法中找到相关依据，因此在执行上存在争议。

第四节 行 政 处 罚

一、行政处罚的定义及内涵

1. 行政处罚的定义

水行政主管部门在水利建设项目质量监督管理过程中，依法对违反行政管理秩序的有关单位及人员，以减损权益或增加义务的方式进行惩戒。根据现行行政法规、部门规章，水行政主管部门实施的行政处罚，主要包括：警告、通报批评；罚款；责令停产停业；暂扣许可证、降低资质等级、吊销许可证件；限制开展生产经营活动、责令停产停业等。行政相对人违反水利建设工程质量法律、法规、规章和工程建设标准强制性条文，依法应当给予行政处罚的，水行政主管部门必须查明事实。违法事实不清的，不得给予行政处罚。

2. 行政处罚的内涵

行政处罚主要体现以下几个特征：一是惩戒性，行政处罚以惩戒违反水利工程建设质量行政法规范的行政相对人为目的；二是法定性，行政处罚的设定、主体、对象、行为、种类、范围、程序都必须是法定的；三是具体性，行政处罚是水行政主管部门针对特定相对人特定事项做出处理的一种具体行政行为；四是一次性，行政处罚是水行政主管部门对行政相对人的某一违反行政法规范行为所作的一次性处理，即“一事不二罚”。

二、 接案与立案

水行政主管部门对水利工程建设质量违法行为立案应同时满足：属于水行政主管部门的权属管辖，有证据表明涉嫌违法，且有对应的处罚依据。有下列情形之一的，水行政主管部门应予立案，如图 7-7 所示。

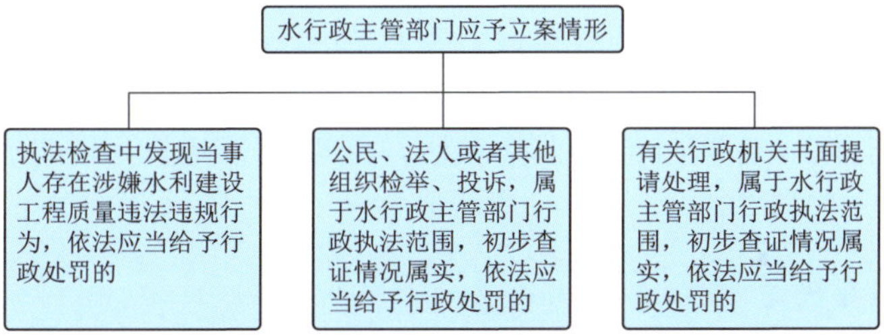

图 7-7　水行政主管部门对水利工程建设质量违法行为立案情形

（1）执法检查中发现当事人存在涉嫌水利建设工程质量违法违规行为，依法应当给予行政处罚的。

（2）公民、法人或者其他组织检举、投诉，属于水行政主管部门行政执法范围，初步查证情况属实，依法应当给予行政处罚的。

（3）有关行政机关书面提请处理，属于水行政主管部门行政执法范围，初步查证情况属实，依法应当给予行政处罚的。

在收到举报、投诉或者有关行政机关书面提请后 10 个工作日内，水行政主管部门应组织对相关事实进行初步调查，并将是否立案决定予以反馈。决定立案调查的，水行政主管部门应指定一名案件调查负责人，组建调查组，开展案件查处工作。对于已立案的案件，非经法定程序不得随意撤案。立案可视情况，通知当事人或其他利害相关人。

三、调查取证

证据收集应符合最高人民法院《关于行政诉讼证据若干问题的规定》的有关要求，确保证据的真实性、客观性及合法性，做到事实清楚、证据确凿、程序合法。相关证据包括：书证、物证、证人证言、视听资料、询问笔录、鉴定结论、现场勘察笔录等。

（1）调查取证有关笔录应经当事人或有关人员核阅无误后签名或盖章，当事人拒绝签名的，由两名以上执法人员在笔录上注明情况并签名。

（2）收集书证时，应尽量调取原始凭证；确有困难的，可以采集复印件，复制件应经核对并标明“经核对，与原件无误”，并经出具书证人签名或盖章。

（3）对有违法嫌疑的场所和物品进行检查时，应有当事人在场，当事人拒绝到场的，应当邀请两名与案件无利害关系的公民见证并在勘验检查笔录中注明。

（4）涉及专业技术问题需要鉴定的，由调查组负责人提出书面申请，经水行政主管部门批准后委托具有相应资质的单位进行鉴定。

案件调查终结，调查组负责人应制作提交《案件调查报告》。案件调查报告的内容应当包括：当事人的基本情况、案件调查过程、证据材料清单、调查结论及处理建议。调查取证工作一般应在立案之日起30个工作日内结束，重大复杂的案件经水行政主管部门负责人批准后，可以适当延长，但最长不得超过60工作日。

四、审理与决定

水行政主管部门应就以下内容对案件调查报告予以审查，并在5个工作日内提出审批意见，审查内容如图7-8所示。

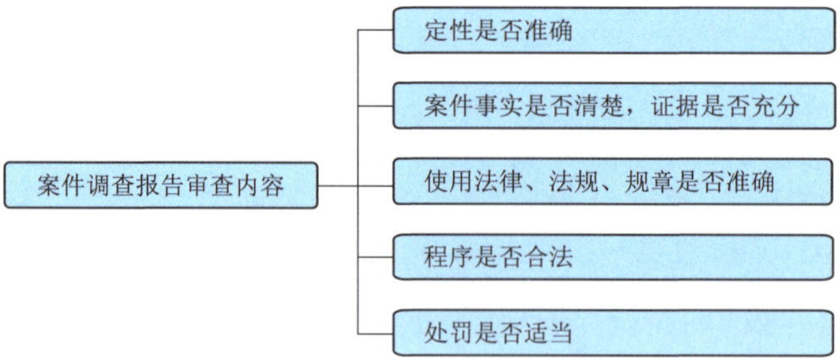

图7-8　案件调查报告审查内容

调查报告经批准后，水行政主管部门拟决定对案件当事人予以行政处罚的，应制作发出《行政处罚事先告知书》。水行政主管部门下达行政处罚决定前没有履行告知义务的，其行政处罚无效。对当事人拟做吊销许可证、资质证书，或对个人处2000元及以上、对法人或其他组织处3万元及以上罚款等重大行政处罚决定的，水行政主管部门应当告知当事人有要求举行听证的权利，最终行政处罚决定经集体讨论后决定。行政处罚决定一经做出，任何人不得擅自变更或撤销。处罚决定确有错误需要变更的，水行政主管部门应先撤销原处罚决定，再重新做出处罚决定。在依法查处违法行为过程中，违法事实涉及的金额、情节及后果等涉嫌构成犯罪，应依法追究刑事责任的，水行政主管部门应予移送，不得以罚代刑。

五、执行与结案

在法律许可范围内，经当事人提出，水行政主管部门及其执法人员可以代收缴罚款，但必须同时向当事人出具财政部门统一制发的罚款收据。当事人逾期不履行行政处罚决定的，水行政主管部门可以采取下列措施：

（1）到期不缴纳罚款的，每日按罚款额的百分之三加处罚款。

（2）申请人民法院强制执行。

案件处理终结后，案件调查负责人应编制《结案报告》，并将立案审批表、证据材料、处罚决定等案件材料立卷归档。有关行政机关移交的，或投诉人、举报人要求回复的行政处罚案件办理终结后，水行政主管部门应及时将案件的处理结果向有关单位或个人作出书面回复。

六、案卷整理与归档

行政处罚案件档案应真实、准确反映行政处罚活动的客观情况，应全面、完整记录行政处罚活动的过程。档案的分类、排列、组卷、编号、编目、装订应符合《行政处罚案件档案整理规则》（DB33/T 498—2004）有关规定。

执法文书纸质材料应采用A4标准无酸纸制作；文件材料字迹应清楚、整洁，符号正确，签署完备。载体和书写材料应符合耐久性（永久保存）要求。

简易程序行政处罚案件档案原则上每50个案件组成一个案卷。一般程序行政处罚案件档案原则上每个案件独立成卷，同一案件文件材料数量过多时，可适当调整分卷。

本 章 小 结

本章所涉及的行政约谈、不良行为记录、行政处罚等行政监管措施及处理决定，都是水行政主管部门为维护市场秩序、落实质量责任、体现法治精神而采用的必要方式与手段。作为政府监管部门，依法行政、执法必严、违法必究依然是水利行业质量监管的工作重点。

第八章　水利工程建设质量监督管理机制创新

水利工程建设管理体制改革的不断深入，对当前水利工程质量监督工作提出了新的问题与挑战。监管理念、监管方式亟须通过管理创新重点解决，有效提升监管效能，以适应浙江水利建设现代化的要求。

第一节　浙江水利工程质量监督数字化转型

浙江省水利水电工程质量与安全管理中心（简称“省质管中心”）在总结全省水利工程质量监督现状与问题的基础上，围绕“水利数字化转型”工作总体部署，遵循“省级统一建设、市县分级共用”的原则，探索浙江特色的数字化转型之路。

一、监督检查平台

移动监督 App 是一个开放式监督检查工作平台，它围绕质量监督最重要的一项工作——监督检查，重点解决了传统检查中效率不高、问题质量偏低、数据孤岛等问题，明确了质量监督“查什么、怎么查”的问题，监督检查全过程留痕，作业方式便捷高效，检查机制依法合规，检查数据互联共享，对水利工程质量监督数字化转型具有引领作用。2016 年运行以来，已在浙江、江苏、天津三个省（直辖市）的 190 余个监督机构投入使用，初步具备全国水利行业推广应用的条件。

（一）模式团队化

移动监督 App 确立了团队作业模式。以检查流程为主线，确立了研究团队与成员之间在角色分配、职责分工、过程控制等方面的组织协作机制；建立信息化情景下的团队协同作业，引导检查人员有效采集质量数据，检查人员各司其职、各负其责，数据实时同步共享。团队作业模式如图 8 - 1 所示。

（二）检查事项清单化

明确“查什么”“法定职责必须为什么”，建立工作责任清单，明确职责边界。围绕质量监督工作清单，结合法律法规对参建各方的法定责任与义务，建立科学、系统的监督检查事项清单，如图 8 - 2 所示。

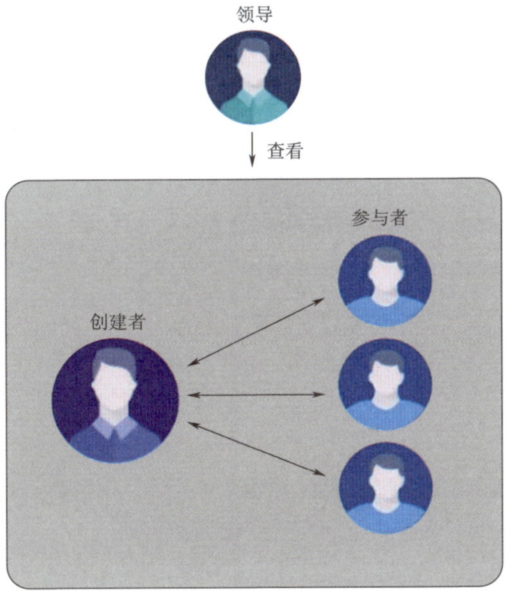

图 8-1　团队作业模式

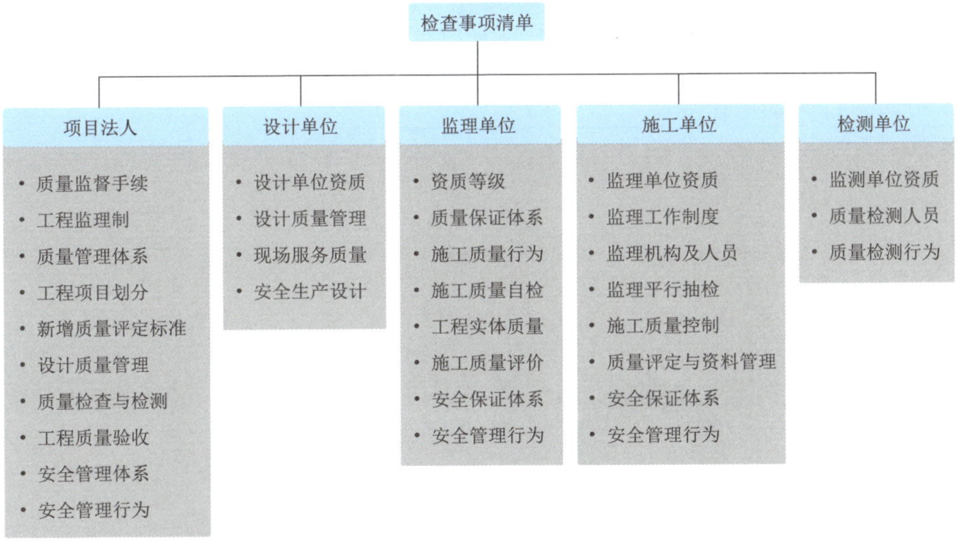

图 8-2　检查事项清单

（三）检查记录结构化

充分考虑检查记录的“证据链”要求，借鉴了证据的“七何”要素，即

"何事（存在问题）、何人（责任单位）、何时、何地、何情（方式和过程）、何物、何果（隐患及后果）"，建立"责任主体＋存在问题＋事实描述＋检查依据"四要素结构，使表述更为准确、逻辑更为清晰、依据合法充分，四要素结构如图 8－3 所示。

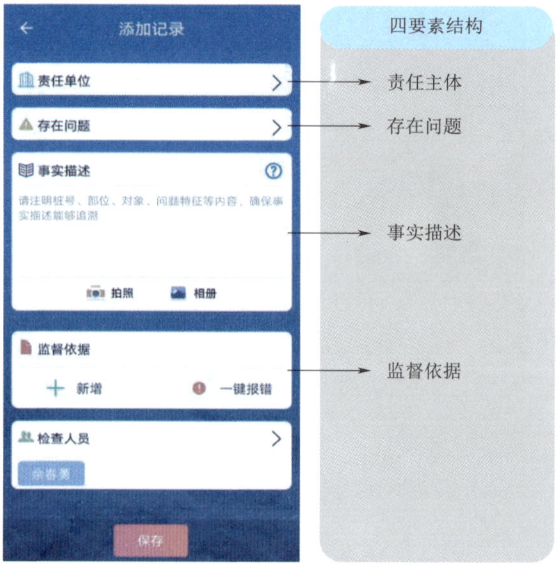

图 8－3　四要素结构

（四）问题跟踪机制化

建立检查反馈机制，同时听取有关单位的陈述、申辩，履行正当程序的要求。建立项目法人反馈机制，落实项目法人对水利工程建设质量安全负总责的制度安排，由项目法人就有关问题的整改情况向监督机构反馈。建立整改闭合核实机制，由监督人员进一步核实检查中发现的问题是否整改到位，如图 8－4 所示。

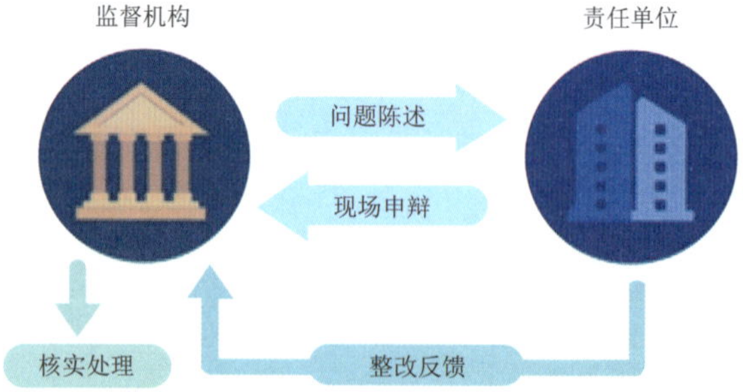

图 8－4　问题跟踪机制

（五）知识共享智能化

建立质量监督支撑知识库，汇总法律法规、规范性文件、规程规范、监督文本等工作必要资料，通过智能搜索快速定位，实现监督资料的共享、查阅和下载。共享智能化界面如图8－5所示。

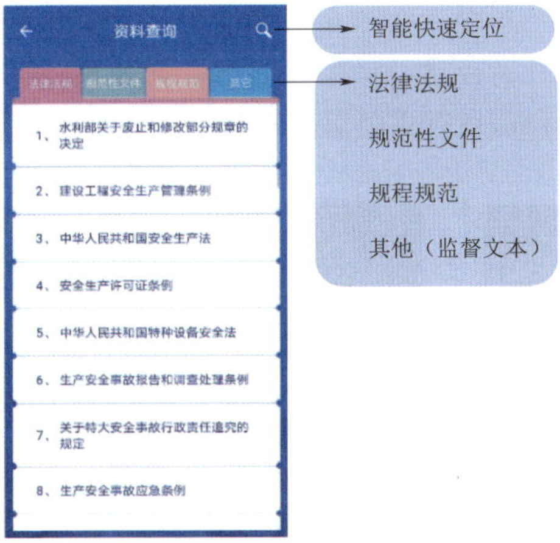

图8－5　知识共享智能化

（六）监督分析实时化

汇集全省各级水利工程质量监督工作数据，从问题情况（出现频次、区域分布、责任主体、工程类型）、问题处理（未处理、处理中、已处理）、检查情况（检查次数、检查项目、检查人数、检查意见）不同维度，结合时间和空间要素，实时多维度统计分析，为管理决策提供数据支撑，如图8－6所示。

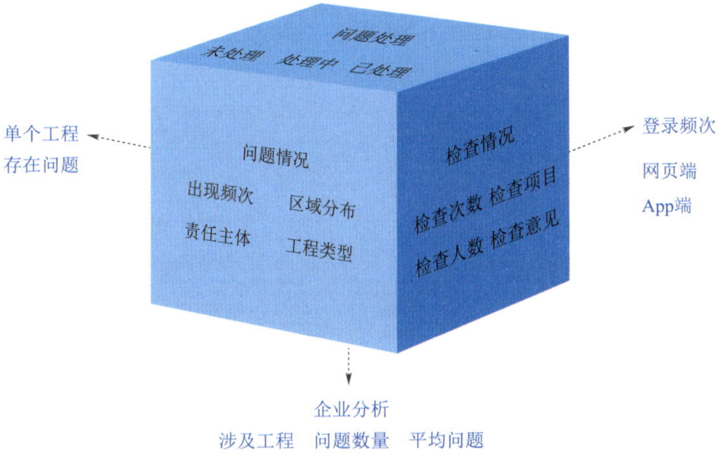

图8－6　监督分析实时化

二、检测服务平台

2018年10月，借助“物联网、互联网、云计算”等信息技术手段，浙江省水利工程质量检测服务平台正式上线，初步建成“统一服务、规范行为，科学判定、智能分析，预警风险、构筑诚信”的智慧检测服务体系，实现了样品唯一标识、网上业务委托、检测行为监控、数据分析挖掘等业务功能。

（一）平台架构

检测服务架构由基础支撑平台、检测业务平台、公共服务平台3个子系统组合而成，如图 8-7 所示。

平台建设完成后，具有物联网、移动互联网、检测数据分析、工程质量决策和信息查询等服务功能。

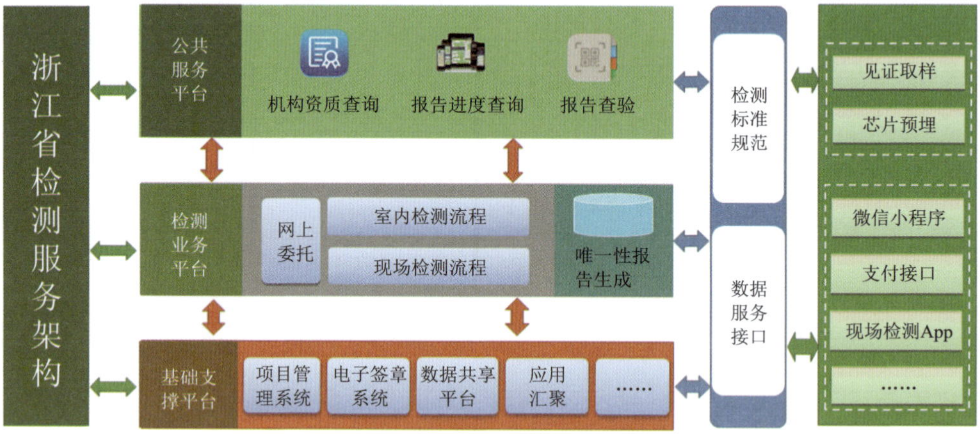

图 8-7 浙江省检测服务架构

（二）功能特点

1. 样品唯一标识

为了实现样品追溯和防伪，建立了一种基于监督识别码和 RFID（射频识别）标签技术双重校验样品追溯方法，在 RFID 标签上带有监督识别码和 RFID 芯片，如图 8-8 所示，样品图像实现了取样样品、取样时间、取样地点的三合一，完成了样品的追溯和防伪，最大程度地保证样品取样和检测结果真实性。

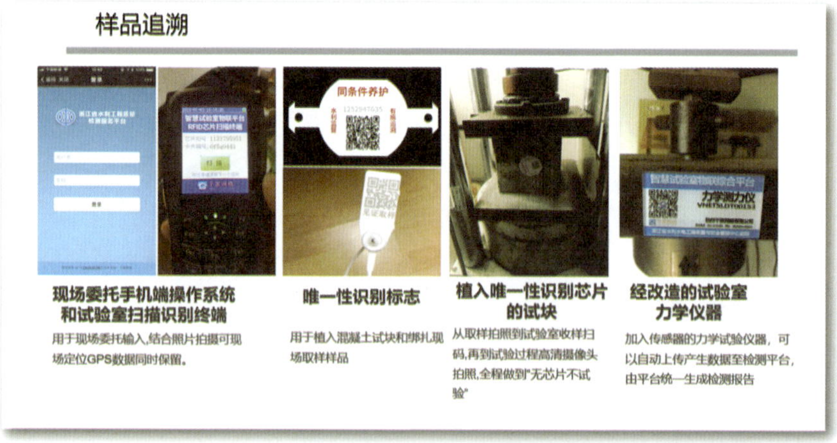

图 8-8 监督识别码和 RFID 芯片

2. 业务委托系统

建立网上委托平台，实现了全部参数的网上预委托，有效提升检测效率，简化了办事环节，送检业务变得更方便、快捷，通过唯一流水号和条形码进行委托业务的跟踪。客户移交样品时，通过条形码生成样品标签，这张样品标签记载着样品的信息和检测项目、委托日期等，与样品一一对应。网上自助检测业务委托界面如图 8-9 所示。

图 8-9　网上自助检测业务委托界面

3. 检测行为监控

通过图像识别、传感器、视频监控技术，多角度对整个检测过程进行实时远程监控和云端记录，使检测环节细节可查、行为可溯、过程可控、数据真实。试验影像如图 8-10 所示。

4. 一键生成检测报告

全省所有水利工程质量检测单位的检测报告均通过检测服务平台出具。在业务结构化的基础上，采取电子签字、电子签章等技术手段，一键生成检测报告，如图 8-11 所示。

图 8-10 试验影像

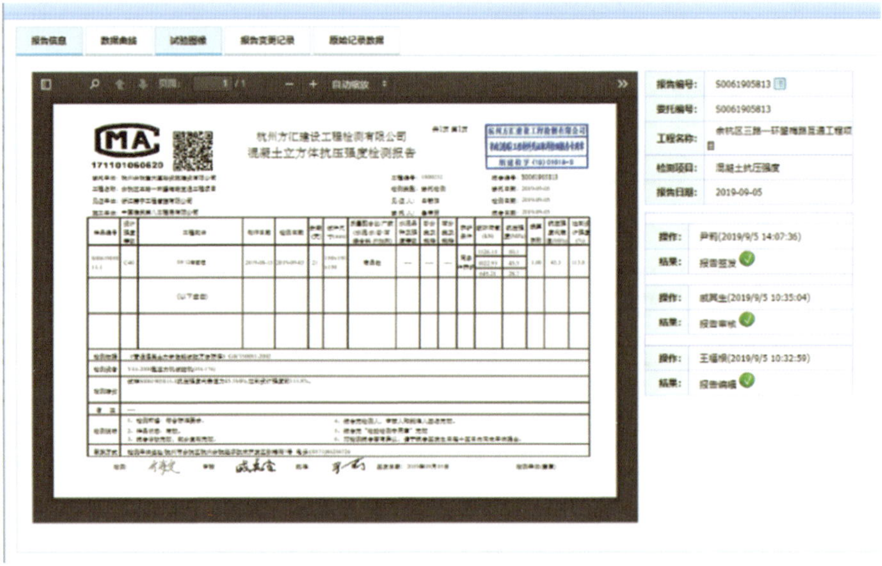

图 8-11 一键生成检测报告

第二节 浙江面上小型水利工程质量抽检

浙江省是水利投资建设大省，每年水利建设项目投资均达到数百亿元。除大中型水利建设项目外，小型水库加固、海塘水闸加固、农田水利、圩区整治、生态小水电、中小流域综合治理等面上水利建设项目重要性突显。为全面了解全省面上水利建设项目工程质量状况，分析水利工程建设管理中存在的问题与不足，提升和规范全省水利工程的质量管理工作，2015 年以来，浙江省水利厅牵头，浙江水利水电工程质量与安全管理中心组织实施了全省面上水利工程质量抽检工作。

对于工程建设质量管理，目前针对小微型工程的规程规范很少，多参照大中型工程，导致小型水利建设工程在制度设计上先天不足，参照的效果也是参差不齐。小微型水利工程建设各方往往投入不足，技术管理力量相对薄弱，管理不规范，造成小微型水利工程先天不足。小微型水利工程点多面广，监管难度大，点对点的项目监管模式基本不现实，面上质量抽检作为一种水行政主管部门的监管方式，具有示范引领作用。

一、工程选取

以 2020 年为例，省质管中心从 358 个待抽检项目中选取了 80 个项目进行检查。具体包括工程类型为：小型水库加固（44 个）、海塘加固（2 个）、山塘整治（6 个）、圩区整治（5 个）、中小流域综合治理（23 个）。

二、评价标准

工程项目抽检实行评分制，从参建单位质量体系行为和工程实体质量两个方面进行评价（评价标准详见附录 B），满分 100 分。其中参建单位质量行为分占比 40%、工程实体质量分占比 60%，赋分情况详见表 8-1。

表 8-1　抽检分值分布

抽检内容		分值		总得分
质量体系行为（40%）	项目法人	29 分	100 分	总得分＝行为得分×40%＋实体得分×60%
	设计单位	10 分		
	监理单位	28 分		
	施工单位	28 分		
	检测单位	5 分		
工程实体质量（60%）	外观质量	10 分	100 分	
	实体检测	90 分		

外观质量检查包括：建筑物外观尺寸、顺直度、混凝土与砌体外观、施工现场等内容。实体检测内容包括：原材料与中间产品、实体质量及断面尺寸等。实际抽检过程中，根据工程进度、结构物重要性、现场环境等条件选择检测项目，单个工程实体质量抽检项目累计组数应不少于 4 组，且不多于 5 组。

三、工作流程

（1）检查通知。依据省水利厅《关于开展2020年全省面上水利建设项目质量抽检的通知》，省质管中心结合面上抽检工作计划和工程进度，确定适合开展抽检的工程，向属地水行政主管部门下发检查通知。

（2）检查过程。检查组深入施工现场，问询相关人员了解施工情况，查阅参建单位质量体系行为台账、工程检验与评定资料，在属地水行政主管部门和各参建单位见证下，明确检测内容、部位、组数，开展工程实体质量检测取样。

（3）检查反馈。抽检组根据面上抽检问题清单逐项检查形成“行为抽检反馈单”并向工程各参建单位反馈，在听取参建单位陈述与申辩后，各方签字予以确认。根据厅工作要求，项目法人须及时组织有关单位按照相关要求整改落实，并将整改结果在15个工作日内报属地水行政主管部门，属地水行政主管部门负责督促、核查各整改事项落实工作；工程实体质量抽检情况，在检测结果形成后，省质管中心以“面上水利建设项目质量抽检反馈单”形式向项目所在地水行政主管部门进行书面反馈，并督促实体质量不合格项的整改闭合。

（4）整改闭合。省质管中心制定了整改反馈的文本格式，问题与附件清晰对应，属地水行政主管部门明确复核意见，并根据抽检工程的类型，向厅相关处室正式发文上报整改结果，实现闭环管理。

四、实施情况

浙江省面上水利建设项目质量抽检自2015年开始，当年安排财政资金200万元，共抽检了53个县（市、区），75个项目；2016年安排资金220万元，抽检了66个县（市、区），80个项目；2017年安排资金260万元，抽检了69个县（市、区），71个项目；2018年安排资金270万元，抽检了65个县（市、区），90个项目；2019年安排资金270万元，抽检了68个县（市、区），80个项目，省级财政资金安排如图8-12所示。

五、监管成效

为进一步强化监管效果，2017年起，面上抽检列入了省水利厅对市县水利工作综合考核的“三张清单”，面上抽检结果作为项目所在地水利建设项目年度质量管理评价的依据。同时，该结果也作为切块分配水利建设资金和水利管理资金的绩效因素之一。

数据表明，经过几年监管实践，全省面上小型水利建设工程质量管理有较大的提高，工程参建单位的质量管理能力和水行政主管部门的监管力度都呈现出先进性和示范性，并持续走在全国水利工程质量管理前端。在水利部对浙江

图 8-12　2015—2019 年省级财政资金安排

省的质量考核、质量巡查等工作开展情况来看，本省中小型水利工程的质量管理水平在全国均属前列。

当前，除省级层面开展了全省面上工程质量抽检外，绍兴、舟山、台州等地区以及部分有条件的县（市、区）已把面上抽检作为水行政主管部门质量监管的一种重要形式。

第三节　浙江水利工程质量监督事权划分

近年来，随着浙江“五水共治”“防洪排涝”等重大民生工程的深入推进，水利工程建设项目呈现以跨行业为特征的综合水利项目、以民生水利为特征的小微型水利工程的两极化发展态势，这种新情况、新变化给水利工程建设质量监督工作的事权、职责带来了新的困惑与挑战。浙江各地水行政主管部门紧紧围绕质量监督工作实际，坚持依法行政，积极探索，大胆创新，为当地水利工程质量监督工作的顺利实施、有效监管提供了解决方案。

一、台州涉市政、交通综合水利建设项目质量监管机制创新

（一）监管形势

近年来，重大水利建设项目已逐渐向综合项目发展，这些项目将水利工程红线范围内的交通与市政工程同步建设，为当地经济发展提供了强有力的基础设施保障。这不仅包含着传统意义的水利工程，还包含着市政工程（截污及景观绿化和市政桥梁）、交通工程（主干线及农村公路、桥梁）。由此也带来了一个新问题，纳入重大水利项目的市政工程和交通工程如何有效监管？这些项目

以水利口径审批，市政、交通等部门无法按原有规则办理项目法人上报的质量监督手续，造成相关专业工程的建设监管空白。

由于不同行业采取了不同的质量技术标准、不同的企业资质，单一行业监管模式在这些项目上遭遇了“瓶颈”，参建单位和质量监督机构都无所适从。为了破解涉市政、交通综合水利建设项目跨行业监管问题，进一步明确职责，落实责任，台州市积极探索创新，在全省率先出台了《关于印发台州市重大水利项目涉市政、交通等工程监督管理实施办法（试行）的通知》（台政办发〔2018〕44号），以市政府规范性文件的形式明确了涉市政、交通综合水利建设项目的质量监管工作。

（二）政策研究

按照《建设工程质量管理条例》（2019年4月23日修订）第四十三条的规定，“国家实行建设工程质量监督管理制度…… 县级以上地方人民政府建设行政主管部门对本行政区域内的建设工程质量实施监督管理。县级以上地方人民政府交通、水利等有关部门在各自的职责范围内，负责对本行政区域内的专业建设工程质量的监督管理。”同时，《浙江省建设工程质量管理条例》（2017年11月30日修订）第四条明确，“县级以上各级人民政府建设行政主管部门（或建筑业行政主管部门，下同）是本行政区域建设工程质量监督管理的主管部门。交通、水利、电力等部门按国家规定和本条例负责本专业建设工程的质量监督管理工作。”即各相关部门应按职责分工，监管本专业建设工程质量。

（三）主要内容

1. 监管原则

重大水利建设项目涉及的市政、交通等工程内容按照“综合审批、分行业监管、分行业验收、分行业移交”的原则，由各相关行业主管部门各司其职履行监管职责。同时，从项目前期、施工招标、质量和安全监督、验收与移交等工程实施全过程进行了详细说明，理顺了重大综合水利建设项目涉及的多部门监管的问题。

2. 监管要求

项目法人在可行性研究阶段即明确各行业建设内容，各行业主管部门应参与工程建设研究决策，参加可行性研究报告和初步设计报告审查，并提出审查意见。项目开工前，项目法人应根据项目建设内容分别向相应行业主管部门和质量监督机构办理质量与安全监督手续。各行业主管部门及监督机构根据工程建设内容实施监管，涉及交叉项目或根据工作需要，可开展联合质量监督。工程完工后，各主管部门依据行业标准负责组织本行业工程的验收和移交。

（四）实施情况

目前，台州市市政、交通等相关主管部门已根据规定办理了台州市南部湾区引水工程、台州市东官河综合整治工程、台州市椒江区洪家场浦排涝调蓄工程、临海市大田平原排涝一期工程等项目质量监督手续，实现了对工程建设质量的有效监管。《关于印发台州市重大水利项目涉市政、交通等工程监督管理实施办法（试行）的通知》（台政办发〔2018〕44号）的出台，更重要的是加强了沟通协调、信息共享和业务交流，避免了监管工作的推诿与脱节，形成了共同推进重大水利工程建设质量的强大合力，为工程早日发挥综合效益打下坚实的基础。

二、小微型水利工程质量监督事权划分

在浙江水利建设投资中，小微型民生水利工程占据主导地位，呈现点多、量大、面广的特点。根据现行的水利工程质量与安全监督事权划分意见，这些水利工程基本由县级监督机构负责“兜底监督”。根据浙江全省县级水利工程质量监督机构调研，全省84个县级监督机构共有监督人员308人，县级站平均约3.7人，年平均监督工程52项，监管任务十分繁重。

（一）监督事权细分

为进一步加强扩容监管力量，突出对规模相对较大的水库、山塘等危险性较高工程的监督力度，义乌市、诸暨市等部分县（市、区）针对县级水利工程监督问题，通过当地政府、水行政主管部门出台规范性文件，出台了县级质量监督事权划分指导意见，将监督机构、局业务科室、乡镇水利站纳入统一的水利工程质量监督体系，明确各自监督事权范围和职责；对小微型水利工程质量监督工作，从简化程序、重视检测、加强指导等方面进一步做出了规范和要求，表8-2列举了部分县（市、区）监督机构监督事权范围。

表8-2　　部分县（市、区）监督机构监督事权范围

地区	发文单位	监督机构监督事权范围
义乌市	义乌市人民政府	水库工程，坝高超过10m的新建山塘；概算总投资500万元以上的河道整治工程；跨镇街工程项目或市组建项目法人实施的水利工程项目
诸暨市	诸暨市人民政府	小（2）型以上水库除险加固工程、概算投资200万元以上水利工程
临安区	临安区水利水电局	小型水库工程、小（1）型水闸堰坝、小（1）型泵站工程、小（1）型引水枢纽工程、5级堤防工程
海曙区	海曙区农林水利局	列入区政府投资年度计划的山塘、水库、小型及以上水闸、泵站和其他概算投资200万元以上的水利工程
鄞州区	鄞州区水利局	区发改委立项工程、概算投资200万元以上农水项目，概算投资100万元以上饮用水、小流域、海塘、水闸等项目，小（2）型以上水库维修加固工程

续表

地区	发文单位	监督机构监督事权范围
永嘉县	永嘉县水利局	由县发改或水利部门批准建设的单项施工合同价50万元以上的水库、山塘工程及单项施工合同价200万元以上的其他水利工程
乐清市	乐清市水利局	由发改或水利部门批准建设的单项施工合同价50万元以上的水库、山塘及单项施工合同价200万元以上的其他各类水利工程
文成县	文成县水利局	由发改或水利部门批准建设的单项施工合同价50万元以上的水库、山塘工程及单项施工合同价200万元以上的其他各类水利工程
瑞安市	瑞安市水利局	由发改或水利部门批准建设的单项施工合同价50万元以上的水库、山塘及在市公共资源交易中心招投标的其他各类工程
泰顺县	泰顺县水利局	总投资200万元以上的水利建设项目，或总投资200万元以下、50万元以上涉及水库、山塘等公共安全的小型水利建设项目
磐安县	磐安县水务局	总投资100万元以上的项目、小型水库建设加固工程、万方以上的山塘建设加固工程
天台县	天台县水利局	新建水库项目；新建总库容1万m^3以上或坝高10m以上的山塘项目；新建电站项目；1万m^3以上山塘及水库的除险加固项目；其他投资100万元以上的项目
三门县	三门县水利局	工程部分中标价在30万元以上并经县级以上招标平台公开招投标的水库、山塘、水闸项目；工程部分中标价在80万元以上并经县级以上招标平台公开招投标的其他水利项目

（二）制度创新

在县级水利工程质量监督事权细分的基础上，有关各地政府及水行政主管部门因地制宜出台了配套工作制度，这些制度重点围绕简化质量监督环节，减少验收程序、强化质量检测等内容。

如义乌市人民政府《关于切实加强水利建设工程质量与安全监督管理工作的意见》（义政办发〔2016〕115号）针对概算投资50万元以下的小微型水利建设项目采取一系列的机制创新。

一是简化了建设程序，减少监管环节。小微型水利工程不再进行项目划分确认，不再组织分部工程验收，只进行单位工程和外观质量评定；将项目法人对工程关键部位的委托检测结果作为工程质量验收的重要依据。同时，将小微水利工程完工验收和竣工验收一并进行，质监组只需在工程验收资料上签字确认，可不单独出具质监意见（报告）。

二是创建了镇街监管模式，针对义乌小微型水利建设项目体量大、分布广、技术含量低的特点，按乡镇、街道组建质监组，质监组的组长由分管水利工作的乡镇、街道领导兼任，聘请社会水利专业技术人员、村级水利员、村干部参与质量监督组的工作。建立市、镇街二级联动质量监督体系，通过政府购买服务的方式选择有资质的单位为监管工作提供技术支撑，以及采取远程视频监控加强质量安全监督工作等一系列监管支持措施。

第四节　杭州市质量监督政府购买服务

杭州市水利水电工程质量安全管理服务中心（原杭州市水利水电工程质量安全监督站，简称“杭州市水利质安中心”）面对大型线性水利工程杭州市第二水源千岛湖配水工程建设工期紧、任务集中、风险大，社会关注程度高的缺点，为了有效解决监督机构力量不足、手段单一等的问题，积极开拓工作思路，创新工作举措，采取购买技术服务方式助力项目监督工作，取得明显效果。

一、机制创新背景

1. 基本情况

杭州市第二大水源千岛湖配水工程是关系浙江省近千万居民饮水安全、健康及钱塘江水资源科学配置的重大民生工程，也是省内最大的单体民生水利工程，工程线路全长 113.22km，自淳安县境内千岛湖金竹牌至余杭区杭州市闲林水库库尾，沿途经过建德市、桐庐县、富阳区，衬后洞径 6.7m，设计配水流量为 38.8m^3/s，设计引水量 9.78 亿 m^3/a，静态总投资 99.72 亿元，总工期 42 个月。工程以 2014 年 12 月 24 日开工。

2. 监督机构现状

杭州市水利水电工程质量安全监督站是杭州市林业水利局直属承担行政职能的全额事业单位，受委托承担工程质量安全监督工作，质量监督实际在岗人员 4 人，年均承担 10 余项省市重点水利工程质量安全监督工作，监督工作任务十分繁重。根据杭州第二水源千岛湖配水工程施工组织设计及进度安排，经测算该项目至少需安排专职监督人员 10 人以上。受编制及在岗人员现状限制，短期内无法满足该项目监督工作需要，面临质量监督缺位风险。

二、可行性研究

1. 政策研究

国家、省、市各级政府提倡政府在行政管理过程中有条件的向社会购买技术服务。《国务院办公厅关于政府向社会力量购买服务的指导意见》（国办发〔2013〕96 号）、《浙江省人民政府办公厅关于政府向社会力量购买服务的实施意见》（浙政办发〔2014〕72 号），以及《杭州市人民政府办公厅关于政府向社会力量购买服务的指导意见》（杭政办函〔2014〕161 号）中明确了政府购买服务的具体操作细则，包括购买的程序、资金的安排等详细内容。水利工程质量监督服务外包在政策层面被允许甚至是鼓励。

2. 科学谋划

水利工程质量监督工作量中可相对划分为三部分：一是现场专业检查、施工资料核查等专业性工作；二是整改、通报或行政执法等各种行政类工作；三是资料整理、档案管理等各种事务性工作。杭州市以往工作经验中三部分工作的工作量占比约为40%、30%和30%。其中，第一部分、第三部分70%的工作量可以通过购买服务的方式交由社会力量完成。水利工程质量监督服务外包在执行层面具备操作条件。

三、实施过程

1. 因地制策

经过充分调研，2015年5月杭州市林业水利局印发《杭州市林业水利局关于印发杭州市第二水源千岛湖配水工程质量与安全监督管理实施意见的通知》（杭林水〔2015〕79号），明确将千岛湖配水工程质量安全监督工作中的基础性、技术性和支撑性工作服务外包。

2. 合理测算

合理测算经费是首要工作。参照根据1997年水利部印发《水利工程质量监督管理规定》第六章第二十九条工程质量监督费的提取办法，测算质量监督预算经费为1995万元，其中质量与安全监督技术工作占60%。2015年6月，杭州市林业水利局以《关于要求将杭州市第二水源千岛湖配水工程质量与安全监督技术服务工作纳入政府采购并落实后续工作经费的函》（杭林水函〔2015〕37号）文件向杭州市财政局申请预算，争取财政保障资金1100万元。主要包括外包技术人员经费、专家巡查工作资金、人身安全保障、政府监督检测经费、智慧监管系统建设及奖励绩效等方面。

3. 择优选择

鉴于工程监督服务的连续性，科学制定了招标方案；通过公开招标的方式从咨询、设计、监理等企业择优选择服务单位。同时，制定了监督技术服务单位实行集中办公、日常工作安排与考核等制度，保障专业技术人员素质与能力满足监督检查工作要求。2015年10月，经杭州市公共资源交易中心公开招标确定质量与安全监督技术服务供应商。2016年1月1日，技术服务供应商派出的8人技术服务团队（其中高级工程师5人）进驻专职办公点。

4. 高效支撑

技术服务供应商主导了工程日常现场巡查，参与了工程质量与安全监督检查，协助该工程质量监督技术审查与备案，承担质量监督档案管理工作。技术服务供应商委托检测单位对原材料、实体混凝土、金属结构等内容开展监督检测，以第三方视角、客观的数据反映工程质量管理水平；委托水利稽查单位对工程开展专家稽查，核查工程施工质量安全水平，对质量监督工作查漏补缺。截至 2019 年年底，技术服务供应商参与质量安全监督检查 234 次，提出整改要求 1581 个、合理化建议 595 项；参加 G20、两会安全、节假日停复工等专项检查 56 次；驻地巡回检查组对 16 个施工标段进行了每月一次的巡回检查和质量安全监督回头看活动，共投入 2043 人次，提出整改要求 1816 项；参加分部、单位等各类法人验收 219 次，检查队伍如图 8－13 所示。通过技术服务供应商一系列的技术支撑，杭州市水利质安中心对该项目的质量监督工作卓有成效，工程建设期间，该工程未发生较大及以上质量安全事故。

图 8－13　技术服务供应商检查队伍

5. 推广应用

除该项目外，杭州市还在面上水利工程抽查上开展技术服务委托，针对事关人民群众财产安全的大量山塘，杭州市每年安排预算，对本年度开展的山塘除险项目开展抽查，对往年山塘项目开展复查，山塘抽查复查由监督机构牵头，社会服务机构具体实施，覆盖了山塘除险加固的项目管理、安全保障、实体质量等多方面，取得较好效果。目前，杭州市每年的“质量监督技术服务”“安全监督协助”“质量监督检测”“山塘和小流域治理抽查”“农饮工程抽查”等技术服务外包已经成为常年专项（图 8－14 为技术服务外包团队进行技术交流）。杭州市各辖区县在逐步开展了类似的委托项目，大大缓解了编制不足压力。

四、经验总结分享

图 8-14 技术服务外包团队进行技术交流

1. 政府购买服务的政策依据、费用测算及范围

近年来，国家对政府购买服务一直是提倡的态度。国家层面的“中国政府采购网”上有专门的“中国政府购买服务信息平台”。应该说，通过一段时间的实践，政府购买服务已经在全国各地普遍实施，各省各地区也出台了符合各地实际的实施意见。2020 年 1 月 3 日，财政部公布了《政府购买服务管理办法》(财政部令第 102 号)，自 2020 年 3 月 1 日起施行。水利部《关于印发水利建设工程质量监督工作清单的通知》(办监督〔2019〕211 号）明确，水行政主管部门可采取购买服务或其他方式开展质量监督工作。基于以上政策文件精神，在一定期限内通过支付一定费用获取专业技术支持将是质量监督购买服务的主流。根据工程实践，我们测算购买服务实际预算成本与服务对象规模和监督频率有关，大中型水利工程单项工程的质量监督服务费用在建安投资 2%左右；小型水利工程以时间计，非全职 5 人监督团队服务费用在 100 万元每年左右。

2. 技术服务供应商的选择及组织形式

项目实施阶段，对技术服务供应商的选择主要以考虑监理公司为主，考虑到设计单位强技术、弱现场管理，施工单位利益关系复杂，因此考虑以监理单位为主要选择对象。为更好地体现监督权威，建议要求甲级以上水利工程监理单位为选择对象，而且是在行业内有较好的口碑。在组织形式上，有 3 个注意事项（图 8-15)。

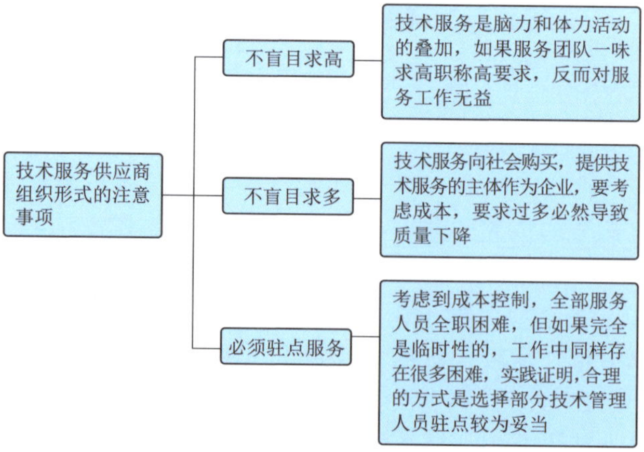

图 8-15 技术服务供应商组织形式的 3 个注意事项

杭州市水利质安中心通过政府购买服务（协助监督），补充质量监督技术力量和后勤保障，高质量完成工程质量安全监督任务，“敢想、敢当、敢为”，持续捍卫自己的成功与努力，获得多项荣誉。2015 年以来，该单位五次被评为浙江省水利工程质量监督、“五水共治”先进集体、“杭州市五一劳动奖状”“青年文明号”等多项荣誉。2019 年，该单位被授予“全国水利系统先进集体”荣誉。

本 章 小 结

机制创新与方法创新是水行政管部门提升水利工程建设质量监督管理水平和能力永恒的主题，浙江省一直有这样的动力和努力。本章列举了浙江近年来全省几项突出的创新亮点，反映了浙江省各级水行政主管部门在监督工作实践中，善于学习、汲取其他行业和兄弟省份工程质量监督工作的先进经验，在消化吸收的基础上，创造了适应浙江水利行业质量监督管理的方法，这一点是值得肯定并持续保持的。

技 术 篇

第九章　土石方工程质量监督要点

土石方工程是水利工程施工的基础性工程，土石方的开挖与填筑不仅是水利工程施工的先行施工工序，也是施工场地、土石围堰、建筑基础等临时或主体建筑物的重要组成部分或主要施工内容。

第一节　土石方开挖

一、土石方开挖概述

1. 定义

土石方开挖是将土和岩石进行松动、破碎、挖掘并运出的工程。

2. 分类

按岩土性质，土石方开挖分土方开挖和石方开挖。土方开挖是指运用机械、人工或两者结合作业，将土质基础或岸坡开挖成各种形状的断面，开挖方法主要包括人工、机械及水力开挖等。石方开挖一般是需要进行系统钻孔和爆破作业，开挖方法主要包括人工开挖、机械开挖、爆破开挖等。

3. 应用场景

土方人工开挖适用于土方量小及不便于机械化施工的地方，如排（截）水沟、输水渠等。土方机械开挖适用于土方工程量大、施工机械便于操作的地方，如坝基、溢洪道、基坑等部位的开挖。土方水力开挖适用于水力冲填开采土料、开挖深渠道等。

石方人工开挖适用于对工程建基面或隧洞开挖断面的撬挖层、破碎部位进行人工修整；石方机械开挖适用于工程量较小的风化及软弱岩石开挖，常用的石方开挖机械有挖掘机、凿岩机、破碎锤等；石方爆破开挖适用于料场石料开采、岩石基础开挖、地下洞室开挖等。

二、监督检查要点

（一）土方开挖

1. 检查要点1：建基面保护层开挖

（1）要点解读：施工中地基土的原状结构如遭到破坏，将会使地基强度下降，变形增大，最终产生不均匀下沉。所以在基槽（坑）开挖中，注意保护好建基面以下地基，防止基土的扰动，是施工中应特别重视的问题，也是保证工程质量的重要一环。一般情况下，基础保护层开挖，宜使用小型机具或人工挖除。基坑开挖时，应做好降排水工作，防止建基面遇水浸泡导致强度降低。

（2）检查依据：《水利水电工程单元工程施工质量验收评定标准——土石方工程》（SL 631—2012）第4.2.4条明确了保护层开挖的质量要求。

2. 检查要点2：土质岸坡开挖坡比

（1）要点解读：土质岸坡开挖坡比直接关系到土质边坡稳定，施工时应严格按照施工图施工。开挖边坡不得陡于设计边坡，若控制不到位，边坡过陡时存在安全隐患，土体可能会发生边坡失稳，局部会产生滑坡和坍塌等严重的质量与安全问题。岸坡土质淤泥、腐殖质土、泥炭土一般情况下应全部清除，对风化岩石、坡积物、残积物、滑坡体、粉土、细砂等处理应符合设计要求。

（2）检查依据：《水利水电工程单元工程施工质量验收评定标准——土石方工程》（SL 631—2012）第4.2.3条明确了土质岸坡开挖坡比的相关要求。

3. 检查要点3：坑（槽）开挖断面轴线、高程、尺寸

（1）要点解读：土方开挖的轴线、高程、尺寸控制是开挖质量控制的前提和基本要求，要使坑（槽）断面尺寸能最大限度满足后续建筑物施工的空间要求。在施工现场，监督人员可通过查阅相关施工记录，或现场观察、量测，检查坑（槽）开挖面施工质量。

（2）检查依据：《水利水电工程单元工程施工质量验收评定标准——土石方工程》（SL 631—2012）第4.2.4条。

（二）石方开挖

1. 检查要点1：建基面保护层开挖和岩体完整性

（1）要点解读：保护层的开挖对岩石基础的质量控制至关重要。对紧邻设计建基面及防护目标地带的开挖，宜预留一定厚度的保护层；特别是爆破开挖时，需采取浅孔、密孔、少药量、控制爆破等措施。上部岩体开挖的钻孔和炮孔不应深入保护层，确保建基面以下岩体不会产生大量爆破裂隙，节理裂隙面、层面等弱面不出现明显恶化，并且不损害岩体的完整性。

（2）检查依据：《水工建筑物岩石地基开挖施工技术规范》（SL 47—2020）第5.0.6条；《水利水电工程单元工程施工质量验收评定标准——土石方工程》（SL 631—2012）第4.3.3条和第4.4.3条。

2. 检查要点2：开挖坡面和水平建基面处理

（1）要点解读：对临时开挖坡面要保证岸坡的安全和稳定，确保继续进行下一工作面开挖作业的安全；对永久开挖坡面和水平建基面在处理完毕后，要求坡面稳定且无松动岩石、悬挂体和尖角，表面清洁，无污垢、油污。重要隐蔽工程基础需经地质工程师鉴定并进行隐蔽工程的联合验收，以确保后续建筑

物的施工质量。

（2）检查依据：《水利水电工程单元工程施工质量验收评定标准——土石方工程》（SL 631—2012）第 4.3.3 条和第 4.4.3 条。

3. 检查要点 3：地质缺陷处理

（1）要点解读：岩体中的地质缺陷如不处理，将可能产生渗漏、抗滑失稳、不均匀沉降等工程地质问题。因此，对地基及岸坡范围内的抗剪切破坏节理、裂隙、断层、夹层或构造破碎带，以及地质探孔、竖井、平洞、试坑等均应按设计要求进行处理，不留隐患。地质缺陷处理采用的灌浆、沟槽回填混凝土等措施，应按相应标准和设计要求单独进行质量验收，取样试验应满足规范和设计要求。

（2）检查依据：《水利水电工程单元工程施工质量验收评定标准——土石方工程》（SL 631—2012）第 4.4.4 条。

4. 检查要点 4：坑（槽）开挖断面轴线、高程和尺寸

（1）要点解读：岩石坑（槽）轴线、高程和尺寸控制与土方坑（槽）开挖的要求相似。

（2）检查依据：《水利水电工程单元工程施工质量验收评定标准——土石方工程》（SL 631—2012）第 4.4.3 条。

三、试验与检测

（一）工艺性试验

采取爆破开挖施工方法时，施工单位应进行爆破工艺性试验，综合选定爆破参数。施工单位根据设计图纸、地质情况、爆破器材性能及钻孔机械等条件编制《爆破试验方案》；经监理单位批准后进行爆破试验；根据试验结果选定爆破参数，形成爆破试验报告；经监理单位批准后组织实施。在施工过程中应根据地质条件和实际爆破效果对爆破参数进行调整。

（二）质量检测

土石方开挖所涉及质量检测主要包含岩体完整性和地质坑（孔）处理回填，地质缺陷处理采用材料质量检测，一般应委托具有相应资质的检测单位进行。

四、典型问题及案例

典型问题：基槽（坑）降排水不到位问题

问题产生的主要原因是施工单位对设计意图理解不到位，未认真熟悉施工图纸；在土基开挖时，未采取有效引排地表水、降低地下水位的措施，导致基槽（坑）开挖后，建基面以下地基持力层被水浸泡，产生地基不均匀沉降、承载力下降等质量问题。

【案例】 某堤防工程，新建护岸11.7km，挡墙结构形式为直立式C20混凝土挡墙，设计要求挡墙基槽开挖按1∶1开挖放坡。施工现场部分开挖边坡存在滑坡、塌方等现象，如图9-1所示。

图9-1 基槽（坑）积水

（1）原因分析。未按设计要求建立施工现场降（排）水系统，地下水及地表水未及时排除，基坑开挖面未按设计要求放坡，如图9-2所示。

图9-2 开挖坡度过陡、泥浆积水未处理

（2）处理过程。严格按设计要求进行开挖，对不稳定土质边坡根据设计意见放缓或支护处理；建立施工现场降（排）水系统，及时引排，确保基坑地下水位线降至设计开挖高程0.5m以下。

第二节 地下洞室开挖

一、地下洞室开挖概述

1. 定义

地下洞室开挖是指将地下或山体内部的土和岩石采用人工、钻孔爆破或机械挖掘并运出的工程。

2. 分类

按开挖方法的不同，可分为钻孔爆破法、掘进机法、盾构法、顶管法，如图 9-3 所示。

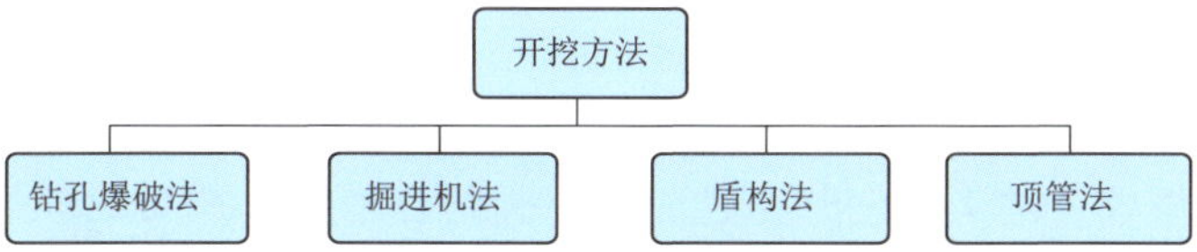

图 9-3 地下洞室开挖方法

3. 应用场景

地下洞室在水利工程施工中较为常见，导流工程、输水工程、地下发电厂房等均涉及地下洞室开挖。本节主要阐述采用钻孔爆破法进行地下洞室开挖时的监督检查要点。

二、 监督检查要点

1. 检查要点 1：洞室开挖超挖、欠挖及轴线偏差

（1）要点解读：洞室开挖洞、井轴线偏差需符合设计要求。超挖、欠挖是指以设计的隧道开挖轮廓线为基准线，实际开挖获得的断面在基准线以外的部分称为超挖，反之为欠挖。在洞室开挖爆破时，超挖过多将严重增加施工成本以及影响洞室的安全性及稳定性，欠挖则会导致二次衬砌厚度不够。爆破结束后，一般通过直接测量开挖断面法测量是否超挖、欠挖，如利用激光射线在开挖面上定出基点，并由该点实测开挖断面。

（2）检查依据：《水工建筑物地下开挖工程施工规范》（SL 378—2007）第 5.1.6 条、第 4.0.8 条和《水利水电工程单元工程施工质量验收评定标准——土石方工程》（SL 631—2012）第 5.2.2 条。

2. 检查要点 2：洞室爆破效果

（1）要点解读：地下洞室设计轮廓线的开挖，应采用光面爆破或预裂爆破技术，其洞室爆破效果主要反映在爆破岩面炮孔痕迹保存率和爆破裂隙控制两个方面。炮孔痕迹保存率，指的是在爆破后，周边炮孔留下的炮孔痕迹占周边炮孔总数的比例。施工过程中根据岩性变化及时调整爆破参数，根据钻爆设计图准确标出炮眼位置，钻孔时应按爆破参数严格控制炮孔的间距、深度和角度。施工加强现场管理和质量控制，使残留炮孔痕迹在开挖轮廓面上均匀分布，要求完整岩石炮孔痕迹保存率在 90%以上，较完整和完整性差的岩石炮孔痕迹保存率不小于 60%，较破碎和破碎岩石的炮孔痕迹保存率不宜小于 20%。另外，

相邻两孔间的岩面应平整，孔壁不应有明显的爆破裂隙。监督人员现场检查时可采用观察、测量、统计等方法检查炮孔痕迹保存率，检查爆破裂隙，判断爆破控制情况。

（2）检查依据：《水工建筑物地下开挖工程施工规范》（SL 378—2007）第 6.2.7 条；《水利水电工程单元工程施工质量验收评定标准——土石方工程》（SL 631—2012）第 5.2.2 条。

3. 检查要点 3：不良地质处理

（1）要点解读：地下洞室开挖过程中会碰到各种不良地质或地层，主要包括：软弱岩层、断层及构造破碎带、岩溶发育、地下水丰富及膨胀岩体地段和高地应力区、岩土层过渡段以及土层。施工中要重点关注开挖面的地质变化，对各种揭露的地质情况进行详细编录，特别针对不良的地质情况进行深入的分析，并预测可能出现的地质问题和后果，及时提出或改进围岩的临时支护方案。主要的处理措施有：超前支护（管棚、小导管）、初期支护（喷射混凝土）和永久衬砌（钢筋混凝土）等。不良地质条件洞段应采用短进尺和分部开挖方式施工。开挖后应及时进行临时支护，支护完成后方可进行下一循环或下一分部的开挖。监督过程中要重点关注并检查地质鉴定、支护措施的制定、支护部位的实体施工质量。

（2）检查依据：《水利水电工程单元工程施工质量验收评定标准——土石方工程》（SL 631—2012）第 5.3.3 条。

4. 检查要点 4：洞口开挖

（1）要点解读：洞口部位受地形、地貌影响和岩体风化、卸荷等作用，地质条件复杂，岩体相对软弱，稳定性差。开挖前应进行稳定性分析，确定合理的开挖方法、支护措施和洞口边坡加固方案，这是确保施工安全的重要措施。洞口削坡应自上而下分层进行，进洞前应做好开挖及其影响范围内的危石清理和坡顶排水，按设计要求进行边坡加固，确认稳定后方可开挖洞口。位于河道设计防洪水位以下的隧洞开挖进口、出口，应按施工期防洪标准设置围堰或预留岩坎，防止洪水倒灌入洞。需要采用岩塞爆破方法形成洞口时，应进行专门论证。监督人员可通过现场检查及查阅进洞联合验收等资料来掌握洞口开挖施工质量安全控制情况。

（2）检查依据：《水工建筑物地下开挖工程施工规范》（SL 378—2007）第 5.2 节。

5. 检查要点 5：临时支护

（1）要点解读：洞室开挖后，应力重新分布，围岩容易产生破坏，施工时需要临时支护。一般情况下，Ⅰ类围岩不需要支护；Ⅱ类围岩视情况可喷薄层混凝土，开挖跨度大时可采用锚喷支护；Ⅲ类以下围岩需要支护；Ⅳ、Ⅴ类围岩临时支护应紧跟开挖作业面实施，必要时还应采取超前支护的措施，具体支护方式应按设计要求进行。锚喷支护时，通常是喷混凝土、锚杆、钢筋网片联合使用。监督人员可通过查阅相关施工记录资料，或现场量测、局部剖检等方式，检查锚喷支护施工质量。

(2) 检查依据：《水利水电工程单元工程施工质量验收评定标准——地基处理与基础工程》(SL 633—2012) 第 7.2.6 条；《水利水电工程锚喷支护技术规范》(SL 377—2007) 第 7.2.2 条。

三、试验与检测

(一) 工艺性试验

洞室钻孔爆破工艺试验要求和程序与岩石明挖爆破工艺试验相似。光面爆破或预裂爆破钻孔前，应进行爆破设计，做好爆破工艺试验，明确爆破参数，形成试验成果报告，按规定履行审批手续。

(二) 质量检测

地下洞室开挖质量检测主要包括锚喷支护工程中的原材料、中间产品及实体质量。

1. 原材料和中间产品

锚喷支护工程中的锚杆、水泥、砂石骨料等原材料和胶结材料应按照设计要求及《水工混凝土施工规范》(SL 677—2014) 等相应规范要求进行质量检测。

2. 实体质量检测

(1) 锚杆拉拔力及注浆饱满度。检查端头锚固型和摩擦型锚杆质量应做拉拔力试验，全长黏结型锚杆还应做注浆密实度检查（无损检测法）。检查锚杆的位置应包括边墙和顶拱。试验数量按每 300 根（包括总数少于 300）锚杆抽样一组，每组不应少于 3 根。地质条件变化或原材料变更时，应至少抽样一组，重大工程的抽样数量应适当增加。

锚杆拉拔力合格标准：同组锚杆的拉拔力平均值应符合设计要求。任意一根锚杆的拉拔力不应低于设计值的 90%。

注浆密实度合格标准：注浆饱满度的分辨等级为 1.0、0.7、0.5 和 0.25。检验结果在 0.7 以上为合格。

(2) 喷射混凝土抗压强度。喷射混凝土抗压强度检查应采用在作业时喷大板的取样方法进行，当有特殊要求时，还应用现场取芯的方法进行检查。取样数量为每种材料、每一配合比、每喷射 $1000m^2$ 取样一组，每组试样为 3 块。喷大板和现场取芯检查的取样位置应包括两侧边墙和顶拱，在其工程中应有代表性。

四、典型问题及案例

典型问题：炮孔痕迹保存率低、爆破面平整度差

隧洞爆破施工存在炮孔痕迹保存率低、爆破面平整度差的问题，主要是未按爆破设计进行布孔装药，光面爆破周边孔布置数量不足、单孔装药量偏大造成的。

【案例】 某水利枢纽工程输水隧洞，长 890.5m，开挖洞径 4.0m，工程地质以Ⅲ类围岩为主，设计采用全洞钢筋混凝土衬砌。隧洞进行钻爆作业，累计进尺 370m 时检查发现，部分洞周岩面爆破断面实测平均超挖值大于 200mm，部分断面欠挖，影响混凝土衬砌结构钢筋的布置；部分爆破断面孔壁存在明显裂隙。

（1）原因分析：施工前未进行爆破工艺试验，爆破设计及爆破参数选择不合理，爆破前放线不准确，孔向偏差过大。另外，周边孔布孔间距也偏大，装药量过大。

（2）处理过程：对已施工洞室段，由项目法人组织参建单位制定处理方案，做好缺陷备案。对欠挖部分进行人工风镐凿除处理，后续按要求补做爆破工艺试验。经专家审查论证、总监审批后，调整爆破参数进行施工，并且加强施工过程管理和质量控制。

第三节　土　方　填　筑

一、施工概述

1. 定义

土方填筑指对天然建筑材料土方（黏性和非黏性）进行开采、装料、运输、卸料、铺散、压实的工程。

2. 分类

土方填筑按回填材料分为黏性土回填和非黏性土回填。

3. 应用场景

黏性土广泛用于土石坝（堤防）防渗体、均质土坝（堤防）的填筑；非黏性土从广义上指砂类土、砾石类土，广泛用于堤防、土石围堰等非防渗部分的填筑。

二、监督检查要点

1. 检查要点 1：土方填筑材料的质量

（1）要点解读：土方填筑材料的质量指标应符合设计要求，初步设计或施工前应对料场进行勘察、复核。黏性土填筑设计要求一般包含黏粒含量、含水率等质量指标，非黏性土一般包含最大粒径等质量指标，具体以设计要求为准。黏性土料的堆放场地应设有防雨防晒措施，堆放场地周边应设置排水沟，并具备翻晒条件，以确保含水率控制在最优含水率的允许偏差范围内。不同分区土料堆放应设置明显的标志，以免混用、错用。

（2）检查依据：《水利水电工程单元工程施工质量验收评定标准——土石方工程》（SL 631—2012）第6.1.2条。

2. 检查要点2：土质建基面以及各填筑层间结合面处理

（1）要点解读：土料填筑前，建基面处理属隐蔽部位单元工程，应按照设计和规范要求进行预处理，黏性土、砾质土地基土层应做压实，相关的质量指标应符合设计要求。土质建基面以及各填筑层面刨毛均匀细致，无团块、空白；已填筑层检验合格后因故未继续施工，或因搁置、雨淋、干湿交替使表面产生疏松层时，复工前应进行复压处理。监督人员现场应重点检查土质建基面是否已经预压，填筑层是否存在不均匀沉陷、裂缝和弹簧土等问题。

（2）检查依据：《水利水电工程单元工程施工质量验收评定标准——土石方工程》（SL 631—2012）第6.2.4条、《堤防工程施工规范》（SL 260—2014）第6章。

3. 检查要点3：混凝土面或岩面接合结构部位处理

（1）要点解读：在交叉建筑物混凝土表面或岩面接合部位施工质量控制不好，很容易出现问题。岩面或混凝土面与土质防渗体接合时，铺填前应涂刷浓泥浆或黏土水泥浆，要求涂刷均匀，无空白，且回填前表面无风干现象。土堤与刚性构筑物（涵闸、堤内埋管、混凝土防渗墙等）连接部位构筑物周边回填土方，宜在建筑物强度分别达到设计强度50%（受压构件）、70%（受弯构件）的情况下施工；构筑物两侧填土，应保持均衡上升；贴边填筑宜用夯具夯实，铺土层厚度宜为15～20cm；填筑时，应先将建筑物表面湿润，边涂泥浆、边铺土、边夯实；涂浆高度应与铺土厚度一致，涂层厚度宜为3～5mm，并应与下部涂层衔接；不允许在泥浆干固后再铺土或夯实。

（2）检查依据：《水利水电工程单元工程施工质量验收评定标准——土石方工程》（SL 631—2012）第6.2.4条、《堤防工程施工规范》（SL 260—2014）第6.6.1条和第8.9.3条。

4. 检查要点4：土料铺填与压实质量

（1）要点解读：土料铺填的质量与土料压实质量密切相关，铺土过厚则不易压实，应特别重视土料铺土厚度、铺填边线以及与溢洪道边墙等水工混凝土构筑物结合部位的土料铺填质量。铺土厚度要均匀，铺填边线应有一定余量，与溢洪道边墙等构筑物结合部位宜采用小型碾压机械作业，碾压表面平整，无漏压，个别有弹土、起皮、脱空，剪力破坏部位应按设计要求处理，土体压实质量指标（如压实度、最优含水率）应符合设计要求。

（2）检查依据：《水利水电工程单元工程施工质量验收评定标准——土石方工程》（SL 631—2012）第 6.2.5 条、第 6.2.6 条。

三、试验与检测

（一）工艺性试验

为复核设计要求及填筑标准的合理性，确定达到设计填筑标准的最佳压实方法（包括压实机械类型、机械参数、施工参数等），土方填筑料在铺填前，应进行碾压工艺试验。工艺试验的相关要求可参照《堤防工程施工规范》（SL 260—2014）附录 B 进行。

现场碾压结束后，应将结果及时送有资质的单位进行检测，并将试验资料进行整理分析，绘制压实度与压实机械、压实次数等施工参数的关系图，形成工艺试验报告。并得出设计标准的合理性、与土料相适应的压实机械和参数、达到设计标准的施工参数、上下土层的结合情况及处理措施等结论。

（二）质量检测

1. 填筑材料

工程开工前，检查设计文件对土料有无明确的技术指标要求，用于施工的填筑材料应按设计文件提出的质量指标进行检测。

2. 填筑质量检测

针对黏性土和砾质土，主要通过环刀法或挖坑灌水法现场检测干密度和含水率，计算压实度。具体的压实质量检测项目、取样次数详见表 9-1。

表 9-1　土料压实检测项目和取样次数

<table>
<tr><th colspan="3">工程类别</th><th>检测项目</th><th>检测次数</th><th>依据</th></tr>
<tr><td rowspan="6">土石坝</td><td rowspan="3">黏性土防渗体</td><td>边角夯实部位</td><td rowspan="3">干密度、含水率</td><td>2～3 次/层</td><td rowspan="6">《碾压式土石坝施工规范》（DL/T 5129—2013）</td></tr>
<tr><td>碾压面</td><td>1 次/(100～200m³)</td></tr>
<tr><td>均质坝</td><td>1 次/(200～500m³)</td></tr>
<tr><td rowspan="2">砾质土防渗体</td><td>边角夯实部位</td><td rowspan="2">干密度、含水率、小于 5mm 砾石含量</td><td>2～3 次/层</td></tr>
<tr><td>碾压面</td><td>1 次/(200～500m³)</td></tr>
<tr><td colspan="2">坝壳砾质土</td><td>干密度、含水率、小于 5mm 砾石含量</td><td>1 次/(5000～10000m³)</td></tr>
<tr><td>堤防工程</td><td colspan="2">堤身</td><td>压实度</td><td>1 次/(100～150m³)</td><td>《堤防工程施工规范》（SL 260—2014）</td></tr>
</table>

四、典型问题及案例

典型问题：土质基础发生剪切破坏

土体填筑施工过程中，施工、设计单位对基础土层性状了解不清，未采取适当的土层加固措施，在河泥等软弱土层基础上填筑施工，未严格按设计要求控制填土速度，基础加载速率过快，则易导致基础发生剪切破坏。

【案例】 某小型水库除险加固工程，坝高15m，离坝脚5m处有一处水塘，设计采用坝体迎水面加做黏土斜墙坝后增设堆石排水棱体的方案。施工完成后不久，发现坝体后坡凹陷，形成弧形滑坡面，坝脚靠近池塘也有土体隆起。经地质勘查检查，坝基软弱土体发生剪切破坏导致滑移。

（1）原因分析：

1）坝体上游面黏土防渗斜墙底未深入基岩，存在渗透水；

2）坝基土层中等渗水坝脚局部土体呈软塑状，抗剪性差；

3）坝后坡滑坡与坝基土、库水渗漏、坝后坡坡度、堆载均有关系。

（2）处理过程：

1）滑坡土体开挖、卸载、放缓坝坡、换土碾压；

2）坝脚开挖后打松木桩，截穿加固软弱土层，坝加抗剪切能力，上部回填块石，增加透水性。

第四节　石　方　填　筑

一、施工概述

1．定义

石方填筑指对砂砾、块石等天然建筑材料进行开采、采购、装料、运输、卸料、铺散、压实的过程。

2．分类

石方填筑按回填材料分为堆石料填筑、砂砾料填筑、反滤（过渡）料填筑、垫层料填筑等。

3．应用场景

石方填筑广泛用于堆石坝、排水体等建筑物填筑。由于不同建筑物对石方回填的要求不尽相同，本节主要结合面板堆石坝堆石料填筑施工的相关要求，阐述监督检查注意事项。

二、监督检查要点

1．检查要点1：石方填筑材料的质量

（1）要点解读：石方填筑材料的质量，其岩性、级配和含泥量等指标应符合设计要求，特别对堆石坝而言，在料场时就应严格控制堆石料质量，不合格料不得上坝，这是保证坝体填筑质量和顺利施工的重要措施。

（2）检查依据：《混凝土面板堆石坝施工规范》（SL 49—2015）第5.1.5条。

2. 检查要点2：检查堆石料铺填质量

（1）要点解读：堆石料铺填是压实质量控制的关键环节，可从两个方面加强堆石料铺填质量控制。一是铺填厚度控制，坝体堆石料填筑时宜采用进占法，每层铺料后应测量检查铺料厚度，铺填厚度应符合设计要求，允许偏差为铺料厚度的－10%～0，且每一层应有90%的测点达到规定的铺料厚度；二是结合部位铺填质量控制，堆石料纵横向结合部位宜采用台阶收坡法，台阶宽度应符合设计要求，结合部位的石料无分离、架空现象。

（2）检查依据：《水利水电工程单元工程施工质量验收评定标准——土石方工程》（SL 631—2012）第6.4.3条，以及《混凝土面板堆石坝施工规范》（SL 49—2015）第5.3.2条、第5.3.10条。

3. 检查要点3：主堆区与岸坡、混凝土接触带的施工质量

（1）要点解读：堆石与岸坡、溢洪道混凝土导水墙等建筑物接触带如处理不好，往往产生较大的不均匀沉降。各工程特点不同，处理方式也不相同，设计通常会对接触带设置提出具体要求。如设计未明确要求时，一般情况下接触带需设置增模区以减少后期不均匀沉降问题，具体做法可以沿接触带填筑1.0～2.0m宽的过渡区料，并控制好接触带的碾压质量。

（2）检查依据：《混凝土面板堆石坝施工规范》（SL 49—2015）第5.3.5条。

4. 检查要点4：堆石体碾压施工质量

（1）要点解读：为控制堆石体的变形，尽可能使堆石料碾压密实，坝体堆石料碾压宜采用振动平碾，行进速度按照不大于2km/h控制。碾压方式宜选用错距法，碾压时各分段、分区碾压段需相互搭接，不得漏压，碾压完成后，孔隙率应不大于设计要求。垫层料与过渡料每两层与主堆石填筑面齐平，应采用振动碾骑缝碾压。各种料物的边界线可略有误差，但细料可侵入粗料边界，而粗料不得侵入细料边界。主堆石料与下游堆石料的接触带，下游堆石料不得侵入主堆石区。

（2）检查依据：《水利水电工程单元工程施工质量验收评定标准——土石方工程》（SL 631—2012）第6.4.4条，以及《混凝土面板堆石坝施工规范》（SL 49—2015）第5.3.4条、第5.3.9条。

三、试验与检测

（一）工艺性试验

石料碾压试验和报批程序要求与土料碾压试验相似。相关机械的选择、碾

压试验、试验场地、压实参数和试验组合、试验取样及资料整理等要求可参照《碾压式土石坝施工规范》（DL/T 5129—2013）附录1执行。

试验结束后，应进行试验资料系统整理分析，绘制成果图表，编写试验报告。试验报告应包含设计标准的合理性、与石料相适应的压实机械和参数、达到设计标准的施工参数等结论。

（二）填筑质量检测

1. 填筑材料

料场筑坝材料的质量，其岩性、级配和含泥量等应按设计及规范要求进行检测。

2. 填筑质量检测

石料填筑质量主要通过试坑法进行，具体的压实质量检测项目、取样次数详见表9-2。

表9-2　　石料压实检测项目和取样次数

<table>
<tr><th colspan="2">坝　料</th><th>检测项目</th><th>取样次数</th><th>依　据</th></tr>
<tr><td rowspan="3">垫层料</td><td>坝面</td><td>干密度、颗粒级配</td><td>1次/(500～1000m³)，
每单元不少于3次</td><td rowspan="6">《混凝土面板堆石坝施工规范》(SL 49—2015)</td></tr>
<tr><td>上游坡面</td><td>干密度、颗粒级配</td><td>1次/(1000～2000m³)</td></tr>
<tr><td>小区</td><td>干密度、颗粒级配</td><td>每1～3层1次</td></tr>
<tr><td colspan="2">过渡料</td><td>干密度、颗粒级配</td><td>1次/(1000～50000m³)</td></tr>
<tr><td colspan="2">砂砾料</td><td>干密度、相对密度、颗粒级配</td><td>1次/(1000～50000m³)，
每层测点不小于10点</td></tr>
<tr><td colspan="2">堆石料</td><td>干密度、孔隙率、颗粒级配</td><td>1次/(5000～50000m³)</td></tr>
</table>

四、典型问题及案例

典型问题：堆石体填筑质量指标孔隙率不满足设计要求

堆石体填筑质量孔隙率超标，往往是由于堆石料级配不良、部分堆石料最大粒径过大、施工铺填层过厚，影响碾压效果。

【案例】某新建中型水库工程大坝为钢筋混凝土面板堆石坝，趾板建基面处最大坝高68.30m，坝顶宽度6.0m，坝顶长度230.20m，上游面设L形防浪墙，墙高3.70m。上游坝坡为1∶1.3，下游坝坡马道之间坡度为1∶1.4。主堆区孔隙率设计要求为不大于20%。监督检查发现，部分堆石体压实质量不符合设计要求，存在局部大块石集中、架空等现象。

（1）原因分析：部分堆石料最大粒径偏大，级配不良；未按照施工方案铺设厚度要求施工，铺设厚度超标。

（2）处理过程：将不合格堆石料做清场处理；加强料场爆破质量控制及堆石料级配进场检验；将不合格堆石体挖除，重新按施工参数进行碾压铺填，并做好碾压过程中质量管控及施工记录。

本章小结

水利工程建设中，土石方工程有普遍存在的应用场景，土石方的开挖与填筑技术要点构成了质量监督工作的重要内容。在土石方开挖中，实现设计开挖尺寸、满足下一阶段施工条件，许多质量技术措施是围绕工程安全提出的；在土石方填筑施工中，填筑料的材质、颗料级配、填筑工艺参数、实体质量指标等都是监督工作的重点。

第十章　混凝土工程质量监督要点

混凝土是指用水泥、掺合料（粉煤灰、矿粉等）等作胶凝材料，砂、石等作集料，与水（可含外加剂）按一定比例配合，经搅拌而得的混合体，是最常用的一种建筑材料。混凝土从原材料到实体结构，需经历配合比设计、拌和、运输、浇筑、养护等多个环节，环环相扣，任何一个环节出问题，都会导致混凝土出现结构强度不足、裂缝、蜂窝、麻面、孔洞等质量缺陷。本章将从自拌混凝土、商品混凝土、钢筋制作与安装、止水及预埋件、混凝土浇筑及养护等5个方面阐述混凝土工程质量监督要点。

第一节　自拌混凝土

一、施工概述

1. 定义

自拌混凝土是相对于商品混凝土而言的，是指由施工方自行拌和的混凝土。混凝土所用原材料（包括水泥、掺合料、砂、石子、外加剂、水等）由施工方采购或由项目法人直供。

2. 分类

自拌混凝土按照搅拌方式可分为人工拌和和机械拌和两种，如图10-1所示。人工拌和目前较少采用，多为机械拌和。

3. 应用场景

人工配料的小型搅拌机多用于交通不便，商品混凝土无法运达的小型工程；带有自动计量系统的拌和站则用于混凝土坝、大型泵站、水闸等混凝土用量较大的工程。

二、监督检查要点

1. 检查要点1：水泥进场报验及储存

（1）要点解读：水泥进场报验时应提供出厂合格证明、进场复检报告等。出厂合格证明材料中应明确水泥种类、强度等级及主要技术指标情况等。进场复检应对3d、28d抗压强度及抗折强度、凝结时间、细度、安定性等主要指标进行检验，检验合格后方可投入使用。

水泥按包装方式可分为散装水泥和袋装水泥，优先使用散装水泥。进场的水泥应按生产厂家、品种和强度等级分别储存到有明显标志的储罐或仓库中，不应混装。水泥在运输和储存时应做防水防潮措施。袋装水泥每袋净含量为 50kg，水泥包装袋应符合《水泥包装袋》（GB 9774—2016）要求。袋装水泥仓库应有排水、通风措施。堆放水泥时应有防潮层，距地面、边墙不少于 30cm，堆放高度不应超过 15 袋。

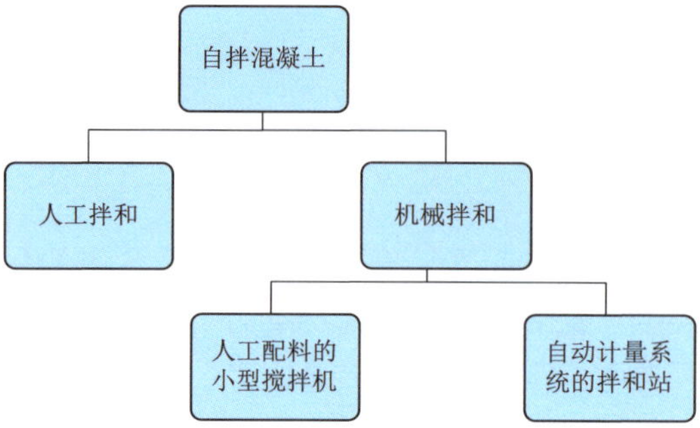

图 10-1　自拌混凝土分类

袋装水泥储运时间超过 3 个月，散装水泥超过 6 个月，使用前应重新检验。受潮结块的水泥不得用于生产，正常水泥样品见图 10-2。

（2）检查依据：《水工混凝土施工规范》（SL 677—2014）第 5.2.4 条规定了水泥运输、保管及使用要求；11.2.3 条规定了水泥进场时需要提供的质量证明材料；《通用硅酸盐水泥》（GB 175—2007）第 9.3 条规定了水泥出厂时检验项目要求；第 9.4 条规定了水泥合格性判定标准；第 10.1 条规定了水泥包装要求；第 10.2 条规定了水泥标志要求。

2. 检查要点 2：砂、石料进场报验

（1）要点解读：砂石料进场报验时应提供砂石料检测报告，主要技术指标应满足《水工混凝土施工规范》（SL 677—2014）中相应要求。砂按来源可分为人工砂和天然砂，如图 10-3 所示，天然砂又可分为河砂、海砂和山砂，具体如图 10-4、图 10-5、图 10-6 所示，人工砂如图 10-7 所示。砂应清洁、级配良好，人工砂细度模数宜 2.4～2.8，天然砂细度模数宜 2.2～3.0。工程中优先使用级配良好的河砂和人工砂。海砂氯离子和贝壳含量较高，山砂含泥量较高，当采用山砂、海砂、粗砂、特细砂时，应经试验论证，慎重使用。

图 10-2　正常水泥样品

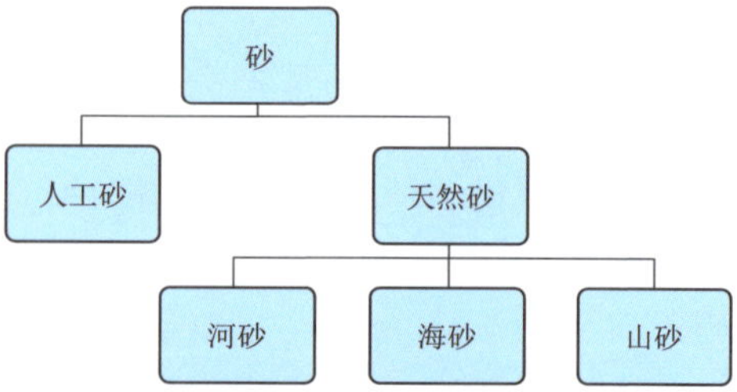

图 10-3　砂的分类

图 10-4　河砂

图 10-5　海砂

图 10-6　山砂

图 10-7　人工砂

粗骨料可分为碎石和卵石，如图 10-8 和图 10-9 所示。粗骨料按粒径大小可分为小石、中石、大石和特大石四级，粒径分别为 5～20mm、20～40mm、40～80mm、80～150（120）mm，用符号 D20、D40、D80、D150（D120）表示，如图 10-10 所示。应控制各级骨料的超逊径含量，压碎值及其他指标应符合《水工混凝土施工规范》（SL 677—2014）中相应要求。需要注意的是，水工混凝土中粗骨料粒级和建工不同，公称直径和级配要求均不同，应引起重视。

（2）检查依据：《水工混凝土施工规范》（SL 677—2014）第 5.3.5 条规定了细骨料的品质要求、第 5.3.6 条规定了粗骨料的品质要求；《建设用砂》（GB/T 14684—2011）第 6.3 条规定了砂有害物质限量值。

3. 检查要点 3：混凝土拌和系统

（1）要点解读：混凝土拌和站拌和料计量系统应定期进行检验校正，每月不少于 1 次，必要时随时抽检。每班称量前，应对称量设备进行零点校验。混凝土拌和设备正式投入生产前，应按批准的混凝土施工配合比进行生产性试验，以确定最佳投料顺序和拌和时间。混凝土拌和时应严格遵守签发的混凝土配料

图 10-8　碎石

图 10-9　卵石

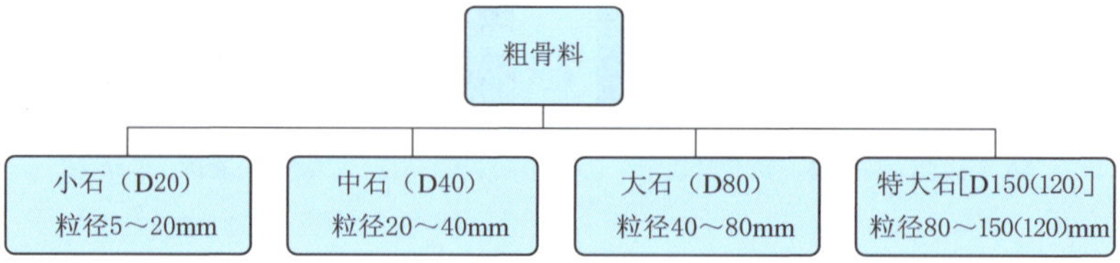

图 10-10　粗骨料按粒径大小分类

单，不应擅自更改。

混凝土拌和过程中，应根据气候条件定时检测骨料表面含水率，每 4h 检测 1 次，雨雪天气等特殊情况应加密检测次数。砂的细度模数和人工砂的石粉含量、天然砂的含泥量应每天检测 1 次。粗骨料的超逊径、含泥量每 8h 应检测 1 次。外加剂溶液的浓度应每天检测 1～2 次。必要时检测减水剂溶液的减水率和引气剂溶液的表面张力。砂石骨料每月应进行 1 次全指标检测。

（2）检查依据：《水工混凝土施工规范》（SL 677—2014）第 7.1.2 条规定了拌和设备正式投入使用前应进行混凝土施工配合比生产性试验、第 11.2.8 条规定了混凝土生产过程中原材料检验项目和频次、第 11.3.1 条规定了拌和站计量器具定期检验校正要求。

4. 检查要点 4：混凝土拌和物质量

（1）要点解读：混凝土拌和物到施工现场尚需经过运输这一环节。运输过程中不应发生泄漏、分离、漏浆、严重泌水等行为，当混凝土拌和物出现以下情形之一时，应按不合格料处理：

1）混凝土产生初凝；

2）混凝土塑性降低较多，已无法振捣；

3）混凝土被雨水淋湿严重或失水过多；

4）混凝土中含有冻块或遭受冰冻，严重影响混凝土质量。

坍落度是反映混凝土拌和物和易性的主要指标之一，通常是做坍落度试验测定拌和物的流动性，并辅以直观经验评定黏聚性和保水性。混凝土坍落度每4h在机口应检测1～2次，每8h在仓面应检测1～2次，高温雨雪天气应加密检测。

根据坍落度大小，可将混凝土分为5种，具体如图10－11所示。

混凝土种类	坍落度/mm
干硬性混凝土	＜10
半塑性混凝土	10～40
塑性混凝土	50～90
流动性混凝土	100～150
大流动性混凝土	＞160

图10－11　按坍落度大小划分混凝土的种类

（2）检查依据：《水工混凝土施工规范》（SL 677—2014）第11.3.3条明确了混凝土坍落度检验频率及允许误差的要求；第7.3.5条规定了混凝土拌和物不合格料的情况。

三、试验与检测

（一）工艺性试验

配合比直接决定了混凝土的性能是否达到设计要求。一个典型的混凝土配合比组分包括水泥、砂、石子、外加剂、水，必要时应掺入适量的掺合料。混凝土配合比是以砂石骨料饱和面干状态配制的，现场施工时，施工单位应根据实测砂石料表面含水率对配合比进行调整后形成施工配合比。混凝土配合比应经批准后使用。

大坝混凝土属于典型的大体积混凝土，除满足强度要求外，尚应满足抗渗、抗冻、抗冲磨及抗腐蚀性等耐久性要求，温度控制和防裂要求也十分关键。在配合比设计阶段应充分考虑温控和防裂要求，采取多种措施来最大限度降低水泥水化热，包括选用低热水泥、低流态混凝土、加适宜的掺合料、提高骨料粒径（粗骨料采用三级配或四级配）、掺高效外加剂等。

（二）质量检测

1. 水泥

水泥的主要检测技术指标包括安定性、细度、标准稠度用水量、凝结时间、3d和28d抗压强度及抗折强度等。

施工单位应进行进场复检，同一强度等级，同一厂家200～400t为一个取样单位，不足200t的也作为一个取样单位。检测委托单应正确填写水泥品种和强度等级等信息，因为品种和强度等级不同，则技术指标判定标准也将不同。另外，应保证送检的水泥样品符合检测要求，受潮结块的水泥力学性能会有一定程度降低。

2. 砂、石骨料

细骨料（砂）检测指标包括细度模数、石粉含量（人工砂）、含泥量（天然砂）、泥块含量和表面含水率。粗骨料（石子）检测指标包括超逊径、针片状、含泥量、泥块含量。

细骨料（砂）应按同料源每600～1200t为一批进行检测，粗骨料应按同料源、同规格碎石每2000t为一批，卵石每1000t为一批。

3. 掺合料

掺合料可选用粉煤灰、矿渣粉、磷渣粉、硅粉、火山灰等。掺合料可单掺也可复掺，具体掺量应经试验确定。粉煤灰的主要检验项目包括细度、需水量比、烧失量、含水量等。矿渣粉主要检验项目包括密度、比表面积、活性指数、流动度比、含水量等。

同品种掺合料以200t为一个取样单位，不足一个取样单位的按一个取样单位计。

4. 外加剂

混凝土外加剂可分为减水剂、引气减水剂、泵送剂、早强剂、缓凝剂、引气剂、防水剂、防冻剂和速凝剂等。其中，减水剂是最常用的一种外加剂。

检测项目包括减水率、泌水率比、含气量、凝结时间差、坍落度损失、抗压强度比。必要时进行收缩率比、相对耐久性和匀质性检验。

掺量不小于1%的外加剂以不超过100t为一取样单位；掺量小于1%的外加剂以不超过50t为一取样单位；掺量小于0.05%的外加剂以不超过2t为一取样单位。不足一个取样单位的按一个取样单位计。

外加剂的掺量应根据混凝土性能要求通过试验确定。当混凝土有抗冻要求时，因加入引气剂，掺量根据混凝土含气量要求通过试验确定。

5. 混凝土性能

混凝土常用性能检测指标包括抗压强度、抗冻、抗渗等，其中抗冻、抗渗属于耐久性性能指标。

（1）抗压强度。试块应为 150mm×150mm×150mm 标准立方体试块，采用标准养护条件，以 28d 龄期强度值作为检测结果，抗压强度试验如图 10－12 所示。

（a）施加荷载前试样　　（b）破坏后试样

图 10－12　混凝土抗压强度试验

混凝土抗压强度取样时，大体积混凝土 28d 龄期每 500m^3 成型 1 组，设计龄期每 1000m^3 成型 1 组；结构混凝土 28d 龄期每 100m^3 成型 1 组，设计龄期每 200m^3 成型 1 组。每一浇筑块混凝土方量不足时，也应成型 1 组。混凝土试块抗压强度应进行数理统计分析，分析结果应满足《水利水电工程施工质量检验与评定规程》（SL 176—2007）附录 C 要求。

（2）抗冻、抗渗。混凝土耐久性性能是不同于强度的一个指标，其中水利中常用的为抗冻、抗渗指标。抗冻、抗渗等级和试件尺寸如图 10－13 所示。

耐久性指标	级别分类	试件尺寸
抗渗等级	W2、W4、W6、W8、W10、W12	上口直径175mm，下口直径185mm，高度150mm圆锥体
抗冻等级	F50、F100、F150、F200、F250、F300、F400	100mm×100mm×400mm棱柱体

图 10－13　混凝土抗冻、抗渗等级及试件尺寸

四、典型问题及案例

典型问题：大体积混凝土裂缝

大体积混凝土出现裂缝是多发、常见的质量问题，产生的原因包括：配合比设计不合理，水化热大；原材料受到烈日暴晒，混凝土入仓温度控制不到位；养护方式执行不到位等。

【案例】 某重力坝，主坝上游面采用 1.0m 厚 C25W6F100 混凝土防渗面板，下游面 28.0m 高程以下采用 1.0m 厚 C25W4F50 混凝土，28.0m 高程以上采用 1.0m 厚 C25F50 混凝土，中间采用 C15W2F50 混凝土坝体。浇筑后不久，坝体上下游坝面逐渐出现裂缝，共有裂缝 22 条，其中上游 15 条，下游 7 条。裂缝长度从仓面顶部向下延伸，基本集中在坝块长度方向的中间位置，其中 3 条裂缝自上游面贯穿至廊道，如图 10-14 所示。

图 10-14　混凝土裂缝

(1) 原因分析：配合比设计不合理；混凝土原材料未采取遮阳（图 10-15）、降温措施；混凝土入仓温度过高。

图 10-15　砂石料堆放无遮阳设施

(2) 处理过程：优化配合比，降低水泥用量；砂石料等加盖遮阳棚（图 10-16）、加冰等降温措施；严格控制混凝土入仓温度；加强已浇筑混凝土的保温养护。温控措施实施后，有效减少了混凝土裂缝数量。

图 10-16 砂石料堆放处应有遮阳设施

第二节 商品混凝土

一、施工概述

1. 定义

商品混凝土是指在拌和站（楼）里生产的、通过运输设备运至使用地点的、交货时为拌和物的混凝土。

2. 分类

商品混凝土可分为常规混凝土和特制混凝土。其中，特制混凝土包括高强混凝土、自密实混凝土、纤维混凝土、轻骨料混凝土及重混凝土等。混凝土强度等级包括：C10、C15、C20、C25、C30、C35、C40、C45、C50、C55、C60、C65、C70、C75、C80、C85、C90、C95 和 C100。

3. 应用场景

商品混凝土实现了混凝土生产的专业化、商品化和社会化，是建筑行业文明化、现代化的一个重要标志，具有节能降耗、节省施工用地、改善劳动条件、减少环境污染等特点，近年来在建设工程各个领域得到了普遍推广。水利工程中，除商品混凝土无法送达的偏远地区及大坝、水下等有特殊要求的混凝土外，普遍采用商品混凝土。商品混凝土厂采用混凝土运输车将符合要求的混凝土拌和物运抵工程现场，施工单位交货验收后直接入仓振捣成型，经养护后形成混凝土结构物。

二、 监督检查要点

1. 检查要点1：商品混凝土出厂合格证资料

（1）检查要点：商品混凝土厂应按分部工程向需方提供同一配合比混凝土的出厂合格证。出厂合格证应至少包括以下内容：出厂合格证编号，合同编号，工程名称，需方，供方，供货日期，浇筑部位，混凝土标记，标记内容以外的技术要求，供货量，原材料的品种、规格、级别及检验报告编号，混凝土配合比编号，混凝土质量评定等。

（2）检查依据：《预拌混凝土》（GB/T 14902—2012）第10.3.1条规定了出厂合格证应包含的信息。

2. 检查要点2：商品混凝土运输车发货单

（1）要点解读：商品混凝土厂应随每一辆运输车向需方提供该车混凝土的发货单，发货单应至少包括以下内容：合同编号，发货单编号，需方，供方，工程名称，浇筑部位，混凝土标记，本车的供货量，运输车号，交货地点，交货日期，发车时间和到达时间，供需双方交接人员签字。

（2）检查依据：《预拌混凝土》（GB/T 14902—2012）第10.3.3条规定了发货单的信息要求。

3. 检查要点3：商品混凝土交验

（1）要点解读：商品混凝土交货检验的取样和试验工作由需方承担，检验在交货地点取样，随机从同一运输车卸料量的1/4～3/4抽取。质量验收应以交货检验结果作为依据。检验的项目包括混凝土强度、拌和物坍落度和设计要求的耐久性能。

（2）检查依据：《预拌混凝土》（GB/T 14902—2012）第9.1条规定了预拌混凝土检验的一般规定，第9.2条规定了检验项目。

三、 试验与检测

（一） 工艺性试验

配合比验证：施工单位应对商品混凝土厂家提供的混凝土配合比进行试验验证，验证技术指标包括坍落度、含气量（掺引气剂时）、抗压强度、抗冻、抗渗等。每组配合比至少验证1次。配合比验证时原材料应采用与商品混凝土厂配比一致的材料，并应随机取样。

（二） 质量检测

1. 原材料复验

商品混凝土有出厂合格证，其原材料是由厂家提供并对其质量负责，水利行业对商品混凝土缺少行业规范，是否对商品混凝土原材料进行复验存在争议。

水工混凝土的特性与其他行业间存在差异性，实践表明，商品混凝土原材料复验十分必要。如淡化海砂是许多商品混凝土厂商采用的细骨料之一，且以淡化海砂为细骨料的商品混凝土价格更低；水工建筑物的特点注定了水利工程建设项目应谨慎使用海砂作为细骨料；确需使用的，应经过专项论证。这也说明了对商品混凝土原材料复验的必要性，由于缺少相关规范，商品混凝土的原材料检测频次和指标宜由项目法人与有关单位商定。

2. 水溶性氯离子含量

对于沿海氯盐环境下的钢筋混凝土结构或者掺加海砂的混凝土，应对拌和物水溶性氯离子含量引起足够重视。混凝土拌和物中水溶性氯离子含量测定方法可参照《水运工程混凝土试验检测技术规范》（JTS/T 236—2019）中 11.22 节的规定执行。

同一配合比混凝土拌和物中的水溶性氯离子含量应至少检验 1 次。水溶性氯离子最大含量应满足表 10－1 要求。

表 10－1　混凝土拌和物中水溶性氯离子含量

环境条件	水溶性氯离子占水泥质量最大百分比/%		
	钢筋混凝土	预应力混凝土	素混凝土
干燥环境	0.3	0.06	1.0
潮湿但不含氯离子的环境	0.2		
潮湿而含有氯离子的环境、盐渍土环境	0.1		
除冰盐等侵蚀性物质的腐蚀环境	0.06		

四、典型问题及案例

典型问题：混凝土塑性裂缝

商品混凝土的一个显著特点是混凝土坍落度大，外加剂掺量大，一般大于 160mm，属于流态混凝土，远超过水工混凝土坍落度最优控制范围（50～90mm）。另外，为了在减少水泥用量的同时满足设计水灰比，商品混凝土厂家往往添加过量的减水剂。上述两个因素使得混凝土干缩变形变大，易出现塑性裂缝。

【案例】 某渡槽工程，按 2 级建筑物设计，渡槽槽身形式采用简支预应力箱式结构，混凝土强度等级 C50。底板及侧壁厚 0.4m，顶板厚 0.2m，净高 3.5m，总高 4.1m，净宽 3.0m，总宽 3.8m。跨间伸缩缝宽度 40mm，U 形止水带厚 8mm，端部后浇混凝土采用 C50 补偿收缩混凝土。浇筑期间正值夏季高温时段，在渡槽槽身顶板混凝土结构工程施工过程中，顶板处出现裂缝，如图 10－17 所示。

(1) 原因分析：工程采用高强度等级C50商品混凝土，骨料粒径较小，水灰比小，水泥用量大；施工期为夏季高温天气，养护措施为蓄水养护，养护不合理，水泥水化热产生的热量不能及时消散。

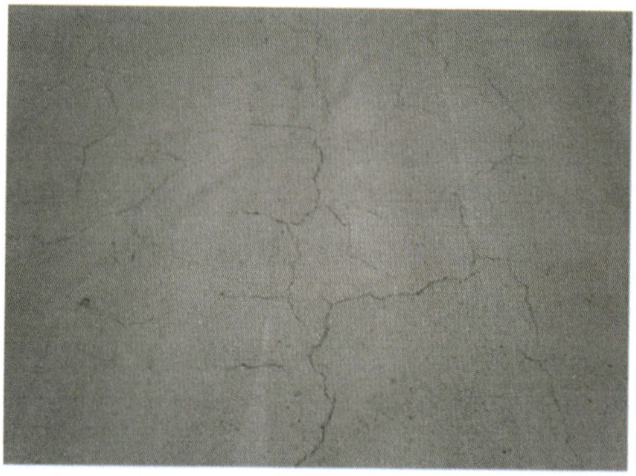

图10-17 混凝土塑性裂缝

(2) 处理过程：对缝宽大于或等于0.2mm且长度大于0.5m的裂缝，采用LW/HW水溶性聚氨酯灌浆材料进行化学灌浆，然后表层采用赛柏斯（XYPEX）进行覆盖保护；对缝宽小于0.2mm的裂缝或长度小于0.5m的裂缝，只对表层采用赛柏斯（XYPEX）进行覆盖保护。

第三节 钢筋制作与安装

一、施工概述

1. 定义

钢筋是指钢筋混凝土用和预应力钢筋混凝土用钢材，其横截面为圆形，有时为带有圆角的方形。包括光圆钢筋、带肋钢筋、扭转钢筋，如图10-18所示。

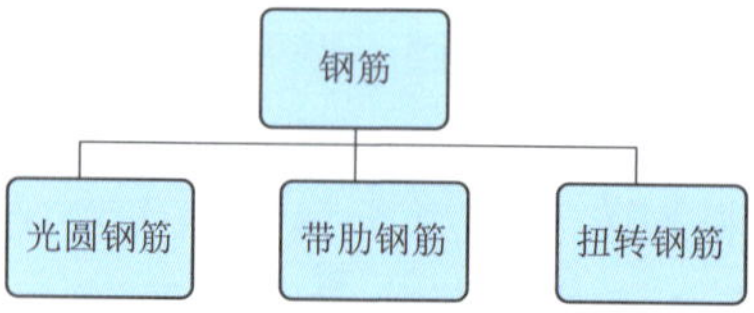

图10-18 钢筋的种类

2. 分类

用于水工混凝土结构的钢筋材料牌号主要包括HPB300、HRB400、HRB400E、HRB500、HRB500E、HRB600、CBR550和冷拉Ⅰ级钢筋等。其中，预应力水工混凝土不应采用牌号为HPB300的热轧光圆钢筋、牌号为CBR550的冷轧带肋钢筋和冷拉Ⅰ级钢筋；非预应力混凝土不应采用冷拉Ⅱ级及以上钢筋。

3. 应用场景

虽然素混凝土具有较强的抗压强度（水工混凝土抗压强度等级一般为C15～C50），但抗拉强度却很低，仅为抗压强度的1/10左右。钢筋混凝土则可以较好地解决这个问题。相较混凝土而言，钢筋抗拉强度非常高，一般在200MPa以上，故通常人们在混凝土中加入钢筋等加劲材料与之共同工作，由钢筋承担其中的拉力，混凝土承担压应力部分。目前，钢筋混凝土结构是应用最广泛的一种混凝土。

二、监督检查要点

1. 检查要点1：钢筋进场报验

（1）要点解读：钢筋应按不同等级、牌号、规格及生产厂家分批验收。验收时应提供钢筋质量证明书或试验报告单，同时应按一定比例进行复检，检测项目包括拉伸、冷弯及重量偏差等。当发现不合格时，应及时对不合格项目进行加倍复检，如仍存在不合格，则该批钢筋判定为不合格，应做退场处理。值得注意的是，新修订的规范《钢筋混凝土用钢　第2部分：热轧带肋钢筋》（GB/T 1499.2—2018）对重量偏差提高了要求，第9.3.5条明确规定重量偏差不合格的产品不允许复检。

（2）检查依据：《水工混凝土施工规范》（SL 677—2014）第4.2.1条规定了钢筋验收、堆存、运输时的基本要求；第4.2.3条规定了钢筋的机械性能检验基本要求；《钢筋混凝土用钢　第2部分：热轧带肋钢筋》（GB/T 14992—2018）第9.3.5条规定了钢筋的复验与判定要求。

2. 检查要点2：钢筋外观质量及堆放

（1）要点解读：钢筋应平直、无损伤，钢筋表面不得有裂纹、起皮、油污、颗粒状或片状老锈等。当钢筋表面存在裂纹、起皮应退货；若存在损伤、不平直应剔出退货；存在油污应清理干净；存在颗粒状或片状老锈应除尽，若影响截面尺寸，应降级处理。钢筋应分别堆存，不应混杂，且应立牌标识。运输、储存过程中应避免锈蚀和污染。钢筋锈蚀（沿海存在盐雾环境，钢筋容易锈蚀，图片中为浮锈）、钢筋堆放混乱及钢筋规范堆放分别如图10-19～图10-22所示。

图10-19　钢筋锈蚀

图 10-20　钢筋堆放未架空、未分类

（2）检查依据：《水工混凝土施工规范》（SL 677—2014）第 4.2.1 条规定了钢筋存放要求；第 4.2.3 条规定了钢筋外观质量要求。

3. 检查要点 3：钢筋加工技术要求

（1）要点解读：钢筋表面除污锈与调直。钢筋表面应洁净，如有严重锈蚀、麻坑、斑点时，应经鉴定后视损伤情况确定降级使用或剔除不用。钢筋应平直，无局部弯折，钢筋中心线通直线的偏差不应超过全长的 1%。弯曲的钢筋应调直后方可使用，调直后如有劈裂现象，应作为不合格品处理。

钢筋端头加工。受拉光圆钢筋的末端应做成 180°的半圆弯钩，弯钩内径不小于 2.5 倍钢筋直径。

图 10-21　钢筋堆放场地未硬化

图 10-22　钢筋堆放规范、整齐

钢筋接头切割方式：①绑扎接头、帮条焊、单面（或双面）搭接焊的接头宜采用机械切割；②电渣压力焊接头，应采用砂轮锯或气焊切割；③冷挤压连接和螺纹连接的机械连接钢筋端头宜采用砂轮锯或钢锯片切割；④熔槽焊、窄间隙焊和气压焊连接的钢筋端头宜采用砂轮锯切割。

（2）检查依据：《水工混凝土施工规范》（SL 677—2014）第 4.3.1 条规定了钢筋调直和清除污锈要求；第 4.3.2 条规定了钢筋端头加工要求；第 4.3.3 条规定了钢筋弯折加工要求；第 4.3.6 条规定了钢筋接头切割方式要求、4.3.9 条规定了钢筋加工尺寸允许偏差。

4. 检查要点4：钢筋接头连接方式及技术要求

(1) 要点解读：纵向受力钢筋接头位置宜设置在构件受力较小处并错开。钢筋接头应优先采用焊接接头或机械连接接头；轴心受拉构件、小偏心受拉构件和承受振动的构件，纵向受力钢筋接头不应采用绑扎接头；双面配置受力钢筋的焊接骨架，不应采用绑扎接头；受拉钢筋直径大于28mm或受压钢筋直径大于32mm时，不宜采用绑扎接头。

加工厂加工钢筋接头应采用闪光对焊，如图10-23所示。现场施工可采用绑扎搭接、手工电弧焊（搭接焊、帮条焊、熔槽焊、窄间隙焊）、气压焊和机械连接等，电渣压力焊和搭接焊示意图如图10-24、图10-25所示。不同连接方式接头外观质量和拉伸强度应符合相应的规定。

图10-23　闪光对焊

钢筋接头布置应分散布置，并遵守下列规定：

1）配置在同一截面内的受力钢筋，其接头的截面面积占受力钢筋总截面面积的百分率应满足：①闪光对焊、熔槽焊、接触电渣焊、窄间隙焊、气压焊接头在受弯构件的受拉区不超过50%，受压区不受限制；②绑扎接头，在构件的受拉区不超过25%，受压区不超过50%；③机械连接接头受拉区不宜超过50%，受压区不受限制。

2）若两根相邻的钢筋接头中距小于500mm，或绑扎接头中距在绑扎搭接长度以内，均作为同一截面处理。

3）施工过程中，难以区分受拉或受压区时，按受拉区处理。

图10-24　电渣压力焊

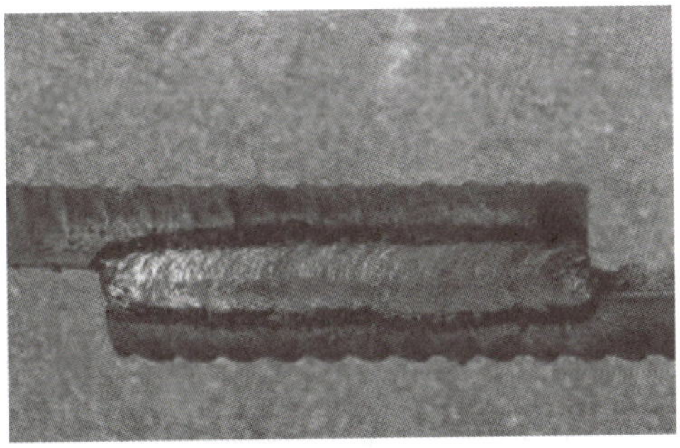

图10-25　搭接焊

4）焊接与绑扎接头距钢筋弯起点不小于10倍钢筋直径，也不应位于最大弯矩处。

（2）检查依据：《水工混凝土施工规范》（SL 677—2014）第4.4.1条规定了钢筋接头的基本要求；第4.4.5条规定了绑扎接头基本要求、第4.4.8条规定了钢筋接头分部布置要求。

5. 检查要点5：钢筋安装技术要点

（1）要点解读：钢筋安装时应重点控制安装位置、间距、保护层厚度等，应满足设计要求。

钢筋网中钢筋交叉点连接应按设计要求进行，若无要求，板内双向受力钢筋网，应将全部交叉点扎牢。柱与梁的钢筋，其主筋与箍筋的交叉点，在拐角处应全部扎牢，其余可每隔一个进行扎结。

为保证钢筋保护层厚度满足设计要求，应在钢筋与模板之间设置强度不低于设计强度的混凝土垫块。此外，钢筋安装前应设架立筋，直径不小于22mm，以保证足够的刚性和稳定性。

（2）检查依据：《水工混凝土施工规范》（SL 677—2014）第4.5.1条规定了钢筋安装允许偏差；第4.5.2条规定了钢筋网钢筋交叉连接要求；第4.5.5条规定了为保证钢筋保护层厚度采取的工程措施。

三、试验与检测

（一）工艺性试验

钢筋焊接试验：主要测试钢筋焊接后抗拉强度是否满足要求。焊接拉伸试验一组需3个试件，长度与焊接方式有关。

（1）闪光对焊。试验结果均大于该级钢筋抗拉强度，且断裂在焊缝及热影响区以外为合格。

（2）手工电弧焊。3个接头抗拉强度均不应小于该级钢筋的抗拉强度，且至少有2个试件断于焊缝外，并呈延性断裂。

（3）气压焊。3个接头抗拉强度均不应小于该级钢筋的抗拉强度，且塑性断裂。若有1个不符合要求，应切取6个试件进行复检。若仍有1个不符合要求，则该批试件不合格。

（二）质量检测

1. 钢筋拉伸试验

检测指标包括屈服强度、抗拉强度、断后伸长率等。拉伸试验需2根钢筋，长度不小于50cm，如图10-26所示。

检测频率：钢筋应按不同等级、牌号、规格及生产厂家分批验收。以同一炉（批）号、同一截面尺寸的钢筋为一批，每批重量不大于60t。

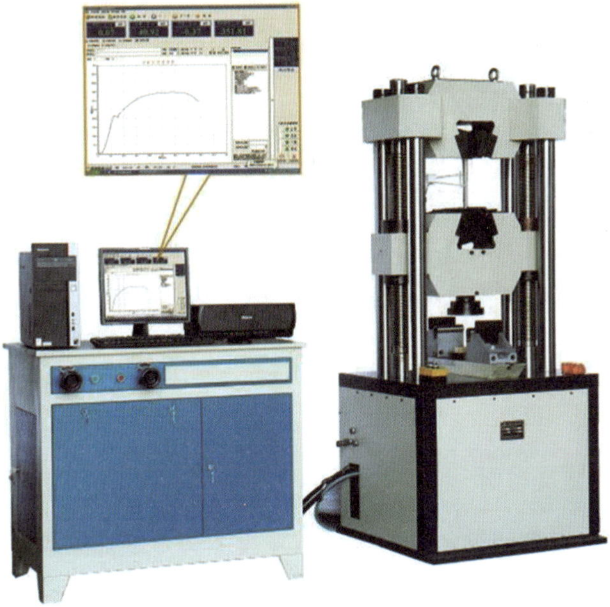

图 10-26　钢筋拉伸试验

2. 钢筋弯曲试验

弯曲性能检测需 2 根钢筋，长度应根据钢筋直径和使用设备确定。弯曲性能合格标准为弯曲部位表面不得产生裂纹。

钢筋弯曲性能试验抽样频次应按不同等级、牌号、规格及生产厂家分批验收。以同一炉（批）号、同一截面尺寸的钢筋为一批，每批重量不大于 60t。

3. 钢筋重量偏差

“瘦身钢筋”是施工现场常见的一种现象，监督检查中应予高度关注。新修订的规范《钢筋混凝土用钢　第 2 部分：热轧带肋钢筋》（GB/T 1499.2—2018）对重量偏差提高了要求，第 9.3.5 条明确规定重量偏差不合格的产品不允许复检。

检测钢筋重量偏差时取样钢筋应不少于 5 根，长度不小于 50cm。钢筋应按不同等级、牌号、规格及生产厂家分批验收。以同一炉（批）号、同一截面尺寸的钢筋为一批，每批重量不大于 60t。

4. 钢筋保护层厚度

混凝土保护层是指混凝土构件中，起到保护钢筋避免钢筋直接裸露的那一部分混凝土。保护层最小厚度的规定是为了使混凝土结构构件满足耐久性要求

图 10－27　钢筋保护层厚度和间距测量

和对受力钢筋有效锚固的要求。但过大的保护层厚度会使构件受力后产生的裂缝宽度过大，就会影响其使用性能。钢筋保护层厚度检测可采用无损检测方法，如图 10－27 所示。

根据《水利水电工程单元工程施工质量验收评定标准——混凝土工程》（SL 632—2012）相关条款，钢筋混凝土保护层厚度合格标准为局部偏差不超过±1/4 净保护层厚度，合格率不应小于 70%。

四、典型问题及案例

典型问题：钢筋保护层厚度不满足设计要求

钢筋保护层厚度不足在水利工程施工中属于常见问题，主要原因还是施工人员认识不到位、思想上不重视。施工放样定位不准确、未设置混凝土垫块、钢筋位置固定不牢、混凝土振捣造成钢筋移位等，都可能造成钢筋保护层偏大或偏小，对耐久性、使用功能造成实质性影响。

【案例】 监督检查发现，某小型水闸工程钢筋保护层厚度局部严重不足，已影响上部结构施工，详见图 10－28。

（1）原因分析：钢筋铺设时没有采取有效措施固定钢筋，在振捣过程中造成钢筋移位，从而使保护层厚度产生偏差。

（2）处理过程：因下部钢筋移位，已对上部结构混凝土施工造成实质性影响，根据设计单位建议，项目法人要求施工单位返工处理。同时在后期施工中，施工单位加强了钢筋保护层的技术交底，在钢筋与模板之间设置混凝土垫块；避免混凝土振捣对钢筋影响。返工造成的震慑效果明显，施工单位在后期施工未发现钢筋保护层厚度质量缺陷。

图 10－28　钢筋保护层厚度偏小

第四节　止水及预埋件

一、施工概述

1. 定义

水利工程常用止水材料是止水条、止水带和止水铜片等，混凝土接缝位置属于防水混凝土防水的薄弱环节，增加止水材料后，止水材料起到了切断水渗透路径的作用。预埋件是指预先安装（埋藏）在隐蔽工程内的构件，一般在混凝土浇筑前埋设完成。水工混凝土中，预埋件主要包括止水设施、排水设施、预埋件、管路等。

2. 分类

本节所指止水材料主要指埋入式搭接型止水，如 PVC 止水带、止水铜片和橡胶止水带等，如图 10－29 所示。

（a）PVC止水带　　（b）止水铜片

（c）橡胶止水带

图 10－29　水工常见止水材料

3. 应用场景

止水材料应用于承受水压的永久缝，其他预埋件用于结构内部排水管、预埋铁件等，大坝、水闸、泵站等工程中应用较多。

二、监督检查要点

1. 检查要点1：止水材料连接与安装

（1）要点解读：止水材料进场前应提供厂家的出厂合格证和性能检测报告。使用前按一定比例进行抽样检测，合格后方可用于工程。

止水材料连接技术要点：①金属止水片连接宜采用搭接双面焊，搭接长度不小于20mm；②橡胶止水片连接宜采用硫化热连接；③塑料止水带连接宜采用搭接双面焊接，搭接长度不小于10cm；④金属止水片与非金属止水片连接，宜采用螺栓拴接法，搭接长度不小于35cm；⑤十字形、T形等异形接头，宜在工厂内预制；⑥接头质量检查。接头表面光滑、无砂眼或裂纹。工厂加工的接头应按20%比例抽查质量；现场焊接接头，应逐个检查外观和渗透性能，必要时应检查连接强度。

止水材料安装技术要点：①止水片应与混凝土接缝面垂直，中心线与接缝中心线允许偏差±5mm；②靠近止水片的混凝土应剔除粒径大于40mm的骨料，止水片周边混凝土应振捣密实；③水平止水片上下50cm范围内不宜设置水平施工缝；④止水基座应按建基面标准进行验收。基座混凝土抗压强度达到10MPa后，方可浇筑上部混凝土。

（2）检查依据：《水工混凝土施工规范》（SL 677—2014）第10.2.1条规定了止水材料使用前检验资料、第10.2.3条规定了止水材料连接与质量检查要求、第10.2.4条规定了止水材料安装要求、第10.2.5条规定了止水基座施工要求。

2. 检查要点2：排水孔设置

（1）要点解读：排水孔的孔口装置和排水管的接头应按设计要求加工安装，并进行防锈处理。孔口装置、接头和与基岩面的接触处应密合，连接前应将管道内清除干净，保证通畅。

坝基排水孔施工应在相邻30m范围内的帷幕灌浆施工完毕后进行。坝体排水孔宜采用拔管法造孔，拔管时间通过试验确定。

（2）检查依据：《水工混凝土施工规范》（SL 677—2014）第10.3.2条规定了基岩排水孔允许偏差；第10.3.4条规定了排水孔孔口装置和排水管接头安装要求、第10.3.5条规定了拔管法造孔注意事项。

3. 检查要点3：预埋铁件埋设

（1）要点解读：预埋铁件应按图加工，分类堆放。埋设前，应将表面的锈皮、油漆、油污等清除干净。预埋铁件的高程、方位、埋入深度及外露深度应符合设计和规范要求。对于埋设精度要求高的铁件，可采用样板固定或预留二期混凝土的方法。各种预埋铁件应待混凝土达到设计要求的强度，并经验收合格后启用。

（2）检查依据：《水工混凝土施工规范》（SL 677—2014）第 10.4.1 条规定了预埋铁件埋设基本要求；第 10.4.2 条规定了预埋铁件安装过程中注意事项。

4. 检查要点 4：锚筋及注浆

（1）要点解读：锚固在岩基或混凝土上的锚筋应符合以下要求：①钻孔位置允许偏差：柱的锚筋不大于 20mm；钢筋网的锚筋不大于 50mm。②钻孔底部的孔径以锚筋直径＋20mm 为宜。③钻孔深度不应浅于设计孔深，外露锚筋长度应符合设计要求。④钻孔的倾斜度与设计轴线的偏差在全孔深度范围内不应超过 5%。⑤注浆后不应晃动，待孔内强度大于 2.5MPa 后方可进行下道工序施工。

（2）检查依据：《水工混凝土施工规范》（SL 677—2014）第 10.4.3 条。

5. 检查要点 5：管路埋设及通畅性

（1）要点解读：埋设的管路应符合设计要求，管道通畅，表面无锈皮、油渍等。管道接头应牢固，不漏水、不漏气，宜选用丝扣连接。安装应牢固可靠，经过伸缩缝的管道，应设置伸缩节或过缝处理。管道管口有设置识别标志，管口宜露出模板外 30～50cm。管路安装完毕后，应进行通水或通气检查。发现漏水或漏气情况，应及时处理。

（2）检查依据：《水工混凝土施工规范》（SL 677—2014）第 10.5.1 条规定了管路埋设基本要求；第 10.5.2 条规定了管道接头基本要求；第 10.5.5 条规定了管路安装完毕后通畅性检查要求。

三、试验与检测

止水铜片物理性能检测项目主要包括抗拉强度、断后伸长率、厚度等。橡胶止水带胶料的物理性能检测项目主要包括硬度、拉伸强度、撕裂度、扯断伸长率、压缩较久变形、脆性温度、热空气老化、臭氧老化、橡胶与金属的黏合等。

四、典型问题及案例

典型问题：止水铜片撕裂，或焊接裂纹

加工过程中，由于机械问题，导致铜片受力不均发生长度不等的开裂，有横向部分撕裂或贯通断裂，有纵向撕裂，有铜鼻开裂。焊接时，在焊缝和近缝区内产生的裂纹，其中最常见的是热裂纹。止水铜片常见问题如图 10 - 30 所示。

【案例】 某面板堆石坝工程，其混凝土趾板、防渗墙连接、左右岸墙等部位采用铜片止水。止水铜片现场以自动压制机加工为主。监督检查发现，止水铜片不同程度存在铜鼻挤压、焊接裂纹等问题。

(a) 铜鼻挤压　　(b) 焊接裂纹

图 10-30　止水铜片常见问题

(1) 原因分析：铜片本身材质问题，变形累积逐渐增加导致隔段发生拉伸或挤压；自动压制机在分段加工中，端头施力过大所致；焊工操作不规范，焊缝中存有杂质，形成应力拉伸。

(2) 处理过程：落实对止水铜片加工人员技术交底，促其规范操作。对已出现的问题做针对性整改，对横向撕裂的铜片止水，根据撕裂长度考虑其是否具有可焊性决定是否报废；纵向撕裂由于长度大且无法弥补，需报废处理。对铜鼻拉伸严重部位切除处理，一般挤压变形则加热软化后进行拉展。同时，加强止水铜片渗水试验抽样检测，合格后方可用于工程。处理后止水铜片满足设计要求，起到止水效果。

第五节　混凝土浇筑及养护

一、施工概述

1. 定义

混凝土浇筑指的是将混凝土浇筑入模直至塑化的过程。混凝土养护是人为造成一定的湿度和温度条件，使混凝土硬化过程中有足够的水分和适宜的温度，从而保证混凝土各项性能指标达到设计和规范的要求。

2. 分类

水工混凝土按浇筑方式分为现浇混凝土和预制混凝土，现浇混凝土在施工现场支模浇筑，预制混凝土则一般在预制厂或别处浇制而非在最后的施工现场。水工混凝土浇筑后，其养护方式包括洒水养护、覆膜养护、养护剂养护、蒸气养护等。

3. 应用场景

混凝土经拌和、运输至现场后即可进行浇筑作业，大致可分为基面处理、浇筑仓面设计及准备、入仓混凝土料检查、平仓分层、振捣、养护、脱模等环节。混凝土浇筑时，浇筑设备能力应与浇筑强度相适应，确保混凝土浇筑连续性。养护是保证混凝土实体质量十分关键的一个环节，混凝土振捣完成后应及时养护，保持表面湿润，连续养护时间应满足设计和规范要求。

二、监督检查要点

1. 检查要点1：混凝土浇筑前基面处理

（1）要点解读：混凝土浇筑前应完成结构物基础验收且达到合格标准。对于岩基，仓面应冲洗干净并排净积水；如有承压水应采用可靠的处理措施。浇筑前应保持岩基洁净和湿润。对于软基或易风化的岩基，仓面准备时应避免基础扰动或破坏。非黏性土基，应浸润15cm以上，保证充分的湿度。对于湿陷性黄土等特殊地基，应进行专门处理措施。

（2）检查依据：《水工混凝土施工规范》（SL 677—2014）第7.4.1条规定了混凝土仓面准备工作；第7.4.2条规定了岩基处理要求、第7.4.3条规定了软基处理要求。

2. 检查要点2：混凝土开仓前检查

（1）要点解读：混凝土浇筑前应做好仓面设计并检查相关准备工作，包括地基处理、缝面处理、模板架设、钢筋铺装、预埋件及止水设施等是否符合设计要求。仓面检查合格后，应及时开仓浇筑混凝土，开仓时间延后超过24h且仓面污染时，应重新对仓面进行检查验收。基岩面和混凝土第一仓混凝土之间宜先铺设2～3cm厚的水泥砂浆，或同等强度的小级配混凝土或富砂浆混凝土作为垫层。

（2）检查依据：《水工混凝土施工规范》（SL 677—2014）第7.4.4条规定了仓面设计及检查工作；第7.4.5条规定了混凝土开仓基本要求；第7.4.6条规定了浇筑第一坯混凝土前注意事项。

3. 检查要点3：混凝土浇筑技术要点

（1）要点解读：混凝土浇筑可采用平铺法或台阶法。平铺法浇筑应按一定厚度、次序、方向，分层进行，且浇筑层面应保持平整。台阶法施工的台阶宽度和高度应根据入仓强度、振捣能力等综合确定，台阶宽度不应小于2m。浇筑管道、竖井、孔道、廊道等周边混凝土时，应对称均匀上升。

浇筑过程中，严禁在仓内加水。仓内泌水应及时排除；避免外来水进入仓内。混凝土振捣时间以粗骨料不再显著下沉、开始泛浆为准，防止欠振、漏振或过振。混凝土浇筑应保持连续性，因故中断且超过允许间隙时间，但混凝土尚能重塑者，可继续浇筑，否则应按施工缝处理。

出现下列情况之一者，应停止浇筑：①混凝土初凝并超过允许面积；②混凝土平均浇筑温度超过允许值，并在1h内无法调整至允许温度范围。

出现下列情形之一者，应予挖除仓内混凝土料：①《水工混凝土施工规范》（SL 677—2014）第7.2.10条中规定的不合格料。②低等级混凝土料混入高等级混凝土浇筑部位。③混凝土无法振捣密实或对结构物带来不利影响的级配错误料。④未及时平仓振捣且已经初凝的混凝土料。⑤长时间不凝固的混凝土料。

（2）检查依据：《水工混凝土施工规范》（SL 677—2014）第7.4.7条规定了混凝土浇筑方法；第7.4.10条规定了浇筑过程中水如何处理的情况；第7.4.12条规定了混凝土浇筑间歇时间要求；第7.4.13条规定了混凝土振捣基本要求；第7.4.17条规定了混凝土停止浇筑的情况；第7.4.18条规定了混凝土应当挖除的情况。

4. 检查要点4：混凝土施工缝处理

（1）要点解读：施工缝处理应满足以下要求：①混凝土收仓面浇筑平整，抗压强度未达到2.5MPa前，不应进行下个仓面的准备工作。②混凝土表面毛面处理时间通过试验确定。毛面处理可采用高压水冲毛机，或低压水、风砂枪、刷毛机及人工凿毛机等。③混凝土施工缝缝面无乳皮，微露粗砂，有特殊要求的部位微露小石。

（2）检查依据：《水工混凝土施工规范》（SL 677—2014）第7.4.19条规定了混凝土施工缝处理要求。

5. 检查要点5：混凝土养护

（1）要点解读：混凝土浇筑完毕初凝前，应避免仓面积水、阳光暴晒。初凝后可采用洒水或流水等方式养护。养护应连续进行，养护期间混凝土表面及所有侧面始终保持湿润。养护时间按设计要求执行，不宜少于28d。对重要部位和利用后期强度的混凝土以及其他特殊要求的部位应延长养护时间。

（2）检查依据：《水工混凝土施工规范》（SL 677—2014）第7.5.1条规定了混凝土养护要求；第7.5.3条规定了养护时间要求。

6. 检查要点6：模板拆除时限

（1）要点解读：现浇混凝土模板拆除期限应满足下列规定：①不承重的侧面模板，混凝土强度达到2.5MPa以上，保证其表面及棱角不因拆模而损坏时，方可拆除。②承重模板，混凝土抗压强度达到混凝土设计强度标准值的百分率：悬臂板、梁，跨度≤2m，75%；跨度>2m，100%。其他梁、板、拱，跨度≤2m，50%；2m<跨度≤8m，75%；跨度>8m，100%，见表10-2。

表 10－2　　现浇混凝土模板拆除期限规定

项目	跨度/m	混凝土强度
不承重的侧面模板		混凝土强度达到 2.5MPa 以上
悬臂板、梁	≤2	达到混凝土设计强度的 75%
	>2	达到混凝土设计强度的 100%
其他梁、板、拱	≤2	达到混凝土设计强度的 50%
	2～8（含）	达到混凝土设计强度的 75%
	8	达到混凝土设计强度的 100%

拆模的顺序可采取先支的后拆、后支的先拆，先拆非承重模板、后拆承重模板，并应从上而下进行拆除。

(2) 检查依据：《水工混凝土施工规范》（SL 677—2014）第 3.6.1 条规定了模板拆除期限要求。

三、试验与检测

1. 混凝土抗压强度（回弹法）

回弹法是检测混凝土构件抗压强度最常用的一种方法，如图 10－31 所示，属于无损检测方法。一个混凝土构件测区不少于 10 个，每个测区布置 16 个测点。测试面应清洁、平整、干燥，测点应避开气孔或外露石子。宜选择侧面、水平方向进行测试，当为表面或底面或角度不标准时，应根据规范对回弹值进行相应修正。另外，尚需对混凝土碳化深度进行测试，根据碳化深度值对混凝土强度进行修正。

2. 混凝土抗压强度（取芯法）

取芯检测抗压强度较为普遍，其检测精度较回弹法要高。一般一组为 3 个圆柱芯样，直径一般不小于骨料最大粒径的 3 倍，最低应大于 2 倍。长径比为 1.0。试验前应对芯样尺寸进行测量。在试件侧面不同位置测量长度 2 次，精确至 1mm，取平均值作为长度值；试件中部量测直径 2 次（2 次测量方向垂直），精确至 1mm，取平均值作为直径值。以 3 个试件测试结果平均值作为试验结果。取芯法如图 10－32 所示。

图 10－31　利用回弹法检测混凝土强度

图 10－32　取芯法检测混凝土强度

四、典型问题及案例

典型问题：混凝土蜂窝、麻面

【案例】 在对某工程监督检查中发现，其混凝土墩墙均不同程度存在蜂窝、麻面、接缝错位等质量问题，如图 10－33 所示。

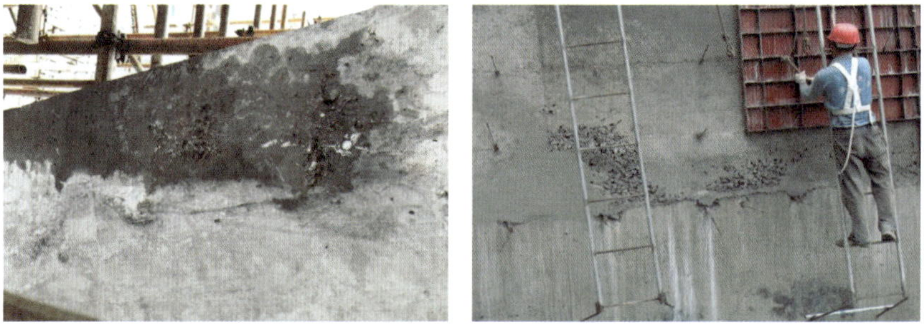

图 10－33　典型混凝土质量问题

（1）原因分析：施工缝处模板未有效固定；混凝土振捣不及时、不密实；拆模过早。

（2）处理过程：缺陷部位较小时，用钢丝刷刷净，清水冲刷充分湿润后，用 1∶2 的水泥砂浆抹补齐正。缺陷部位较大时，将不实的混凝土和突出的骨料颗粒凿除，用水冲刷干净湿透，然后支模用高一等级的微膨胀细石混凝土补好，并认真养护。处理后效果良好，未再发现异常情况。

本　章　小　结

混凝土是一种典型的多相复合材料，从原材料开始，需经过拌和、运输、浇筑、振捣、养护等多个环节，才能形成最终实体结构，因此，最终的混凝土质量与上述几个环节密切相关，每个环节均应加强控制。本章将商品混凝土单独作为一节，主要为了适应当前浙江省水利工程建设项目普遍采取商品混凝土的情况，商品混凝土由专业生产厂商负责，有出厂合格证，但商品混凝土特点并不能完全适应水工混凝土施工的需要。因此，需要质量监督人员重点关注，加强监管。

第十一章　地基处理及基础工程质量监督要点

一般来讲，将水工建筑物地面以下的承重结构称为基础，将水工建筑物基础下面承受上部全部荷载的土体或岩体称为地基。为了上部建筑的结构安全，地基与基础需满足承载力、变形、稳定的要求。本章主要介绍水利工程施工中最常见的灌注桩、水泥搅拌桩、防渗墙、灌浆工程、高压喷射灌浆等地基处理及基础工程。

第一节　灌　注　桩

一、施工概述

1. 定义

灌注桩是在自然基础上用机械或人工进行成孔，用混凝土或钢筋混凝土充填以加固地基，达到提高基础承载力或起到防止冲刷的作用。

2. 分类

灌注桩按受力形式和成孔方式分类如图 11－1 和图 11－2 所示。

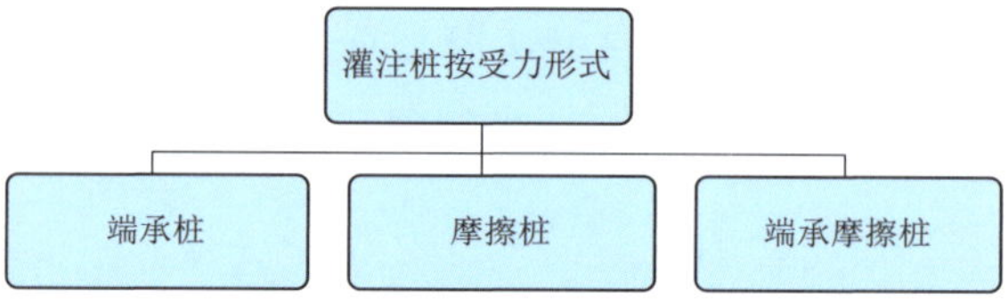

图 11－1　灌注桩按受力形式分类

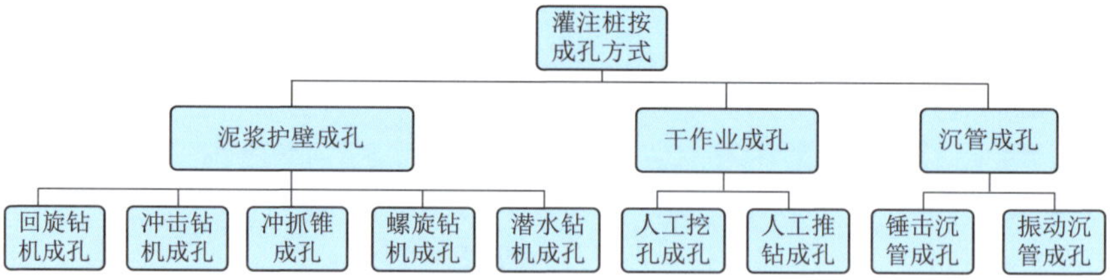

图 11－2　灌注桩按成孔方式分类

3. 应用场景

灌注桩在水利工程基础处理中较为常见，广泛应用于水闸、泵站、桥梁等水工建筑物基础以提高承载力；应用于深基坑开挖的四周围护以防止基坑坍塌；应用于河海堤防的迎水面以防水流冲刷等。工程实践中因人工挖孔施工效率低，安全隐患较大，实践中采用较少。本节以混凝土钻孔灌注桩为例，阐述其监督检查的技术要点。其施工工艺如图 11－3 所示。

图 11－3　混凝土钻孔灌注桩施工工艺

二、监督检查要点

1. 检查要点 1：钻孔护筒的埋设要求

（1）要点解读：护筒的作用是控制桩位，导正钻具，增高桩孔内水压力。因此，护筒埋置应稳定，顶端应高出地面 30cm 以上；黏土中埋设深度不宜小于 1.0m，砂土中埋设深度不宜小于 1.5m，护筒与坑壁之间应分层回填黏性土并对称夯实。

（2）检查依据：《水闸施工规范》（SL 27—2014）第 6.4.2 条。

2. 检查要点 2：灌注桩成孔质量

（1）要点解读：灌注桩的孔位、孔径、孔深、垂直度是钻孔质量的基本要求，孔深更是关系承载力的主要因素。在施工现场，监督人员可通过查阅相关施工记录，或现场量测，检查成孔质量。

1）了解孔位偏差，单排桩<100mm，群桩<150mm。

2）通过测绳或量钻杆测量孔深。

3）通过孔口直径或钻头直径查验孔径，孔径偏差<50mm。

4）查验端承桩终孔是否由设计地质工程师签字确认。

（2）检查依据：《水闸施工规范》（SL 27—2014）第 6.4.6 条。

3. 检查要点 3：灌注桩清孔质量

（1）要点解读：清孔的目的是清除孔底沉渣，减少泥浆浮渣，降低泥浆比重，使混凝土与桩底紧密接触，清孔的好坏直接关系桩身的竖向承载力和桩身混凝土质量。可通过以下方式检查清孔质量。

1）用测锤或沉渣仪检查沉渣厚度，一般端承桩<50mm，摩擦型桩<100mm，抗拔抗水平力桩<200mm。

2）用比重计检测孔底 50cm 以内的泥浆密度，泥浆密度<1.25g/cm^3。

3）检查泥浆制备和使用有否污染环境。清孔验收合格后，应立即灌注混凝土。若无法及时浇筑混凝土时，应根据钻孔地质情况，适当提高泥浆密度以防塌孔，在灌注混凝土前重新验收清孔。

（2）检查依据：《水闸施工规范》（SL 27—2014）第 6.4.6 条。

4. 检查要点 4：钢筋笼制作安装

（1）要点解读：钢筋笼是指灌注桩基础的圆柱形钢筋骨架，钢筋笼由竖向钢筋和箍筋组成，环形箍筋绕骨架均匀缠绕，上下及中间有加强箍筋。通常灌注桩中的箍筋用来抗剪，纵筋用来抗弯或抗拉。钢筋笼加强箍筋焊接如图 11－4 所示。

1）分段制作钢筋笼时，其接头建议采用焊接或机械连接。

2）钢筋笼保护层的环形垫块应穿设在加强箍筋上，加强箍筋宜在主筋外侧与主筋焊接。

3）钢筋笼安放要避免碰撞孔壁，钢筋笼的顶端必须固定，以避免移动或上浮。

（2）检查依据：《水闸施工规范》（SL 27—2014）第 7.3.4 条、第 6.4.9 条明确了钢筋笼制作的允许偏差、焊接、固定及保护层的质量要求。

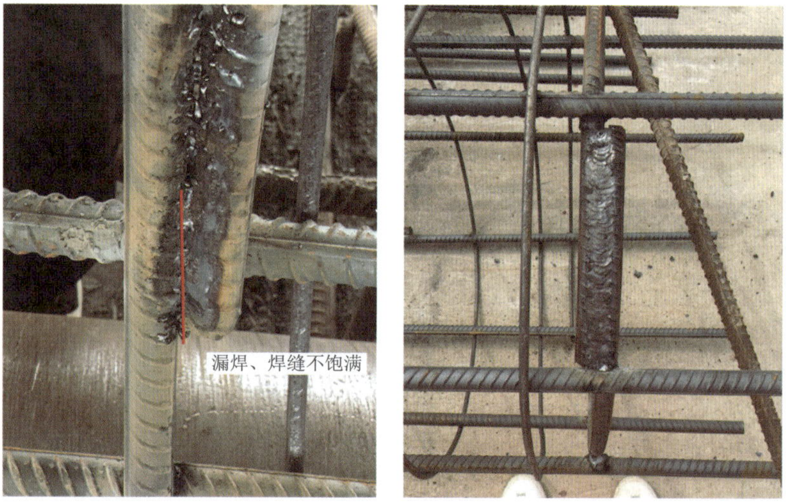

图 11－4　钢筋笼加强箍筋焊接

5. 检查要点 5：混凝土灌注质量

（1）要点解读：与普通混凝土相比，灌注桩混凝土多为水下混凝土，施工质量影响因素多，如工艺不当，很容易造成强度不足、卡管、断桩等问题，因此，灌注桩混凝土浇筑监理人员应旁站监督。整个混凝土浇筑过程应连续进行，不得中断。桩径大于 1.0m 或混凝土方量超过 $25m^3$ 的单桩，应留置一组试块；其他情况至少按每个灌注台班留置一组试块。混凝土浇筑工艺控制标准见表 11－1。

（2）检查依据：《水闸施工规范》（SL 27—2014）第6.4.13条、第6.4.14条分别从灌注桩水下混凝土配制、施工工艺明确了技术标准。

表11-1　混凝土浇筑工艺控制标准

检查内容	质量要求	检查方法
导管埋深	≥2m，且不大于5m	测绳量测
混凝土上升速度	≥2m/h，或符合设计要求	测绳量测
混凝土坍落度	18～22cm	坍落度筒及钢尺量测
浇筑最终高度	高出设计高程0.5～0.8m	水准仪量测
充盈系数	>1，一般土质可为1.1， 软土可为1.2～1.3	检查实际灌注量

三、试验与检测

（一）工艺性试验

灌注桩试桩：试桩是灌注桩施工前必不可少的环节，施工单位应编制灌注桩工艺试验方案，经监理批准后实施。试验桩的目的是验证施工机械的适用性，验证持力层的深度与地质报告的一致性，必要时验证单桩承载力。试验桩的孔位应选在与工程桩地质基本相同的地段，当施工有一定经验时，也可在工程桩桩位进行。试验桩数量应结合设计要求、成孔设备类型、地质复杂程度等决定。通过试桩，主要掌握以下情况：

（1）护壁泥浆密度、黏度、含砂量等指标及钻进、坍孔情况。

（2）钻孔进入持力层的深度与地质资料是否相符，当进入岩基时需得出每小时在岩基中能钻进的深度以及岩屑情况，以便正式施工时参照。

（3）钻机及混凝土灌注设备的适用情况。

（4）通过静载荷试验，获取试验桩的单桩承载力值。

试桩结束后，要编制工艺试验报告，工艺试验报告应包括：试验地点、试验设备、起止时间、所使用的施工参数；试桩过程中遇到的问题及解决方法；对试验的结论及对后续规模化施工的建议等。试桩报告应附有设计指标要求的质量检测报告。

（二）工程质量检测

除对灌注桩混凝土原材料质量指标按设计及规范要求进行复验外，混凝土灌注桩的成桩质量需通过桩身完整性、桩体抗压强度及承载力等质量指标来验证。

1. 桩基检测方法与内容

（1）桩基检测方法。常见桩基检测项目及方法如图11-5所示。

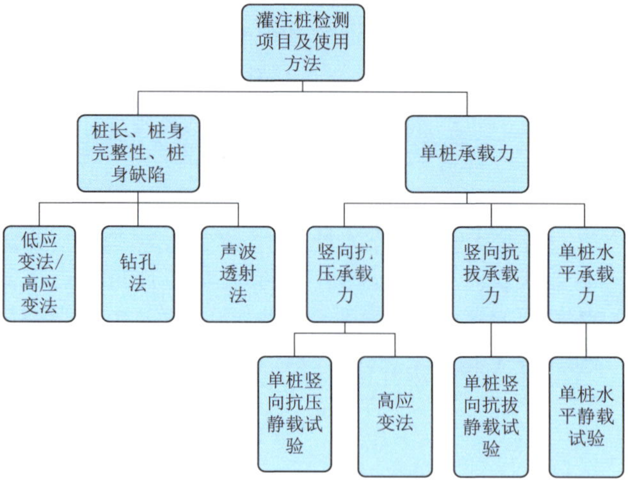

图 11-5　桩基检测项目及方法

（2）桩基检测内容见表 11-2。

表 11-2　　基桩检测内容

序号	检测方法	检测内容
1	低应变法	检测桩体缺陷及其位置，判定桩身完整性类别
2	声波透射法	检测灌注桩桩体缺陷及其位置，判定桩身完整性类别
3	钻芯法	检测灌注桩桩长、桩体混凝土强度、桩底沉渣厚度，判定或鉴别桩端持力层岩土性状，判定桩身完整性类别
4	高应变法	判定单桩竖向抗压承载力是否满足设计要求； 检测桩体缺陷及其位置，判定桩身完整性类别； 分析桩侧和桩端土阻力；进行打桩过程监控
5	单桩竖向抗压静载试验	确定单柱竖向抗压极限承载力； 判定竖向抗压承载力是否满足设计要求； 通过桩身应变、位移测试，测定桩侧、桩端阻力，验证高应变法的单桩竖向抗压承载力检测结果
6	单桩竖向抗拔静载试验	确定单桩竖向抗拔极限承载力； 判定竖向抗拔承载力是否满足设计要求； 通过桩身应变、位移测试，测定桩的抗拔侧阻力
7	单桩水平静载试验	确定单桩水平临界荷载和极限承载力，推定土抗力参数； 判定水平承载力或水平位移是否满足设计要求； 通过桩身应变、位移测试，测定桩身弯矩

2. 桩基检测顺序及数量

(1) 桩基检测顺序。检测时，应将基坑开挖至基底标高，凿除桩头，先进行桩身完整性检测，后进行承载力检测。顺序如图 11－6 所示。

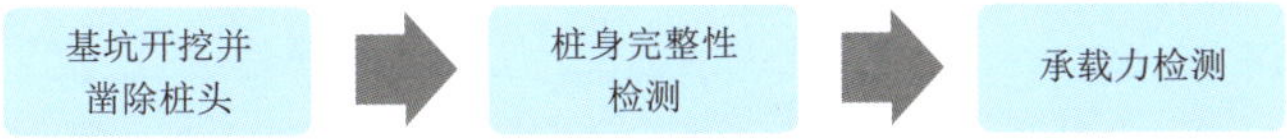

图 11－6　桩基检测顺序

(2) 桩基检测数量。基桩检测频次及数量应按设计要求进行，设计无规定时，可根据《建筑基桩检测技术规范》(JGJ 106—2014) 的有关规定，按表 11－3执行。

表 11－3　基桩检测数量要求

检测项目	检测数量
单桩竖向抗压承载力	建筑桩基设计等级为甲级，或地基条件复杂、成桩质量可靠性较低的灌注桩工程，检测不应少于同一条件下桩基分项工程总桩数的 1%，且不应少于 3 根；当总桩数小于 50 根时，检测数量不应少于 2 根
桩身完整性	建筑桩基设计等级为甲级，或地基条件复杂、成桩质量可靠性较低的灌注桩工程，检测数量不应少于总桩数的 30%，且不应少于 20 根；其他桩基工程，检测数量不应少于总桩数的 20%，且不应少于 10 根
抗拔或抗水平力	同单桩竖向抗压承载力检测

3. 成桩质量评价

(1) 桩身完整性检测结果评价见表 11－3。

(2) 单桩承载力检测应得出受检桩的承载力检测值，做出单桩承载力是否满足设计要求的符合性结论。

四、典型问题及案例

典型问题：钻孔深度未进入持力层

钻孔深度未进入持力层，主要原因是施工单位对设计意图理解不到位，未认真熟悉施工图纸，将桩长作为钻孔灌注桩的唯一终孔标准，导致钻孔深度不足，对上部结构质量产生严重隐患。施工图纸一般会标准钻孔灌注桩的桩长，但对端承桩或摩擦端承桩，设计单位会明确将桩头进入持力层或入岩一定深度作为终孔标准。因此，钻孔灌注桩一般被列入重要隐蔽单元工程，需进入持力层（入岩）要求的桩基，一般应由设计地质工程师现场确认，并留置验收影像资料，由项目法人组织有关各方联合验收签证。

【案例】 某小型水闸工程，涉及闸室基础 D800 钻孔灌注桩 12 根，排距 3m，孔距 3m，桩顶高程－2.82m，桩底高程－32.45m。设计要求灌注桩桩底伸入 V2 粉土层必须大于 1m，由地质工程师鉴定确认后，桩底高程可根据实际地质情况做适当调整。

监督检查发现，重要隐蔽单元工程签证单中未明确桩头是否进入 V2 粉土层 1m 以上，设计单位有关人员亦未签字。经核实，闸室基础 D800 灌注桩桩底离 V2 粉土层仍有 1.2m。

（1）原因分析：施工单位未注意到设计要求灌注桩桩底伸入 V2 粉土层必须大于 1m 的要求，施工时未及时报请设计地质工程师确认，导致闸室基础 D800 灌注桩桩底离 V2 粉土层仍有 1.2m。

（2）处理过程：经设计单位复核，提出在闸两侧闸墩位置各增加 3 根 D800 钻孔灌注桩的补强方案，并于 2017 年 7 月 6 日经各参建方专题会议确认。施工项目部组织了专题施工技术交底，补强方案于 2017 年 8 月 9 日完成施工，经检测，桩身完整性检测均为Ⅰ类桩。2017 年 9 月，项目法人按有关规定办理了质量缺陷备案手续。

第二节 水泥搅拌桩

一、施工概述

1. 定义

水泥搅拌桩是利用深层搅拌桩机把水泥、掺加料等喷入软弱层深部，通过机械搅拌，使固化剂与软土充分拌和，使之硬结成水泥土。利用这种水泥土进行加固地基、防渗处理。

2. 分类

水泥搅拌桩按工作性质、使用机械、掺入材料进行分类如图 11－7 所示。

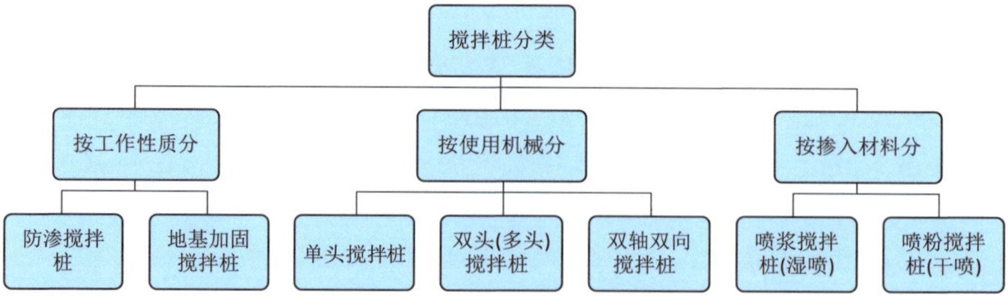

图 11－7 水泥搅拌桩分类图

3. 应用场景

水泥搅拌桩被广泛应用在堤防防渗处理、水闸、泵站的基础防渗处理和地基加固处理。根据 GB/T 51033—2014《水利泵站施工及验收规范》，水泥搅拌桩的适用土层情况见表 11－4。

表 11－4　　水泥搅拌桩适用土层情况表

土层情况	适用情况
对正常固结的淤泥、淤泥质土、粉土、饱和松散砂土、饱和黄土和素填土等承载力小于 70kPa 的地基处理	宜采用搅拌桩法，湿法桩长 20m 内，干法桩长 15m 内
泥炭土、塑性指数大于 25 的黏土或地下水具有腐蚀性时	应通过试验确定其适用性
地下水的 pH 值小于 4 或硫酸盐含量超过 1% 的软土	不宜采用干法，湿法应经过凝固试验后，确定采用抗硫酸盐水泥加固地基的适用性

本节以湿喷水泥浆搅拌桩为例，阐述其质量监督检查的技术要点。其主要施工工艺流程如图 11－8 所示。

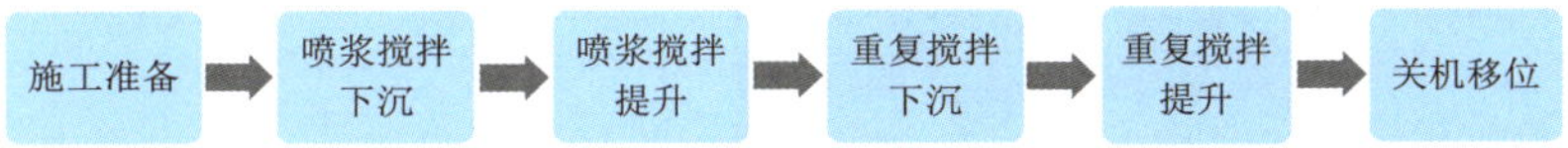

图 11－8　水泥搅拌桩施工工艺流程图

二、监督检查要点

1. 检查要点 1：搅拌桩机具技术要求

（1）要点解读：搅拌桩机的质量是决定深层搅拌质量的重要一环，搅拌桩机具至少要具备：桩架稳固，钻杆长度大于设计桩长；搅拌头叶片长度与设计桩径的误差要小于 10mm；输浆泵的出浆口压力应在 0.4MPa 以上；配备有搅拌桩监测仪，能自动记录施工时间、桩长、水泥浆用量及各深度的喷浆量。

（2）检查依据：《水闸施工规范》（SL 27—2014）第 6.6.4 条。

2. 检查要点 2：搅拌桩孔位、桩深、桩垂直度

（1）要点解读：水泥搅拌桩的桩位、桩深、垂直度是搅拌桩施工的基本要求，特别是作为防渗的搅拌桩其与防渗效果的关系更加密切，在施工现场，防渗搅拌桩宜先按桩位轴线开挖出一条导向槽，既可便于桩位控制，观察成桩时表面浆体隆起的多少，又可防止泥浆流淌污染。监督人员可通过现场量测或查阅相关施工记录，检查成桩情况。

1）检查孔位偏差，防渗墙时现场量测连续10个桩位的长度，看是否与设计要求相符。要求孔位偏差不大于50mm，相邻桩的有效搭接厚度不小于设计要求。

2）通过量测钻杆长度或从搅拌桩监测仪的记录检查孔深，要求不小于设计值。

3）通过在桩机架挂垂线检查钻杆垂直度（桩体垂直度），堤防搅拌桩防渗时要求垂直度误差不大于0.5%，一般桩垂直度误差可按SL 27—2014标准的要求控制在1%以内。

（2）检查依据：《堤防工程施工规范》（SL 260—2014）第7.3.2条。

3. 检查要点3：水泥浆液质量及搅拌均匀度

（1）要点解读：水泥浆液是搅拌桩成桩的主要固化物，水泥浆液的质量是成桩质量的关键，图11-9中为防止泥浆污染，需挖槽施工。而搅拌时的钻杆转速、钻杆下沉与提升速度都直接影响桩中水泥分布的均匀度。现场监督检查时可参照以下标准进行检查。

图11-9 挖槽施工防止泥浆污染

1）水泥浆液浓度：水泥掺量及水灰比根据设计要求及试桩结果决定。同一堤段浆液水灰比的确定还应根据地下水位情况加以区分，地下水位以下部分水灰比应减小。水灰比在现场可用比重秤检查，一个桩的水泥掺入量可从搅拌桩监测仪中的浆液注入量和每升浆液的水泥含量计算得到。水灰比与水泥浆液比重及干水泥含量关系见表11-5。

表11-5 水灰比与水泥浆液比重及干水泥含量关系表（当水泥容重为3.1时）

水灰比	0.4	0.5	0.6	0.7	0.8	0.9	1.0
浆液比重/(g/cm³)	1.938	1.824	1.734	1.662	1.603	1.554	1.512
浆液中水泥干料含量/(kg/L)	1.384	1.216	1.084	0.978	0.891	0.818	0.756

2）钻杆旋转一周的提升高度：每周上升（下降）高度小于15mm。

3）钻杆喷浆提升（下沉）速度：0.5～0.8m/min。

（2）检查依据：《水闸施工规范》（SL 27—2014）第6.6.3条、第6.6.9条，《堤

防工程施工规范》(SL 260—2014) 第 7.3.2 条明确了与搅拌均匀度相关的要求。

4. 检查要点 4：搅拌施工工艺是否合理

(1) 要点解读：施工工艺除控制以上浆液浓度、钻杆提升速度外，还有复搅次数及间隔停顿时间的控制。

1) 搅拌桩一般应采取“四搅二喷”(重复搅拌) 的施工方法。

2) 搅拌头每次下沉到达桩底部位，要原地旋转喷浆 30s，使水泥浆与桩端土充分搅拌后再开始提升搅拌头，以搅拌桩孔口微微翻浆时的供浆量为最佳。

3) 搅拌中途停浆后，在恢复供浆时要在原停浆位下沉 (或上升) 50cm，再喷浆提升 (或下降)，使与先喷的浆体有 50cm 的搭接，停浆面应高于桩顶设计标高 0.3～0.5m。桩头宜人工凿除。

4) 搅拌桩单桩应连续施工成型，有防渗要求时，相邻桩的搭接时间不得超过 24h。搭接长度不应小于 200mm。

(2) 检查依据：《水闸施工规范》(SL 27—2014) 第 6.6.6 条、第 6.6.7 条、第 6.6.8 条，《堤防工程施工规范》(SL 260—2014) 第 7.3.2 条明确了搅拌桩施工工艺要求。

三、试验与检测

(一) 工艺性试验：搅拌桩试桩方案

水泥搅拌桩正式施工前应进行工艺性试桩，试桩位置宜选在与工程桩地质条件一样的地段，当施工方有一定经验时也可在工程桩位进行。试桩数量水闸工程不少于 2 根，堤防工程不少于 10m，水利泵站工程不少于 3 根。工艺性试桩前应编制试验方案，内容应包括：试桩位置、地质条件、试验使用的参数、施工方法等。试验桩的目的有：验证所配备的机械的适用性；验证地层对搅拌桩的适用性，获取相关施工参数，主要有：

(1) 提供满足设计指标要求的水泥掺入量、水灰比、提升速度。

(2) 验证搅拌均匀程度及成桩直径。

(3) 掌握搅拌桩机钻进及提升的阻力 (桩机最大电流值)。

试桩结束应由试验单位编制工艺试验报告，内容应包括试验地点、试验设备、试验使用的参数、试验过程中遇到的问题及解决方法、对试验的结论及对后续施工的建议等。试桩报告应附有设计指标要求的质量检测报告。

(二) 工程质量检测

除对搅拌桩使用的原材料按规范进行复验外，在施工中还应对浆液浓度、浆液输入量进行检验。成桩后质量检测一般包括：抗压强度、墙体完整性 (搭接质量)、渗透系数、桩长、承载力，可由检测单位按规范和标准进行验证。

1. 搅拌桩检测内容与方法

常见搅拌桩检测内容和方法如图 11-10 所示。

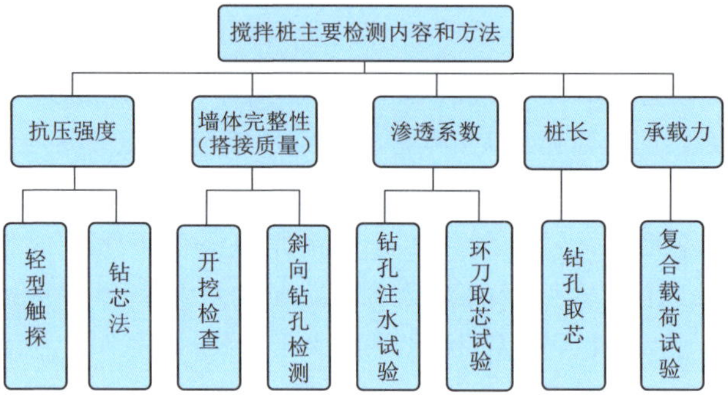

图 11-10　搅拌桩主要检测内容和方法

2. 搅拌桩检测时间与数量

检测内容、数量、时间按设计规定，设计无规定时可根据 GB/T 51033—2014 和 SL 27—2014，水泥搅拌桩施工质量检验时间与内容见表 11-6。

表 11-6　水泥搅拌桩施工质量检验时间与内容

检测时间	检测内容	检测方法	检测数量
成桩 3d 后	桩身强度	轻型动力触探（N10）	总桩数的 1%且不小于 3 根
成桩 7d 后	成桩直径	开挖到停浆面下 0.5m 量测	总桩数的 5%
成桩 28d 后	复合地基承载力	静荷载试验	满足设计要求
成桩 28d 后	抗压强度	经触探和载荷试验怀疑桩身质量有问题时，采用双管单动取样器取芯做抗压强度试验	总桩数的 0.5%～1%，且不少于 3 根

四、典型问题及案例

典型问题：施工时桩体顶部隆起过多或凹陷

隆起土数量过多时，一般是土质较硬、喷浆提升速度过快所引起；当桩位隆起土过少甚至凹陷时，则可能是桩下有空穴，或地基为松散砂层并地下水位高且流动，水泥浆被地下水冲刷流失导致凹陷。

【案例】 某堤防工程，同一堤段搅拌桩成桩后检查发现，桩体顶面出现凹陷现象。

（1）原因分析：桩体隆起土的数量一般可按压入水泥浆量的 70%进行

估算。如同一堤段出现桩位隆起土差异较大时，则必须分析原因，对症处理。桩位顶面出现凹陷，通过地勘分析，初步判断该堤段存在松散砂层，但无地下水影响。

(2) 处理过程：施工单位采取在水泥浆中掺速凝（早强）剂、粘胶泥、膨润土等措施处理。

第三节　防　渗　墙

防渗墙是水利工程基础防渗处理的一种重要方法，在水库、堤防除险加固工程的防渗处理中应用广泛。与灌浆、搅拌桩施工相比，防渗墙具有工程质量相对稳定、截水墙深度、厚度明显可见等特点。

一、施工概述

1. 定义

防渗墙是利用钻孔、挖（铣）槽机械，在松散透水地基或坝体中以泥浆护壁，挖掘槽形孔或连锁桩柱孔，在泥浆护壁下浇筑混凝土筑成的具有防渗性能的地下连续墙。

2. 分类

防渗墙按成槽方式、成墙材料、墙体厚度分类如图 11－11 所示。

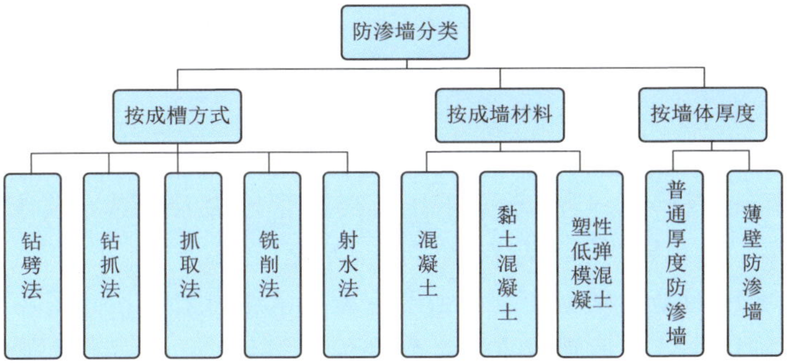

图 11－11　防渗墙分类

3. 应用场景

防渗墙一般应用于水库、堤防、堰坝、水闸、泵站、电站、围堰、深基坑开挖等需要进行截水处理的工程场景，特别适合土坝水库除险加固时的防渗处理。目前我省应用以抓取成槽和冲击成槽为多数，成墙材料以混凝土和低弹模混凝土为多数。防渗墙适用范围见表 11－7。

表 11-7　　防渗墙适用范围情况表

<table>
<tr><th rowspan="2">成槽方法</th><th rowspan="2">适 用 地 层</th><th rowspan="2">效 率</th><th colspan="3">适 用 墙 深</th></tr>
<tr><th>墙厚
400m
及以下</th><th>墙宽
600～
800m</th><th>墙厚
1000～
1200m</th></tr>
<tr><td>钻劈法</td><td>各种第四纪地层和基岩地层</td><td>工效较低</td><td rowspan="4">≤40m</td><td rowspan="4">≤80m</td><td rowspan="4">≤100m</td></tr>
<tr><td>钻抓法</td><td>由钻机和抓斗组合而成，适用于多数复杂地层</td><td>工效高于钻劈法</td></tr>
<tr><td>抓取法</td><td>土、砂和砂砾地层，配以重凿也可用于复杂地层</td><td>工效高于上面两种</td></tr>
<tr><td>铣削法</td><td>多用于砾石以下细颗粒松散地层和软弱岩层</td><td>效率高成槽质量好但成本较高</td></tr>
<tr><td>射水法</td><td>适用于黏土、砂及粒径不大于100mm的砂砾地层</td><td></td><td colspan="2">墙厚200～500mm，墙深不大于30m</td><td></td></tr>
</table>

防渗墙的施工工艺流程主要如图 11-12 所示。

图 11-12　防渗墙的施工工艺流程

二、监督检查要点

1. 检查要点 1：导墙浇筑质量

（1）要点解读：导墙控制防渗墙轴线位置、墙顶高程，保护泥浆液面处于波动状态时槽口的稳定，还要承受土压及接头管等临时荷载，要求其具有一定的强度和刚度，因此导墙必须建在坚实的地基上。

1）导墙宜用钢筋混凝土浇筑，强度应满足承载力要求。高度在1.0～2.0m。

2）导墙轴线与防渗墙轴线重合，允许偏差为±15mm，导墙内侧面宜垂直，导墙顶高程允许偏差±20mm，导墙内侧间距比防渗墙厚度大 50～200mm。

3）钻机轨道应平行于防渗墙轴线，倒渣平台用现浇混凝土铺筑，需布置好排浆沟，以利废浆回收处理，防止污染环境。

（2）检查依据：《水利水电工程防渗墙施工技术规范》（SL 174—2014）第 4.0.4 条、第 4.0.5 条明确了防渗墙施工平台及导墙的构筑要求。

2. 检查要点 2：防渗墙成槽质量

（1）要点解读：防渗墙槽深、槽垂直度是成槽质量的基本要求，特别是槽深是关系能否达到防渗目的的主要因素，监督人员可通过查阅相关施工记录或现场量测检查成槽质量。

1）了解孔位偏差，孔位允许偏差不大于30mm；目测检查槽形无梅花孔、小墙。

2）用测绳测量孔深。

3）通过量测终孔钻头直径查验槽孔宽度，应满足设计墙厚要求。

4）用重锤法或测井法查验孔斜率，不应大于4‰，遇有孤石时应控制在6‰以内。

5）查验入岩深度是否由地质工程师签字确认，基岩岩样是否编号保存。

（2）检查依据：《水利水电工程混凝土防渗墙施工技术规范》（SL 174—2014）第6.0.4条、第6.0.9条、第6.0.14条、第6.0.16条明确了槽孔建造的要求。

3. 检查要点3：防渗墙清孔质量

（1）要点解读：泥浆护壁成槽后必须进行清孔，以清除孔底沉渣，使墙身混凝土能与槽底紧密接触，保证墙身混凝土的完整和强度。宜在清孔换浆完成1h后检查沉渣厚度，在离槽底0.5～1.5m以内取样检测泥浆密度、黏度、含砂量。

清孔换浆合格后，应于4h内开浇混凝土，因吊放钢筋笼或其他埋件不能在4h内开浇混凝土的槽孔，浇筑前应重新测量淤积厚度，如超过100mm需再次清孔。

（2）检查依据：《水利水电工程混凝土防渗墙施工技术规范》（SL 174—2014）第6.0.18条、第6.0.19条、第6.0.20条明确了清孔的各项要求。

4. 检查要点4：钢筋笼制作安装

（1）要点解读：防渗墙钢筋笼单个体积大，制作时多呈扁平状，因此将给运输、吊装带来困难，制作时除按图施工外还要根据现场导管布置预留好导管位置。

1）查看钢筋笼在槽孔两端的外形是否与槽孔外形一致（矩形、圆弧形、反圆弧形）。

2）量测钢筋笼上下游面的混凝土保护层是否不小于75mm；混凝土垫块是否布置适当。

3）分段制作钢筋笼时，其接头宜采用焊接或机械连接，要预先确定浇筑混凝土时放置导管的位置，混凝土导管接头外缘至最近处钢筋的间距应大于100mm。

4）钢筋笼装卸和起吊时宜使用型钢起吊架，安装时采用两点法起吊。

（2）检查依据：《水利水电工程混凝土防渗墙施工技术规范》（SL 174—2014）第10.1条明确了钢筋制作安装的各项要求。

5. 检查要点5：混凝土浇筑质量

（1）要点解读：防渗墙混凝土多为水下混凝土，相对于灌注桩，混凝土方量更大，施工影响因素更多，如出现混凝土搅拌能力不足、导管布置不当，容易造成混凝土强度不足、导管卡管、墙体中断等问题。防渗墙浇筑监理人员应旁站监督，整个混凝土浇筑过程应连续进行，中间不得中断。抗压强度试件每个槽段至少1组，大于500m^{3}的墙段至少成型2组；抗渗试件每8～10个槽段成型1组。混凝土浇筑工艺控制技术标准见表11－8。

表11－8　混凝土浇筑工艺控制技术标准

检查内容	质量要求	检验方法
导管埋深	不宜小于1m，不宜大于6m	测绳量测
混凝土上升速度	不应小于2m/h	测绳量测
导管布置	二级配混凝土导管需用直径240mm以上，槽内导管间距不大于4m，导管至槽孔端部的距离1.0～1.5m。管底距槽底150～250mm	钢尺或测绳量测
混凝土面高差	控制在500mm以内	测绳量测
混凝土最终高度	高于设计规定的墙顶高程0.5m	测绳量测
混凝土坍落度	180～220mm	现场试验

（2）检查依据：《水利水电工程混凝土防渗墙施工技术规范》（SL 174—2014）第8.1条明确了防渗墙混凝土浇筑的要求。

三、试验与检测

（一）工艺性试验：防渗墙成槽试验

防渗墙成槽试验是正式施工前一个重要环节，施工单位应编制防渗墙工艺试验方案，经监理批准后实施。试验槽段的目的是验证施工机械的适用性，验证防渗墙进入相对不透水层的深度与地质报告的一致性。试验一般在防渗墙轴线槽段上进行，也可在地质条件类似的地点进行，通过试验，主要掌握以下情况：

（1）护壁泥浆密度、黏度、含砂量等指标及钻进、坍孔情况。

（2）钻孔进入相对不透水层的深度与地质资料是否相符，当进入岩基时需得出在岩基中凿进的深度以及岩屑样的情况，以便正式施工时参照。

（3）成槽机械及混凝土灌注设备的适用情况。

试桩结束后，要编制工艺试验报告，工艺试验报告应包括：试验地点、试验设备、起止时间、所使用的施工参数；试桩过程中遇到的问题及解决方法；对试验的结论及对后续规模化施工的建议等。试验报告应附有设计指标要求的质量检测报告。

（二）工程质量检测

除对防渗墙混凝土原材料质量指标按设计及规范要求进行复验外，混凝土防渗墙的成桩质量需通过抗压强度和弹性模量、墙体完整性（连续性）、渗透系数、墙深及墙厚等质量指标来验证。

1. 防渗墙检测方法与内容

混凝土防渗墙检测方法如图 11-13 所示。

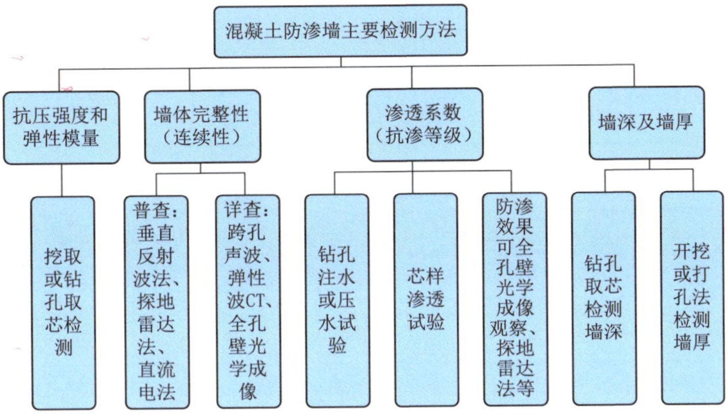

图 11-13　混凝土防渗墙主要检测方法

2. 防渗墙检测依据

墙体质量检查应在成墙 28d 进行，检查内容为必要的墙体物理力学性能指标、墙段接缝和可能存在的缺陷。检查可采用钻孔取芯、注水试验或其他检测方法，检查孔的数量在防渗墙轴线上每 100m 左右布置一个。

根据《水利工程质量检测技术规程》（SL 734—2016），防渗墙以槽段为基础划分检测单元时，每个单元宜包括 2～3 个槽段。检测方法应符合的要求见表 11-9。

3. 防渗墙质量评价

（1）检测单元检测数量。根据《水利工程质量检测技术规程》（SL 734—2016）防渗墙工程检测单元和检测数量见表 11-10。

表 11-9　防渗墙检测方法及依据

项　目	检 测 方 法	执 行 规 范
渗透系数（抗渗等级）	原位测试在墙体内布设检查孔进行注水（压水）试验	钻孔执行 SL 291，注水试验执行 SL 345，压水试验执行 SL 31 的规定

续表

项　目	检测方法	执行规范
抗压强度、弹性模量、室内渗透系数试验	钻取或挖取芯样制备试样	制备试样及室内试验执行 SL 352、SL 237 的规定
完整性（连续性）	普查采用垂直反射波法、探地雷达法、直流电法检测	
墙体深度	检查孔深不小于墙体设计深度	检测方法执行 SL 326，钻孔执行 SL 291
墙体厚度	开挖尺量或打孔法检测	
防渗效果	有检查孔时可利用全孔壁光学成像观察；在墙身两侧有水位差时可采用探地雷达法	应执行 SL 326 的规定

表 11－10　防渗墙工程检测单元检测数量表

项　目	检测数量
渗透系数（抗渗等级）、抗压强度、弹性模量	不少于 2 个检查孔
完整性（连续性）	采用跨孔声波、弹性波 CT，剖面应覆盖全部墙体
墙体深度	不少于 1 个测点
墙体厚度	随机布置 2 个测点
防渗效果	采用全孔壁光学成像布置 1 个检查孔，探地雷达法、直流电法，在墙体两侧各布置不少于 1 条测线

（2）检测单元质量评价。检测单元内完整性（连续性）检测未发现不完整缺陷、防渗效果检测未发现渗漏缺陷、其他项目检测结果达到设计和技术标准要求，该检测单元质量可评价为合格。

四、典型问题

典型问题：主孔未入岩到弱风化层（相对不透水层）或入岩过深

（1）现象：入岩深度未控制好。有的主孔是刚进入强风化层就误以为进入弱风化层，也有的墙底进入孤石就误以为进入基岩，结果入岩深度不足，引起墙底绕渗；有的主孔早已深入弱风化岩层还误判为没有进入，致使防渗墙（特别是低弹模混凝土防渗墙）受力状态改变，给工程造成隐患。

（2）原因分析：一是防渗墙轴线未进行补充地质勘探，防渗墙轴线上的地质情况不明；二是地质鉴定人员对岩渣样心里没底，宁可大量超深也不肯恰到标准。

（3）处置方法：当难以确定基岩面或对基岩面产生怀疑时，应钻取岩芯予以验证和确定。钻孔入岩深度应不小于10m。根据岩芯样判定需要进入弱风化岩的深度，确定弱风化岩层的颜色、岩石质量。再在钻孔位置钻凿主孔，进入岩层后每30cm深度留取一组岩渣样进行对比，分析槽孔中弱风岩粒在渣样中的比例，以进入设计深度的岩渣比例来控制后续主孔的入岩深度。

第四节　灌　浆　工　程

灌浆工程是基础处理中对基岩处理应用最广泛的工程，几乎所有水利工程的基础处理、防渗加固处理都可以用到，灌浆工程施工中都是隐蔽工程，因此灌浆质量更直接关系工程的安全。

一、施工概述

1. 定义

灌浆工程是利用灌浆泵或浆液自重，通过钻孔、埋管或其他方法把水泥浆液或以水泥为主要成分的浆液注入岩体的裂隙、土体的孔隙、混凝土裂缝、接缝或孔洞内，以达到粘接岩块（混凝土）缝隙、阻止缝隙渗漏、提高基础整体性、提升基础承载能力的工程措施。

2. 分类

灌浆工程按工作性质、灌浆方式、灌浆方法、灌浆材料分类如图11－14所示。

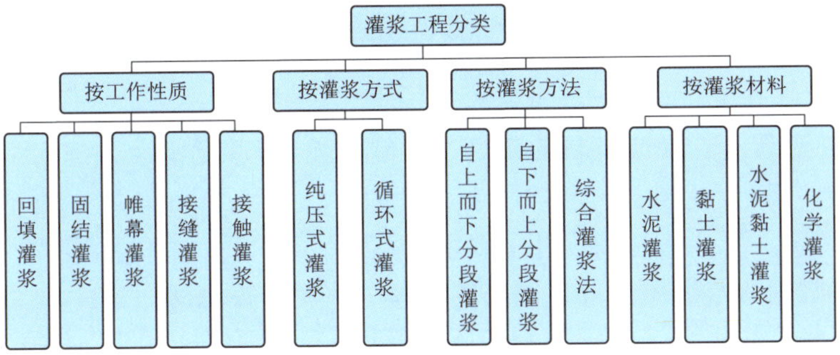

图11－14　灌浆工程分类情况图

3. 应用场景

灌浆工程适用于水工建筑物地基的防渗、加固。包括岩基和覆盖层地基的帷幕灌浆、固结灌浆、水工隧洞灌浆、混凝土坝接缝灌浆、岸坡接触灌浆、覆盖层灌浆等。

以基础帷幕灌浆为例，如图 11－15 所示，主要施工工艺流程如图 11－16 所示。

图 11－15　帷幕灌浆工程现场

图 11－16　灌浆工程主要工艺流程图

二、监督检查要点

1. 检查要点 1：灌浆材料的制备

（1）要点解读：灌浆材料的质量（细度、强度）、灌浆设备压力的高低、拌浆机的转速，都会直接影响灌浆工程的质量，监督人员可通过查阅相关资料及检查设备情况，看能否达到设计的要求。

1）灌浆用的水泥质保单、现场复检单、水泥储存时间。

2）灌浆泵的额定工作压力大于最大灌浆压力的 1.5 倍，压力表的最大量程为最大灌浆压力的 2～2.5 倍，排浆量满足最大注入率的要求。

3）灌浆用的计量器具，如钻孔测斜仪、压力表、灌浆记录仪（包括流量计、压力表等）以及其他监测试验仪表，已经进行校验或检定，保持量值准确。

4）水泥浆液拌制及使用时间要求见表 11－11。

（2）检查依据：《水工建筑物水泥灌浆施工技术规范》（SL 62—2014）第 3.1 条、第 3.2 条、第 3.3 条明确了灌浆材料、设备及制浆的要求。

表 11-11　　水泥浆液拌制及使用时间要求表

项　　目		要　　求
高速搅拌机搅拌时间	普通水泥浆液	不宜少于 30s
	细水泥浆液和稳定浆液	不宜少于 60s
	加黏土浆液后的拌制时间	不宜少于 2min
浆液自制备到用完的时间	细水泥浆液	不宜大于 2h
	普通水泥浆液	不宜大于 4h
	水泥黏土浆	不宜大于 6h

2. 检查要点 2：灌浆条件及顺序

（1）要点解读：钻孔布置、钻孔孔径、盖重的设置都直接关系到灌浆工程的质量，必须认真对待。

帷幕灌浆孔应按分序加密的原则进行。由三排孔组成的帷幕，应先灌注下游排孔，再灌注上游排孔，后灌注中间排孔，每排孔可分为二序。由两排孔组成的帷幕应先灌注下游排孔，后灌注上游排孔，每排孔可分为二序或三序。单排孔帷幕应分为三序灌浆。采用自下而上分段灌浆法进行帷幕灌浆时，相邻的前序孔灌浆封孔结束后，后序孔方可进行钻进，但 24h 内不应进行裂隙冲洗与压水试验。

帷幕灌浆、固结灌浆、隧洞衬砌段回填灌浆、混凝土坝接缝灌浆、岸坡接触段灌浆、覆盖层灌浆的条件及顺序见表 11-12。

表 11-12　　各类灌浆方法的条件及顺序

项目	帷幕灌浆	固结灌浆	隧洞衬砌段回填灌浆	混凝土坝接缝灌浆	岸坡接触段灌浆	覆盖层灌浆
灌浆条件	盖重厚度、强度达设计要求。自上而下分段灌时，相邻的两个次序孔在岩石中钻孔灌浆的高差不应小于 15m。自下而分段灌时，前序孔灌浆结束后序孔方可钻进，但 24h 内不应进行裂隙冲洗	盖重混凝土厚 1.5m 以上，强度达 50% 以上。无盖重时需通过现场灌浆试验论证	回填灌浆应在衬砌混凝土达到 70% 强度后进行，固结灌浆需在该部位的回填灌浆结束 7d 后进行，钢衬接触段灌浆宜在混凝土浇筑结束 60d 后进行	灌区两侧坝块混凝土温度达设计值；龄期大于 4 个月；灌区上部混凝土厚度不宜少于 6m，温度达设计值；接缝张开度不小于 0.5mm。同一高程的灌区（纵缝或横缝），一个灌区灌浆结束 3d 后，其相邻的灌区方可灌浆。同一坝缝的下层灌区灌浆结束 7d 后，上层灌区方可开始灌浆	在坝块混凝土温度达到接触灌浆设计要求后进行，接触段和岩石段分别灌注，先灌接触段后灌岩石段	覆盖层灌浆混凝土盖板厚度不宜小于 0.5m，宽度宜超出灌浆区两侧边线 3m 以上

续表

项目	帷幕灌浆	固结灌浆	隧洞衬砌段回填灌浆	混凝土坝接缝灌浆	岸坡接触段灌浆	覆盖层灌浆
灌浆顺序	三排孔时：下游排→上游排→中间排；二排孔时：下游排→上游排。排内分二序或三序施工，单排时分三序施工	同一区段内周边孔应先行施工，其余部位排与排、孔与孔之间可分二序，也可只分排序不分孔序或只分孔序不分排序	先回填灌浆后固结灌浆	按高程自下而上分层进行施工。在同一高程上，重力坝宜先灌纵缝，再灌横缝；拱坝宜先灌横缝，再灌纵缝。纵缝灌浆宜从下游向上游推进或先灌上游第一道缝后，再从下游向上游推进	从灌区边缘开始，之后再自下而上分层分序施工	按分序加密的原则进行。多排孔时应先灌下游排，再灌上游排，然后进行中间排孔灌浆，每排孔可分为二序或三序

（2）检查依据：《水工建筑物水泥灌浆施工技术规范》（SL/T 62—2020）第5.1条、第5.2条、第6.1条、第6.2条等明确了钻孔的要求。

3. 检查要点3：裂隙冲洗和压水试验

（1）要点解读：裂隙冲洗情况和压水试验成果如何直接关系灌浆时浆液的进浆量和灌浆的有效范围，而无节制的清洗又会严重影响工程的工期乃至破坏原有的基础，必须认真对待。帷幕灌浆、基岩固结灌浆、隧洞固结灌浆、混凝土坝接缝灌浆的裂隙冲洗质量要求汇总见表11-13。

（2）检查依据：《水工建筑物水泥灌浆施工技术规范》（SL/T 62—2020）第5.3条、第6.2条等明确了裂隙冲洗及压水试验的要求。

表11-13　　各类灌浆方法裂隙冲洗质量要求

项目	帷幕灌浆	基岩固结灌浆	隧洞固结灌浆	混凝土坝接缝灌浆
冲洗方法	自上面下灌时，分段进行冲洗；自下而上灌时全孔一次清洗	钻孔完成后使用大水流或压缩空气冲洗钻孔，清除孔内岩粉、渣屑，冲洗后孔底残留物厚度不应大于20cm	钻孔完成后使用大水流或压缩空气冲洗钻孔，清除孔内岩粉、杂质。钢衬接触灌浆应使用洁净的压缩空气检查缝隙串通情况，并吹除空隙内的污物和积水	每次灌浆前，灌浆系统均应进行通水检查、缝面进行充水浸泡。灌浆后，灌浆管路系统应能被低于灌浆压力的清水冲洗干净，而不使水渗入接缝内
冲洗压力	采用灌浆压力的80%，并不大于1MPa	采用灌浆压力的80%并不大于1MPa	采用灌浆压力的80%并不大于1MPa，钢衬接触灌浆风压应小于灌浆压力	通水检查压力为设计灌浆压力的80%

续表

项目	帷幕灌浆	基岩固结灌浆	隧洞固结灌浆	混凝土坝接缝灌浆
冲洗时间	至回水澄清时止或不大于20min	冲洗时间为20min或至回水清净时止	冲洗时间为不大于15min或至回水清净时止	管路畅通，流量宜大于30L/min
压水试验	自上而下时分段进行，自下而上时全孔一段和孔底一段，采用单点法简易压水试验，可与裂隙冲洗结合进行	在各序孔中选取不少于5%的灌浆孔（段）在灌浆前进行简易压水试验。简易压水试验可结合裂隙冲洗进行	在各序孔中选取不少于5%的灌浆孔（段）在灌浆前进行简易压水试验。简易压水试验可结合裂隙冲洗进行	灌浆前进行预灌性压水检查，压水压力为设计灌浆压力

4. 检查要点4：灌浆工序质量

（1）要点解读：灌浆工序是灌浆工程中最重要的一个工序，直接关系着灌浆的效果，也决定了灌浆工程的质量，事关项目的成败。

1）水库蓄水前应完成蓄水初期最低库水位以下的帷幕灌浆并检查合格。

2）不论灌前透水率大小，各灌浆段均应按技术要求进行灌浆。

3）帷幕灌浆终孔段的透水率或单位注入量大于设计规定值时，其灌浆孔宜继续加深。

4）灌浆孔段遇特殊情况中断，应采取相应措施进行处理，处理后要有相应的记录。

帷幕灌浆、基岩固结灌浆、隧洞回填和固结灌浆、岸坡接触灌浆、覆盖层固结灌浆的灌浆工序质量要求汇总见表11-14。

表11-14　各类灌浆方法灌浆工序质量要求

项目	帷幕灌浆	基岩固结灌浆	隧洞回填灌浆	隧洞固结灌浆	岸坡接触灌浆	覆盖层固结灌浆
灌浆压力	根据设计及灌浆试验	接触段不宜大于0.3MPa，以下各段可适当增大	素混凝土衬砌中0.2～0.3MPa；钢筋混凝土衬砌中0.3～0.5MPa	一般隧洞0.3～2.0MPa；高水头压力隧洞应经灌浆试验确定	进浆管压力不宜大于0.5MPa或0.6MPa；排气管压力不宜大于0.2MPa或0.3MPa	灌浆压力可采用0.1～1.0MPa

续表

项目	帷幕灌浆	基岩固结灌浆	隧洞回填灌浆	隧洞固结灌浆	岸坡接触灌浆	覆盖层固结灌浆
灌浆段长及待凝时间	接触段长宜为1～3m。应先行单独灌注并待凝不少于24h。灌浆段长宜为5～6m，最长不应大于10m。循环灌浆法时射浆管应下至距孔底不大于50cm。灌浆结束后可不待凝，但地质条件复杂情况下应待凝	基岩灌浆段长不大于6m时，可全孔一次灌浆；大于6m时，宜分段灌注。各段长可采用5～6m，最长不应大于10m。固结灌浆孔各灌浆段灌浆结束后可不待凝，但在地质条件复杂情况，则应待凝12～24h	采用纯压式灌浆法，分为两个次序进行，后序孔应包括顶孔。灌浆应自较低一端开始，向较高一端推进。低处孔灌浆时，高处孔可用于排气、排水。当高处孔排出浓浆（接近或等于注入浆液的水灰比）后，可将低处孔堵塞，改从高处孔灌浆，依此类推，直至结束	采用纯压式灌浆法，按环间分序、环内加密的原则进行。Ⅳ级、Ⅴ级围岩环间宜分为二序或三序，Ⅱ级、Ⅲ级围岩环间可不分序。在注入量较小地段，同一环内同序孔可并联灌浆，并联的孔数不宜多于3个，孔位宜保持对称。灌浆孔基岩段长小于6m时，可全孔一次灌浆	可采用预埋管灌浆法或直接钻孔灌浆法	宜先灌注周边孔，后灌注中间孔，各排孔按顺序加密施工
水灰比	普通水泥浆液5、3、2、1、0.7、0.5六级，开灌水灰比采用5；细水泥浆液3、2、1、0.5四级，开灌水灰比采用3	水灰比可采用3、2、1、0.5四级，开灌水灰比选用3	可采用1、0.5两级，一序孔可直接灌注0.5级浆液	同基岩固结灌浆	可采用3、2、1、0.6四级	浆液宜用水泥浆，也可用黏土（膨润土、粉煤灰）水泥浆。空隙较大时，可使用膏状浆液或水泥砂浆等
灌浆结束条件	灌浆段在最大设计压力下，注入率不大于1L/min后，继续灌注30min，可结束灌浆	灌浆段在最大设计压力下，注入率不大于1L/min后，继续灌注30min，可结束灌浆	在规定的压力下，灌浆孔停止吸浆，延续灌注10min即可结束	同基岩固结灌浆	当排气管排浆接近最浓级浆液，管口压力接近设计值，缝面注入率不大于0.4L/min，持续20min，灌浆即可结束	

续表

项目	帷幕灌浆	基岩固结灌浆	隧洞回填灌浆	隧洞固结灌浆	岸坡接触灌浆	覆盖层固结灌浆
封孔	以水灰比为0.5的新鲜普通水泥浆液置换孔内稀浆或积水，采用全孔灌浆封孔法封孔	可采用导管注浆法封孔，孔口涌水的应采用全孔灌浆法封孔	使用水泥砂浆将钻孔封填密实，孔口压抹齐平	采用“全孔灌浆法”或“导管注浆法”封孔，孔口空余部分用干硬性砂浆填实抹平		

(2) 检查依据：《水工建筑物水泥灌浆施工技术规范》(SL/T 62—2020) 第5.1条、第5.5条明确了灌浆工序的质量标准。

5. 检查要点5：灌浆资料的完整性

(1) 要点解读：灌浆资料不同于其他工程资料，它记录了灌浆工程的全过程数据，是客观分析灌浆效果的重要资料，是灌浆工程质量评价的重要组成部分，因此灌浆资料必须完整、整洁、装订成册。灌浆资料主要包括以下三方面。

1) 施工记录。包括钻孔灌浆施工记录表、灌浆施工记录表、灌浆施工成果单孔统计表、灌浆施工成果分序统计表、帷幕灌浆施工成果单元工程统计表、回填灌浆施工成果综合统计表、帷幕灌浆施工成果汇总表、固结灌浆施工成果汇总表、灌浆工程完成情况表、混凝土坝接缝灌浆单区灌浆施工成果表、混凝土坝接缝灌浆施工成果综合统计表、钻孔压水试验记录、注水试验记录与资料整理记录表、检查孔注水试验成果表。

2) 灌浆成果图。包括各次序孔单位注灰量频率曲线图、帷幕灌浆综合剖面图、深孔固结灌浆成果综合平剖面图隧洞固结灌浆成果展示图、混凝土坝接缝灌浆（纵缝）综合剖面图。

3) 检验测试资料：包括灌浆材料检验报告、照片录像和岩芯实物、施工前后或施工过程中其他的检验试验和测试资料。

(2) 检查依据：《水工建筑物水泥灌浆施工技术规范》(SL/T 62—2020) 第5.10.1条及附录D明确了灌浆工程施工记录和成果图表的内容。

三、试验与检测

(一) 工艺性试验

灌浆试验分现场灌浆试验和生产性灌浆试验，现场灌浆试验在初步设计阶段或招标阶段进行，生产性灌浆试验在施工前或施工初期进行。本节以生产性灌浆试验来说明。

1. 试验方案

生产性灌浆试验在施工前或施工初期进行，由施工单位编制灌浆试验方案，经监理批准后实施。目的是验证灌浆孔布置、灌浆深度、灌浆施工工艺与要求等，使其更符合实际情况。调试运行钻孔灌浆施工系统，验证合理的机械设备与人员配置。灌浆试验的场地应能充分反映实际施工的地质条件，一般情况下固结灌浆试验可在工程区域，帷幕灌浆试验宜在设计灌浆部位的上游侧，如地质条件简单，灌浆质量有保证时，灌浆试验区也可选在设计的防渗帷幕线上。通过试验，主要的情况有：

（1）地层的可灌性。

（2）钻孔及灌浆机组的适用性。

（3）基础透水率、灌浆时的吸浆率、灌浆压力与压重混凝土抬动等情况等。

2. 试桩报告

生产性灌浆试验报告内容应包括：概况、试验目的、试验工作进程、试验工艺、特殊情况处理、试验段质量检查成果、试验成果分析、结论和建议，附件应有相关会纪要、原材料检验报告、灌浆孔平面布置图、灌浆孔综合剖面图等。

（二）工程质量检测

除对灌浆所需原材料质量指标按设计及规范要求进行复验外，灌浆工程质量需通过孔位偏差、检查孔透水率、水泥结石密实度等质量指标来验证。

1. 灌浆工程检测项目及方法

灌浆工程主要检测项目及方法如图 11－17 所示。

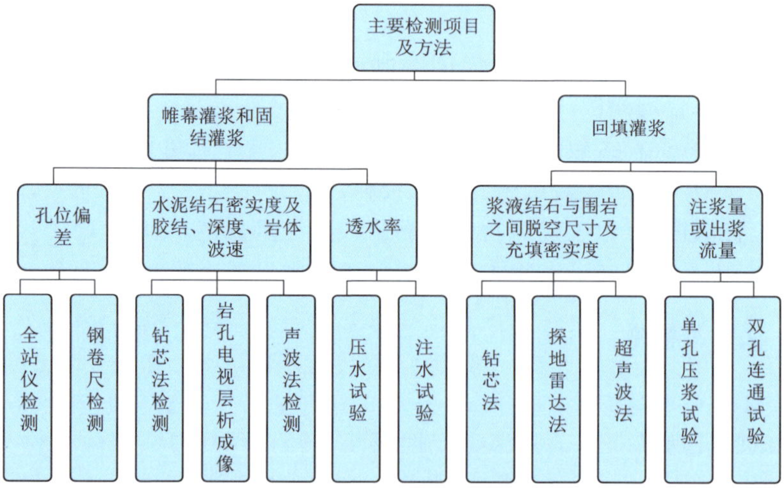

图 11－17　灌浆工程主要检测项目及方法

2. 灌浆工程检测依据

根据 SL 734—2016《水利工程质量检测技术规程》，灌浆工程中帷幕灌浆每 12m 长度划分为一个检测单元，固结灌浆每 $50m^2$ 区域划分为一个检测单元，隧洞沿洞线长度，每 8m 划分为一个检测单元。灌浆工程检测方法及检测依据见表 11－15。

表 11－15　　灌浆工程检测方法及检测依据表

项目	内　容	检 测 方 法	执 行 标 准
帷幕灌浆和固结灌浆	孔位偏差	采用全站仪、钢卷尺检测	
	水泥结石的充填密实度、水泥结石与岩石胶结质量、深度、岩体波速	采用钻芯法检测	应执行 SL/T 62—2020 和 SL 291—2020 的规定
		采用钻孔电视、层析成像（声波 CT）、声波法检测	应执行 SL/T 62—2020 和 SL 326—2018 的规定
	透水率	采用压水试验方法检测	应执行 SL/T 62—2020 附录 B 的规定
		采用注水试验方法检测	应执行 SL/T 62—2020 附录 C 的规定
回填灌浆	浆液结石与围岩之间的脱空尺寸、浆液结石的充填密实度或浆液充填厚度	采用钻芯法检测	应执行 SL/T 62—2020 的规定
		采用探地雷达法、超声波法等检测	应执行 SL/T 62—2020 和 SL 326—2018 的规定
	注浆量（或出浆流量）	采用单孔压浆试验方法孔连通试验方法中的一种或两种	应执行 SL/T 62—2020 的规定

3. 灌浆工程质量评价

（1）检测数量。根据 SL/T 62—2020，灌浆工程检查孔数量见表 11－16。

表 11－16　　灌浆工程检查孔数量表

项目	检查时间	检查方法	检 查 孔 数 量
帷幕灌浆	灌浆结束 14d 后	压水试验	单排帷幕时为总孔数的 10%左右，多排孔帷幕按主排孔数的 10%左右，一个坝段或一个单元工程至少应布置一个检查孔
固结灌浆	灌浆结束 7d 或 3d 后	压水试验	灌浆孔总数的 5%
隧洞回填灌浆	灌浆结束 7d 或 28d 后	注浆试验	压力隧洞每 10～15m 布置 1 个或 1 对检查孔，无压隧洞可适当减少
隧洞固结灌浆	灌浆结束 3d 以后	压水试验	不宜少于灌浆孔总数的 5%
混凝土坝接缝灌浆	灌浆结束 28d 后	压浆试验	不宜超过灌区总数的 10%
覆盖层固结灌浆	灌浆结束 28d 后	注水试验	总孔数的 2%～5%，1 个单元宜布置 1 个检查孔

（2）检测单元质量评价。根据 SL/T 62—2020，检测单元的质量评价见表 11－17。

表 11－17　检测单元质量评价表

项目	合格标准
帷幕灌浆	经检查孔压水试验检查坝体与基岩接触段的透水率的合格率为 100%，其余各段的合格率不小于 90%，不合格段的透水率不超过设计规定的 150%，且不合段分布不集中，其他施工或测试资料基本合理，灌浆质量可评为合格
固结灌浆	单元工程内检查孔各段的合格率应达 85%以上，不合格段的透水率不超过设计规定的 150%，且不集中
隧洞回填灌浆	与灌浆压力相同：单孔压浆时初始 10min 内注入量不大于 10L，或双孔连通试验另一孔出浆流量小于 1L/min 为合格
隧洞固结灌浆	合格标准为 85%以上试段的透水率不大于设计规定，其余试段的透水率不超过设计规定值的 150%，且分布不集中
混凝土坝接缝灌浆	与接缝灌浆压力相同：如斜穿孔在初始 10min 内，单孔注浆量不超过 10L，或 2 孔不串浆为合格
覆盖层灌浆	检测点的合格率不应小于 85%，检测平均值不小于设计值，且不合格点分布不集中

四、典型问题

典型问题 1：灌浆深度未达到规范要求

（1）现象：灌浆深度只达到图纸设计深度就终止灌浆，没有达到规定透水率的地层。

（2）原因分析：分析原因一般有两种，一是误以为只要按图纸标记的深度施工，图纸上的灌浆孔深就是终孔孔深，没有注意到设计对透水率的要求，导致透水率没有达到设计要求。SL/T 62—2020 明确规定："帷幕灌浆终孔的透水率或单位注入量大于设计规定值时，其灌浆孔宜继续加深"。二是对设计图理解不全面，一般设计对灌浆要求标为"帷幕灌浆孔深深入相对不透水层（$q \leqslant 5$Lu）以下 5m"，而施工时只在第一段出现 5Lu 时就误以为达到设计要求，实际应该是该段以下 5m，也就是要有连续二段的压水试验是不大于 5Lu 的才达到结束标准。

（3）处置方法：发现未达设计透水率而终止灌浆的，要立即对原孔进行扫孔，加深一段钻孔后进行压水试验、灌浆，直至达到设计要求的透水率地层。

典型问题 2：帷幕灌浆接触段待凝时间不满足规范要求

（1）现象：帷幕灌浆时混凝土与基岩接触段未待凝到 24h 就开始下段施工。

（2）原因分析：施工单位未按设计及规范施工。根据 SL/T 62—2020 第 5.4.6 条，混凝土与基岩接触段应先单独灌注并待凝，待凝时间不宜少于 24h。

（3）处置方法：及时制止对下段的作业，接触段必须待凝 24h。因为接触段一般为基岩薄弱部位且上部直接面临混凝土结构物，采用自上而下灌浆法时，对接触段先行灌浆并待凝，有利于防止混凝土结构物在以下孔段的灌浆时发生抬动，也有利于上部岩体形成较坚固的盖重，以提高下部基岩的灌浆压力。

第五节　高压喷射灌浆

一、施工概述

1. 定义

高压喷射灌浆是利用机具把带有喷头及喷嘴的注浆管置入已造孔内预定的深度后，通过高压设备使浆（水、气）成为高压流，从喷头上的喷嘴中喷射出来直接冲击切割土体，浆液与土粒混合凝固形成一个固结体，从而达到改良土体、加固地基的一种施工技术方法。

2. 分类

高压喷射灌浆按照喷射流运动方式、施工工艺可分类为如图 11－18 所示。

3. 应用场景

高压喷射灌浆适用于堤防、水闸、泵站、水库的基础防渗帷幕工程，也可用于已有泵房建筑物的地基加固、深基坑的侧壁支护。高压喷射灌浆适用土层情况见表 11－18。

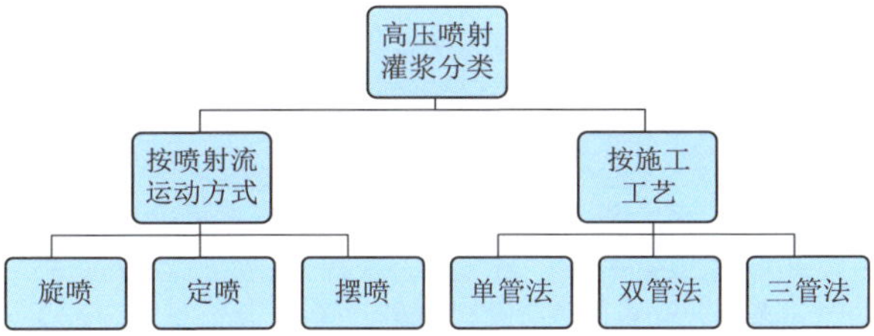

图 11－18　高压喷射灌浆分类图

表 11－18　高压喷射灌浆适用土层情况表

土　层　情　况	适用情况
流塑－可塑状黏性、粉土、砂土、圆（角）砾、黄土、淤泥质土和素填土等地层	适用于高压喷射灌浆
对于粒径大于 60mm 的颗粒含量超过 30％的卵（块）石地层、地下水具有侵蚀性、地下水流速过大和已发生涌水的地层以及含有纤维质的腐殖土、污染土、膨胀土、盐渍土等特殊性地质	应根据现场试验结果确定其适用性

高压喷射灌浆施工工艺流程如图 11－19 所示。

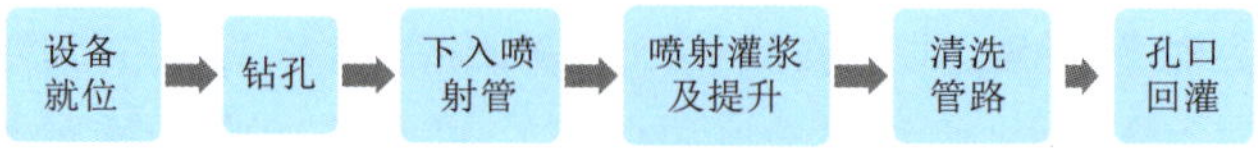

图 11-19　高压喷射灌浆工艺流程图

二、监督检查要点

1. 检查要点 1：灌浆设备选型

（1）要点解读：高压喷射灌浆施工应根据施工图设计、地质情况选定施工工艺（单管法、双管法、三管法等），根据施工工艺选用相应的配套机具。

1）各类土质旋喷桩的直径选用相应施工工艺见表 11-19。

表 11-19　旋喷桩的直径　单位：m

土质	单管法	双管法	三管法
粉土和粉质黏土	0.3～1.1	0.7～1.5	0.9～1.9
砂土	0.4～1.2	0.8～1.6	1.0～2.0
砂砾	0.4～0.8	0.8～1.2	1.0～1.4

注　摆喷和定喷的有效长度为旋喷桩直径的 1.5 倍左右。

2）高压喷嘴出口直径应与设计压力和流量相适应。灌浆泵和高压水泵的压力、流量应满足施工要求，其额定压力不小于设计规定值的 1.2 倍；使用压力宜为压力表最大标值的 1/3～3/4；空气压缩机供气量和额定压力应不小于设计规定值。施工工艺与主要机具选配关系见表 11-20。

表 11-20　高压喷射灌浆施工工艺与主要机具选配关系表

机具名称	性能要求	高压喷射灌浆施工工艺		
		单管法	双管法	三管法
高压注浆泵	压力：20～60MPa，流量 60～150L/min	○	○	○
高压注浆泵	压力 1～9MPa，流量 40～160L/min	—	—	○
造孔钻机	造孔深度 30～100m	○	○	○
空压机	流量 1.0～10.0m³/min，压力 0.7～2.0MPa	—	○	○
浆液搅拌机	容量 1～3m³	○	○	○
高压喷射平台（钻机）	旋转或 0°～90°摆动，造孔深 30～100m	○	○	○
排污泵	压力 2～3MPa，流量 30～80L/min	○	○	○
高压旋喷喷浆记录仪	能监测记录流量、压力、比重、深度	○	○	○

注　○为适用于高压喷射灌浆施工工艺的机具及设备，—为不适用于相关工艺的机具及设备。

(2) 检查依据：《水闸施工规范》(SL 27—2014) 第 10.5.4 条明确了高压喷射灌浆机具的主要要求。

2. 检查要点 2：高喷钻孔技术要点

(1) 要点解读：高压喷射灌浆的孔位、孔深、垂直度是钻孔施工的基本要求，特别是作为防渗的高喷墙，其与防渗效果的关系更加密切。在施工现场，防渗高压喷射灌浆宜先按桩位轴线开挖出一条导向沟，既可便于桩位控制，观察成桩时表面返浆的多少，又可防止泥浆流淌污染。监督人员可通过现场量测或查阅相关施工记录，检查钻孔情况。

1) 检查孔位偏差：用全站仪或钢尺量测孔位，要求孔位偏差不得大于 50mm。

2) 通过量测钻杆长度或从监测仪的记录检查孔深，钻孔的有效深度应大于设计深度 0.3m。

3) 通过在桩机架挂垂线检查钻杆垂直度（桩体垂直度），或钻机上水平尺检查垂直度，要求钻杆和粗径钻具的垂直度偏差不超过 0.5%，孔深小于 30m 时，钻孔偏斜率不应超过 1%。定喷或摆喷的角度符合设计要求。

(2) 检查依据：《水闸施工规范》(SL 27—2014) 第 10.5.5 条明确了高压喷射灌浆钻孔的主要技术要求。

3. 检查要点 3：水泥浆液质量

(1) 要点解读：水泥浆液是高压喷射灌浆的主要固化物，水泥浆液的质量是成桩质量的关键。

1) 水泥浆液浓度：检查水泥浆比重是否达到配合比要求。高压喷射灌浆宜采用普通硅酸盐水泥，水灰比可为 1.5∶1～0.6∶1（密度约为 1.4～1.7g/cm^3），有特殊要求时可加入：膨润土、黏性土、粉煤灰、砂（最大粒径不宜大于 2mm）等。

2) 制浆材料的称量误差应不大于 5%。水泥浆搅拌时间：高速搅拌机不小于 30s，普通搅拌机不少于 90s，水泥浆自制备至用完的时间不应超过 4h。浆液应在过筛后使用。

3) 对于固结体强度要求在 8MPa 以下的项目，在含泥量小于 5%的砂砾地层进行高压喷射灌浆时，返浆在沉淀池中沉淀时间大于 10min，且经过 1～2 次过滤除砂的返浆液，与新料拌和后指标符合设计要求时，可回收使用孔口返浆。

(2) 检查依据：《水闸施工规范》(SL 27—2014) 第 10.5.3 条、《水电水利工程高压喷射灌浆技术规范》(DL/T 5200—2019) 第 4.0.10 条，明确了浆液质量的相关要求。

4. 检查要点 4：灌浆工艺要求

(1) 要点解读：灌浆工艺除压力、钻头旋转速度、钻杆提升速度外，中途搭接的处理等都直接关系着高压喷射灌浆的质量，不可忽视。

1）检查高压灌浆记录仪运行是否正常。高压喷射灌浆的浆液、水、气的压力、流量严格按照现场试桩的成果，不得随意改动。多排孔宜先施工下游排，再施工上游排，同一排孔内的高喷灌浆孔宜分为两序施工。高压灌浆记录仪如图 11－20 所示。

图 11－20　高压旋喷灌浆记录仪

2）下喷射管前应进行地面试喷，检查并调整喷射方向和摆动角度，喷头下到设计深度后按规定参数进行就位喷射，待浆液返出孔口、情况正常后方可开始提升，提升速度宜在 50～250mm/min 的范围。

3）喷射中途拆卸喷射管时，搭接段应进行复喷，复喷长度不应小于 0.2m。因故中断施工，复喷搭接长度不应小于 0.5m。

4）高压喷射灌浆施工时孔内返浆量要求不大于 20%。高喷结束后应利用回浆或水泥浆及时回灌凹穴，直到孔口浆面不下降为止。

5）对于不能利用的废浆、污水，应及时排入废浆池，定期外运至指定场所。

（2）检查依据：《水闸施工规范》（SL 27—2014）第 10.5.1 条、第 10.5.6 条、第 10.5.7 条明确了高压喷射灌浆施工工艺要求。

三、试验与检测

（一）工艺性试验

1. 试验方案

高压喷射灌浆在正式施工前应进行工艺性试验，试验位置宜选在与工程桩地质条件一样的地段，当施工方有一定经验时也可在工程轴线位进行。试验宜采用围井形式不少于 4 个孔，在一个围井中进行不同孔距、排距的组合。构筑围井有困难时也可直线布置。工艺性试验前应编制试验方案，内容应包括：试桩位置、地质条件、试验使用的参数、施工方法等。通过试验来验证所配备的机械的适用性；验证地层对高压喷射灌浆的适用性，并获取相关施工参数，主要有以下内容：

（1）确定有效桩径（或喷射范围）。

（2）确定喷射技术参数（包括喷嘴直径与个数、喷射压力与流量、压缩空气的压力、流量与喷嘴间隙、注浆管的提升速度与旋转速度）。

（3）确定浆液性能要求、适宜的孔距与排距、喷射成墙后的防渗性能。

2. 试验报告

试验结束应由试验单位编制工艺试验报告，内容应包括试验地点、试验设备、试验使用的参数、试验过程中遇到的问题及解决方法、对试验的结论及对后续施工的建议等。试验报告应附有设计指标要求的质量检测报告。

（二）工程质量检测

高压喷射灌浆的质量检测可分为施工过程中的质量检测和施工后的质量检测两个阶段。施工过程中的质量检测主要是工序质量及原材料质量检测。施工后的质量检测一般有：固结体的形态、固结体的完整性和均匀性、固结体的强度特征、固结体的竖向或水平向承载力、固结体的抗渗性抗冻性及耐久性、复合地基承载力，可由检测单位按规范进行验证。

1. 高压喷射灌浆检测内容与方法

常见高压喷射灌浆检测内容与方法如图 11－21 所示。

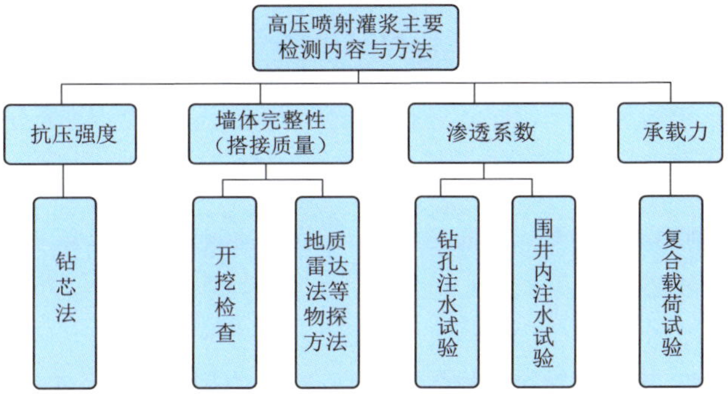

图 11－21　常见高压喷射灌浆检测内容与方法

2. 高压喷射灌浆检测时间与数量

检测内容、数量、时间按设计规定，设计无规定时可根据 SL 27—2014，高压喷射灌浆施工质量检验时间与内容见表 11－21。

表 11－21　根据 SL 27—2014 高压喷射灌浆施工质量检验时间与内容

检测方法	检测时间	检 测 内 容	检 测 数 量
开挖检测	高压灌浆 7d 后	通常深 1.5～3.0m，检测固结体形态大小、垂直度及固结体胶结情况，初步了解固结体的坚硬度	
围井试验	高压灌浆 7d 后，如需开挖宜在 14d 天后	围井面积砂土粉土中不小于 $3m^2$，砾石卵石层中不小于 $4.5m^2$。井内开挖进行直观检查和取样，并做注水或抽水试验；也可在围井中心处钻孔做注水或抽水试验	每 3～5 个单元宜布置 1 个围井，少于 3 个单元的工程至少布置 1 个围井

续表

检测方法	检测时间	检 测 内 容	检 测 数 量
钻孔取芯检查	高压灌浆 28d 后	了解固结体从上至下的结构情况是否有断裂或不连续现象；采取芯样作物理力学试验；利用钻孔作固结体注水、压水等渗透试验或动力触探试验	每个单元工程可布置 1 个检查孔
静载荷试验	高压灌浆 28d 后	进行复合地基静载荷试验或单桩静载荷试验	不少于总桩数的 1%，每个单体工程不少于 3 点
上下游测压管或量水堰		坝基高喷墙整体效果	

3. 高压喷射灌浆防渗墙质量评价

高压喷射灌浆防渗墙宜以相邻的 30～50 个高喷孔或连续 600～1000m² 的防渗墙体划分为一个单元工程，工程的质量应结合分析施工资料和检查测试成果，综合评定。

四、典型问题

典型问题 1：取芯检查时局部段芯样缺失未成桩

（1）现象：取芯检查时出现局部段为清水砂或淤泥，芯样短、碎，取芯率低。

（2）原因分析：取芯中出现清水砂多是堤内外有水位差形成渗漏通道时，水泥浆液随渗漏水流失所致；也有的是桩位地下水位高，土层含水率已呈饱和状，再采用三管法施工，大量高压水更增加土层含水量，灌入的水泥浆液随渗漏水或高压水流淌，致使桩体部位没有水泥浆液。

（3）处置方法：局部段取芯是清水砂或破碎，芯样缺失未成桩的处理应根据设计意见。一般要先分析清楚原因，对症下药，采取重喷或补喷加强。重喷或补喷时需注意以下内容：

1）如地下水位高，土层比较松散，可将三管法改为双管法施工，以减小地下水位的流动和减少高压水对水泥浆液的冲刷。

2）需在水泥浆液中加入适量速凝剂（如水玻璃），但事先必须做配合比掺加量的初凝时间试验（掺加速凝剂后的初凝时间至少要考虑两个桩的施工时间），以保证在施工时不因掺加速凝剂后而堵管。通过掺加速凝剂可有效加快固结体成形，提高取芯率。

典型问题 2：高压喷射灌浆时返浆过多或不返浆

（1）现象：高压喷射灌浆时返浆量很多或返浆量很少形成凹穴。

(2) 原因分析：高压喷射灌浆施工时孔内返浆量要求不大于20%，出现不返浆的原因多是孔内发生严重漏浆或孔内有空穴；当出现返浆量超过20%时，原因多是土层变硬或灌浆压力、流量控制不当，提升速度过慢所造成。

(3) 处置方法：正常地层出现不返浆时应立即停止提升，原位旋转喷射（或减小泵送压力、减小旋转和提升速度），若仍不返浆则可按严重漏浆或空穴处理，采取间歇性喷浆的方法处理，间隔时间10～12h；或在浆液中加入速凝剂；或在喷射注浆的同时沿注浆管与孔壁之间的环状间隙向喷射孔内投入砂砾等堵漏填充材料；或用砂浆泵注入M15砂浆，以填充空隙后再喷浆。不管如何处理，都需待孔口返浆后才能正常作业。在喷射过程中遇返浆量大于20%时，可采取提高喷射压力，缩小喷嘴孔径，增大旋转和提升速度等方法减少返浆量。

本 章 小 结

本章结合浙江省水利工程建设的实际情况，重点梳理了地基处理及基础工程中灌注桩、水泥搅拌桩、防渗墙、灌浆工程、高压喷射灌浆等5个方面的施工技术要点、难点，分析其工艺试验特点及相关质量检测要求，旨在帮助质量监督人员建立整体概念与专业基础要求。

第十二章　砌体及防护工程质量监督要点

砌体及防护工程作为水利工程功能设施的重要组成部分，也是浙江省“五水共治”“美丽河湖建设”的主要措施，主要作用为防止水流和波浪对岸坡基土的冲蚀和淘刷造成的侵蚀、塌岸等现象，具有防止水流对河（渠）道、堤防岸坡、防冲消能设施等水工建筑物的结构损毁以及生态、美观等综合效用。本章主要介绍水利工程施工中最常见的砌体工程（干砌石砌体、浆砌石砌体、灌砌石砌体、预制块砌体）、土工合成材料（土工织物、土工膜、土工复合材料和土工各种材料）以及防护工程（抛石、生态网箱）的监督检查要点。

第一节　砌　体　工　程

一、施工概述

1. 定义

砌体工程主要由块材和胶结材料组成，通过胶结材料将块材结合成整体，以满足正常使用要求及承受结构的各种荷载。块材一般为块石、料石、卵石、混凝土预制块等，如图 12－1 所示。胶结材料一般为水泥砂浆与混凝土等，如图 12－2 所示。

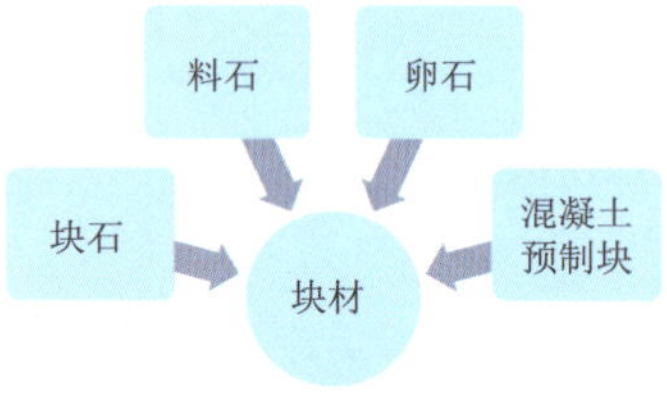

图 12－1　块材的分类

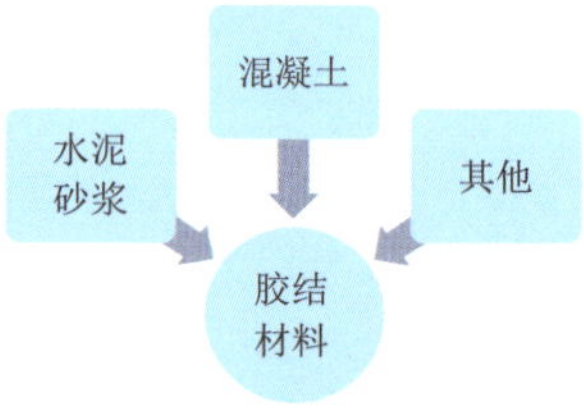

图 12－2　胶结材料的分类

2. 分类

砌体工程按砌筑工艺分类可分为如图 12－3 所示的类型：干砌石砌体、浆砌石砌体、灌砌石砌体、预制块砌体。

3. 应用场景

砌体工程常应用于河（渠）道、堤防、围垦、闸站、水库大坝等水利工程的大方脚、挡墙、护坡以及防冲消能结构部位等。

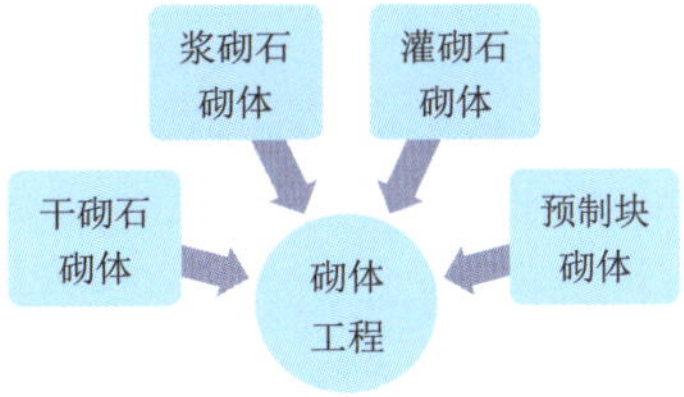

图 12-3　砌体工程砌筑工艺类型

二、监督检查要点

1. 检查要点 1：砌体块材质量

(1) 要点解读：块材质量是砌体工程质量的核心，检查石材取样检验情况，核查材料进场报验资料。

1) 石材（块石、料石、卵石）。质地坚硬，无风化剥落和裂缝，岩性、抗压强度、软化系数、单块质量等参数符合设计要求；块石至少有一个平整面，一般要求块石中部厚度大于 15cm；料石长、宽、厚规格满足设计要求，外露面凹凸相差小于 1.0cm（粗料石）、0.5cm（细料石）。

2) 混凝土预制块。规格尺寸、强度等级和耐久性（抗冻）指标符合设计要求，外观质量观感良好，无缺角掉边、扭曲、开裂、蜂窝麻面等缺陷；混凝土预制块实际强度未到设计强度 70%以上不宜用于砌筑。

(2) 检查依据：《堤防工程施工规范》（SL 260—2014）第 5.2.7 条明确了石料质量检查有关要求。

2. 检查要点 2：砌体胶结材料质量

(1) 要点解读：检查砌体胶结材料质量基本要素：砂浆、混凝土配合比，水泥、骨料等原材料质量，拌和质量；检查砂浆、混凝土强度质量检验评定资料。

砂浆和混凝土配合比通过试验确定（如设计有抗冻、抗渗要求时，进行抗冻、抗渗试验）。拌和质量（配料质量偏差、拌和时间等）符合规范要求；水泥砂浆细骨料优选中砂，稠度为 40～70mm；细石混凝土坍落度为 70～90mm，粗骨料粒径不大于 20mm。

(2) 检查依据：《水闸施工规范》（SL 27—2014）第 9.2.2 条、第 9.2.5 条明确了胶结材料质量检查有关内容。

3. 检查要点 3：砌石体工程质量

(1) 要点解读：砌石体工程一般分为浆（灌）砌和干砌两种，砌体砌筑质量不仅影响外观，还可能引发施工期、运行期砌体塌陷、砌缝渗水，遇不良工况砌体被冲毁的严重隐患。检查影响砌体质量的因素，如石材质量不佳，石料尺寸过小，砌筑方法不当，砂浆或混凝土强度不足以及封边、坐浆、填浆不密实等。

1) 干砌石。采用立砌法施工，遵循层间错缝原则，先框格砌筑再进行腹石砌筑，砌体缝口紧密，底部稳实，无架空、叠砌和浮塞。干砌石质量控制标准见表 12-1。

2）浆（灌）砌石。采用坐浆法施工，铺浆厚度为 3～5cm；遵循随铺浆随砌石，内外搭砌，上下错缝，丁顺相间原则；先角石砌筑，再镶面石砌筑，后腹石砌筑，确保砌体胶结材料饱满、密实；砌体均衡上升，相邻段砌筑高差和每日砌筑高度不超过 1.2m；砌体上的预埋件、预留孔洞、排水孔、伸缩缝等按设计要求留置；杜绝通缝、干缝、空缝和孔洞。浆（灌）砌石质量控制标准见表 12－2 和表 12－3。

表 12－1　干砌石质量控制标准

检查内容	质 量 要 求	检查方法
砌筑质量	石块稳固，无松动，无宽度在 1.5cm 以上、长度在 50cm 以上的连续缝	观察
护坡厚度	厚度小于 50cm，允许偏差±5cm	量测
	厚度大于 50cm，允许偏差±10%	
坡面平整度	允许偏差±8cm	量测

表 12－2　浆砌石质量控制标准

检查内容	质 量 要 求	检查方法
砌筑质量	无先填碎石块后塞砂浆现象，胶结材料饱满，饱满度大于 80%，无明显松散、空洞	翻撬
护坡厚度	允许偏差±5cm	量测
挡墙厚度	不小于设计要求	量测
挡墙面垂直度	料石墙面小于墙高的 0.5%，且不大于 20mm	量测
	块石墙面小于墙高的 0.5%，且不大于 30mm	量测
坡面平整度	允许偏差±5cm/2m	量测
排水孔、伸缩缝	材质、规格尺寸、间距等安装质量符合设计要求	量测
砌体勾缝	勾缝砂浆强度大于砌筑砂浆强度，无开裂、脱落	观察

表 12－3　灌砌石质量控制标准

检查内容	质 量 要 求	检查方法
砌筑质量	无先嵌填小石再灌缝现象，块石净距大于粗骨料粒径，胶结材料插捣密实，无明显松散、空洞	翻撬
护坡厚度	允许偏差±5cm	量测
坡面平整度	允许偏差±8cm	量测
排水孔、伸缩缝	材质、规格尺寸、间距等安装质量符合设计要求	量测

（2）检查依据：

1）《水闸施工规范》（SL 27—2014）第 9.4.1 条、第 9.4.3 条明确了干砌石砌筑质量检查有关内容。

2)《水闸施工规范》(SL 27—2014) 第 9.3.3 条、第 9.3.4 条、第 9.3.6 条明确了浆(灌)砌石砌筑质量检查有关内容。

3)《水利水电工程单元工程施工质量验收评定标准——堤防工程》(SL 634—2012) 表 10.0.6、表 10.0.7 和表 10.0.11 明确了干砌石、浆(灌)砌石施工质量标准。

4. 检查要点 4:混凝土预制块砌体

(1) 要点解读:混凝土预制块砌体常用于护坡面施工,具有铺砌速度快、导滤效果好及外观整齐等优点。检查要点主要为混凝土预制块的制作和铺砌。

1) 预制块制作尺寸、混凝土强度满足设计要求,养护到位,实体质量检测合格,外观无裂缝、麻面、棱角破损等。

2) 预制块铺砌遵循先框格后铺砌原则,建议采用分段挂线铺设方法,铺砌质量平整稳定、缝隙紧密、缝线规则。混凝土预制块砌体质量控制标准见表12-4。

表 12-4 混凝土预制块砌体质量控制标准

检查内容	质量要求	检查方法
预制块制作质量	单块尺寸允许偏差±5mm	量测
	混凝土强度满足设计要求	试验检测
	外观质量无裂缝、麻面、棱角破损等	观察
铺砌质量	平整稳定、缝隙紧密,缝线规则	观察
坡面平整度	允许偏差±1cm/2m	量测

(2) 检查依据如下:

1)《水闸施工规范》(SL 27—2014) 第 9.5.1 条明确了混凝土预制块制作质量检查有关内容。

2)《水闸施工规范》(SL 27—2014) 第 9.5.2 条、第 9.5.3 条、第 9.5.5 条明确混凝土预制块铺砌质量检查有关内容。

3)《水利水电工程单元工程施工质量验收评定标准——堤防工程》(SL 634—2012) 表 10.0.8 明确了混凝土预制块砌体施工质量标准。

三、试验与检测

(一) 原材料和中间产品检测

检查砌体工程中的石材、水泥、砂石骨料等块材和胶结材料按照设计要求以及《水工混凝土施工规范》(SL 677—2014) 等相应规范、文件要求进行质量检测情况。

（二）实体质量检测

砌体工程实体质量检查以现场观察、翻撬或铁钎插检为主，混凝土预制块制作质量进行试验检测，具体质量控制标准见表12-5。

表12-5 砌体工程实体质量控制标准

检查内容	质量要求	检查方法
干砌石	石块稳固，无松动，无宽度在1.5cm以上、长度在50cm以上的连续缝	翻撬
浆砌石	胶结材料饱满，饱满度大于80%，无明显松散、空洞	翻撬
灌砌石	胶结材料插捣密实，无明显松散、空洞	翻撬
混凝土预制块砌体	混凝土强度满足设计要求	试验检测

四、典型问题

典型问题：灌砌石混凝土占比量未达到设计要求含量

（1）工程概况：某中型水闸工程涉及下游连接段镇压层灌砌块石护面，设计要求灌砌块石单重不小于50kg，块石间竖缝宽度为8～10cm，错缝搭接，无通缝；混凝土量不小于砌体量的45%。

（2）主要问题及原因分析。监督机构在对该工程开展质量监督检查时发现，某区块灌砌石块石间竖缝宽5cm左右，未满足设计缝宽8～10cm的要求，对混凝土用量产生怀疑。经检测单位试验检测，实测该区块灌砌石混凝土占比量为30%，未达到含量45%的设计要求。经分析主要原因为：施工时部分块石竖向缝宽太小，导致混凝土含量不足，从而影响了灌砌石的整体质量。

（3）处理方案。考虑水闸运行后，灌砌石护面需经受外海潮水冲刷，为水闸工程关键部位，本着质量第一，对工程负责的态度，该区块灌砌石作返工处理。

（4）处理情况。凿除原灌砌石，严格按设计要求进行重新施工，施工完成后对混凝土含量进行试验检测，检测结果混凝土含量47%，满足设计要求。影像资料、检查记录台账齐全。

第二节 土工合成材料

一、施工概述

1. 定义

土工合成材料是指工程建设中应用的与土、岩石或其他材料接触的聚合物材料的总称，具有加筋、防护、过滤、排水、隔离等功能。

2. 分类

《水电水利工程土工合成材料施工规范》（DL/T 5743—2016）将土工合成材料分为土工织物、土工膜、土工复合材料和土工特种材料四大类，如图 12－4 所示。

- 土工合成材料
  - 土工织物
    - 织造
      - 机织（含编织）
      - 针织
    - 非织造
      - 针刺
      - 热粘结
      - 化学粘结
  - 土工膜
  - 土工复合材料
    - 复合土工膜
    - 复合土工织物
    - 复合排水材料（如排水带、排水管、排水防水材料等）
  - 土工特种材料［包括土工格栅、土工带、土工格室、土工模袋、土工网垫、土工织物膨润土垫（GCL），聚苯乙烯板块（EPS）等］

图 12－4　土工合成材料组成分类

3. 应用场景

主要适用于基础处理、土石坝（堤）防渗反滤工程。

二、监督检查要点

1. 检查要点 1：原材料质量

（1）要点解读：土工合成材料生产厂家众多，产品质量良莠不齐，应选择可靠生产厂家的产品，通过进场检测，规范现场存放，从源头控制土工合成材料的质量。

1）根据设计和规范要求，检查进场土工合成材料的性能检测成果资料，查验进场报验程序。检测项目和内容见表 12－6。

表 12－6　土工合成材料进场检测项目和内容

检测项目	检 测 内 容	检 查 方 法
物理性能	厚度、单位面积质量、等效孔径等	查看检测资料或现场试验检测
力学性能	抗拉强度、撕裂强度、顶破强度、摩擦系数等	
水力学性能	垂直、平面渗透系数等	
耐久性	抗老化、抗化学腐蚀、温度稳定性等	

2）检查现场存放条件。存放地应远离火源和酸、碱等腐蚀性介质，露天堆放采取有效遮盖措施。

（2）检查依据：《土工合成材料应用技术规范》（GB/T 50290—2014）第

3.1.1 条、第 3.1.6 条、第 3.1.7 条和《水电水利工程土工合成材料施工规范》（DL/T 5743—2016）第 3.1.2 条、第 3.1.3 条、第 3.1.5 条、第 3.1.7 条明确了土工合成材料进场检测、现场存放有关检查内容。

2. 检查要点 2：土工合成材料铺设质量

（1）要点解读：土工合成材料铺设质量主要检查基础面、拼接质量、铺设质量以及铺设保护等环节。

1）反滤、排水功能的土工合成材料铺设要点。铺设平顺、松紧适度，坡面铺设自下而上进行；拼接首选缝接工艺，可选搭接工艺；铺设后采用碎石袋、土包袋等有效固定措施，坡顶、坡趾采用锚固沟等方法固定牢靠；回填或其他上部施工前，施工机械不得直接接触土工合成材料，以免破损撕裂。土工合成材料拼接形式如图 12-5 所示。

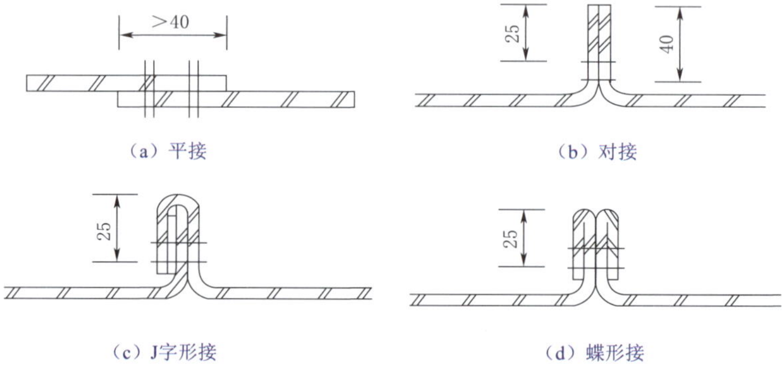

图 12-5　土工合成材料拼接形式（单位：mm）

2）防渗功能的土工合成材料铺设要点。土工合成材料一般为（复合）土工膜，采用平直坡形、锯齿形、折坡形等形式布设；铺设平顺，余度适量，尽量减少拼接；土工膜拼接采用热熔焊法连接，通过拼接工艺试验确定焊接温度、行走速度等施工参数；现场铺设后及时覆盖。各种类型的铺设形式如图 12-6 所示。

3）加筋、固坡功能的土工合成材料铺设要点。适用于软土地基加筋、土坡加筋、土挡墙加筋、加筋土等。

软土地基加筋铺设优选宽幅筋材，强度大的方向垂直堤坝轴线方向；铺设时拉紧筋材，无皱褶；土工格栅筋材采用扣件连接，土工布筋材采用缝接；铺设后及时有效固定、保护、覆盖。

土坡加筋铺设筋材强度大的方向垂直于坡面，顺坡长方向搭接宽度大于 30cm；包裹式坡面筋材包回长度无设计要求时，不小于 1.2m；坡顶设排水系统；铺设后及时有效固定、保护、覆盖。图 12-7 所示为筋材包裹形式。

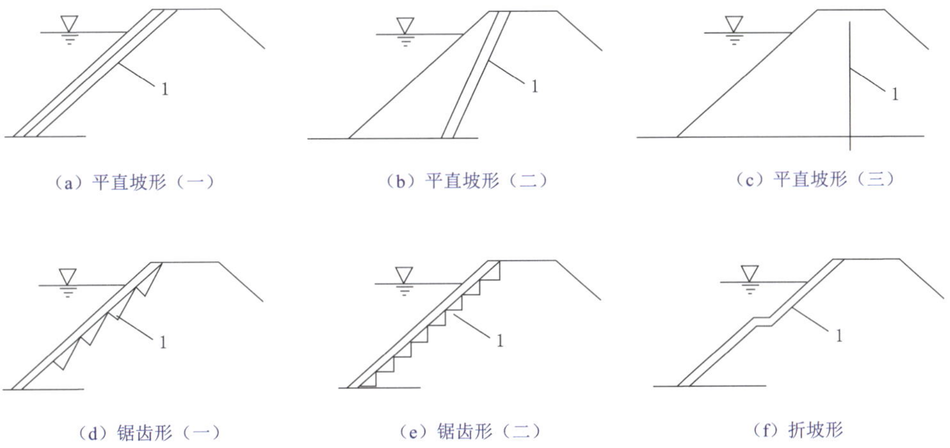

图 12－6　（复合）土工膜铺设形式

1—复合土工膜

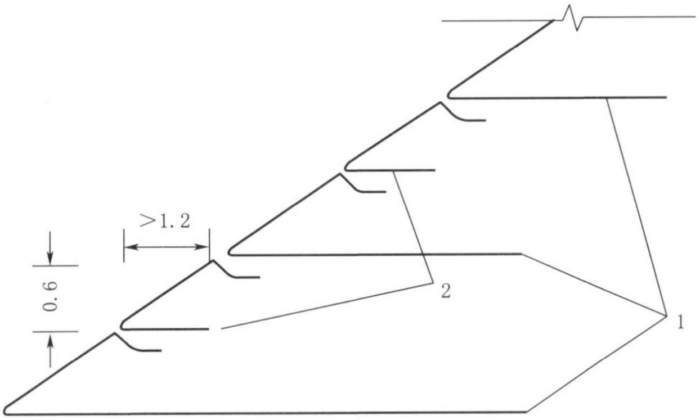

图 12－7　筋材包裹形式（单位：m）

1—主筋材；2—辅筋材

土挡墙加筋铺设筋材强度高的方向尽量无接头设置、垂直于墙面，铺设平整，筋材尾部有效固定。具体铺设方式如图 12－8 所示。

（2）检查依据：《水电水利工程土工合成材料施工规范》（DL/T 5743—2016）第 4.1～4.5 条。

3. 检查要点 3：塑料排水板施工质量

（1）要点解读：塑料排水板施工分为陆上施工和水上施工，具体施工工艺顺序如图 12－9 和图 12－10 所示。其目的为了加速地基土固结，提高地基承载力，实现地基稳定。主要检查项目包括塑料排水板进场检测、插打深度、垂直度、接板质量、回带长度、外露长度等，塑料排水板质量控制标准见表 12－7。

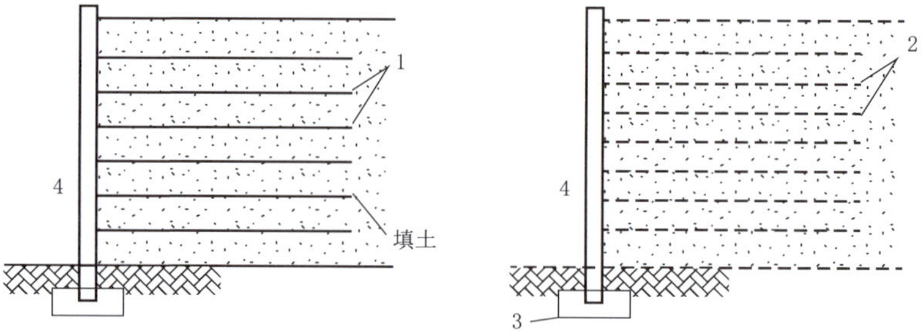

（a）刚性筋土挡墙铺设方式　（b）柔性筋土挡墙铺设方式

图 12-8　加筋土挡墙铺设方式

1—筋材；2—土工合成材料；3—基础；4—面板

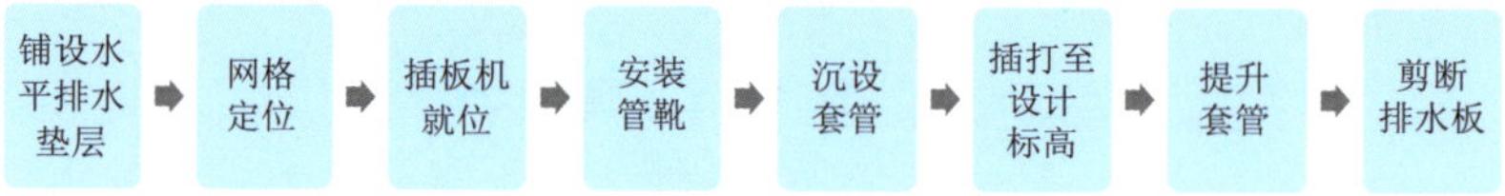

图 12-9　陆上施工工艺顺序

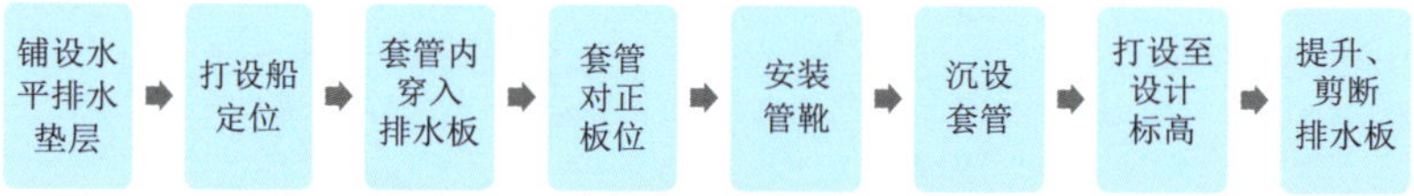

图 12-10　水上施工工艺顺序

1）塑料排水板采用原生料，存放期超过 6 个月，需重新抽样检测。如果选择再生料芯板，应结合使用年限、地质条件等，经科学论证确定。

2）检查塑料排水板接头质量和数量：接头芯板搭接长度不小于 20cm；打入地基的塑料排水板宜为整板，需要接长时，每根塑料排水板不得多于 1 个接头，相邻排水板不得同时出现接头，且不得超过总打设根数的 10%。

表 12-7　塑料排水板质量控制标准

检查内容		质 量 要 求	检查方法
排水板接头		搭接长度不小于 20cm；且不大于总打设根数的 10%	量测
回带长度 50cm		小于 50cm，且不大于总打设根数的 5%	量测
外露长度		不小于 20cm	量测
垂直度		不大于 1.5%	量测
定位偏差	陆上	小于 30cm	量测
	水上	小于 50cm	量测

3）检查回带长度和回带数量。回带长度应小于50cm，且回带根数不超过总根数的5%。

4）检查外露长度。塑料排水板在水平垫层表面的外露长度应大于20cm。

（2）检查依据：《水运工程塑料排水板应用技术规程》（JTS 206－1—2009）明确了塑料排水板施工质量检查有关内容。

三、试验与检测

土工合成材料按照设计要求以及《水利水电工程土工合成材料应用技术规范》（SL/T 225—98）、《浙江省水利工程质量检测管理办法》（浙水建〔2017〕23号）等相应规范、文件要求进行质量检测。常用土工合成材料检测标准见表12－8。

表12－8　常用土工合成材料检测标准

名称	主要检测项目	主要技术标准	检测组数/批量
复合土工膜和土工布	单位面积质量、厚度、断裂伸长率、撕裂（破）强度、渗透系数等	《土工合成材料　短纤针刺非织造土工布》（GB/T 17638—2017）、《土工合成材料　长丝纺粘针刺非织造土工布》（GB/T 17639—2008）、《土工合成材料　长丝机织土工布》（GB/T 17640—2008）、《土工合成材料　裂膜丝机织土工布》（GB/T 17641—2017）	每1万m^2，按不同规格、厚度各测一组，不足1万m^2也应测一组。每批取2%～3%，但不少于2卷，取足够试样进行检测
土工格栅	规格、幅宽、屈服伸长率等	《土工合成材料　塑料土工格栅》（GB/T 17689—2008）	统一规格且不超过500卷为一批，每批抽3卷进行宽度和外观检查，再从中取1卷取足够试样，进行力学性能检验和定型检验
塑料排水板	外观及排水、力学性能	《塑料排水板质量检验标准》（JTJ/T 257—96）	同批次每20万m检测一次，不足20万m也应检测一次
接缝检测	目测法、现场检漏法、抽样测试法	《土工合成材料应用技术规范》（GB/T 50290—2014）	现场检漏法应对全部接缝进行检测；抽样测试法约1000m^2取1个试样，做拉伸强度试验

四、典型问题及案例

典型问题：土工合成材料进场检测设计指标不合格

【案例】（1）工程概况：某中型围涂工程，原材料涉及土工合成材料，其中裂膜丝机织土工布设计指标为：单位面积质量460g/m^2，幅宽允许偏差－0.5%，经向断裂强度120kN/m，纬向断裂强度大于经向断裂强度的0.7倍，断裂伸长度不大于25%，CBR顶破强力9.7kN，垂直渗透系数不小于1×10^{-3}cm/s，090

等效孔径不大于0.5mm，撕破强力1.30kN。

（2）主要问题及原因分析。该批次120kN/m裂膜丝机织土工布于2020年8月10日进场备料。8月11日，施工单位进行取样自检，监理单位见证取样。8月15日上午，检测单位出具检测报告，其中090等效孔径0.7mm，不满足设计要求的不大于0.5mm。分析认为，生产厂家生产质量波动、不稳定。

（3）处理方案：①重新采购一批次120kN/m裂膜丝机织土工布备用，履行进场检测程序；②对不合格批次材料进行见证双倍取样复检；③统计同一厂家近几个批次的质量检测情况，必要时更换供货厂家。

（4）处理情况：①8月16日，施工单位重新采购一批次120kN/m裂膜丝机织土工布；8月19日，检测单位出具检测报告，检测结果全部合格，同意进场使用。②8月16日，对不合格批次材料进行见证双倍取样复检；8月19日，检测单位出具双样复检检测报告，等效孔径分别为0.8mm、0.7mm，仍不满足设计要求的不大于0.5mm，做退场处理。③择优选择供应厂家，以备更换。影像资料、检查记录台账齐全。

第三节 防护工程

一、施工概述

1. 定义

本节所指防护工程是指用以防止波浪、水流的侵袭、淘刷和在土压力、地下水渗透压力作用下造成的岸坡崩坍而建设的各种水利工程和设施。

2. 分类

防护工程常用方式有抛石、合金网兜抛石、抛投异型混凝土预制块、生态网箱、仿木桩等。本节主要介绍抛石、生态网箱护脚的质量监督技术要点。

3. 应用场景

常用于水利工程中的护底、护脚、护岸等部位以及应急抢险工程。

二、监督检查要点

1. 检查要点1：抛石质量

（1）要点解读：抛石施工分陆域软基地段或浅水域抛石和深水域抛石，陆域软基地段或浅水域抛石相对较为简单可控，深水域抛石施工应重点检查石料质量、抛石位置、抛石厚度等。

1）石料无风化，石质、块重、尺寸应满足设计要求。如采用金属网笼装填抛投，石料大小不得小于网目尺寸，装填后质量满足设计要求。

2）抛投施工尽量安排在枯水期水位较低时进行。抛投前，测绘抛投区水深、流速、断面形状等特性，划分抛投区网格图，换算网格抛投量，定位抛投位置。抛投时，遵循从深水网格向近岸浅水网格抛投的原则。如果采用金属网笼装填抛投，还需遵循错缝抛沉、捆绑抛投原则。

3）及时探测和检查抛投位置、抛投厚度。

（2）检查依据：《堤防工程施工规范》（SL 260—2014）第 9.2.3 条明确了抛投石质量检查有关内容。

2. 检查要点 2：生态网箱质量

（1）要点解读：生态网箱的四种结构形式如图 12－11 所示，其施工检查内容主要包括网垫、网箱材料、装填料质量、抛投质量等，具体质量控制标准如下。

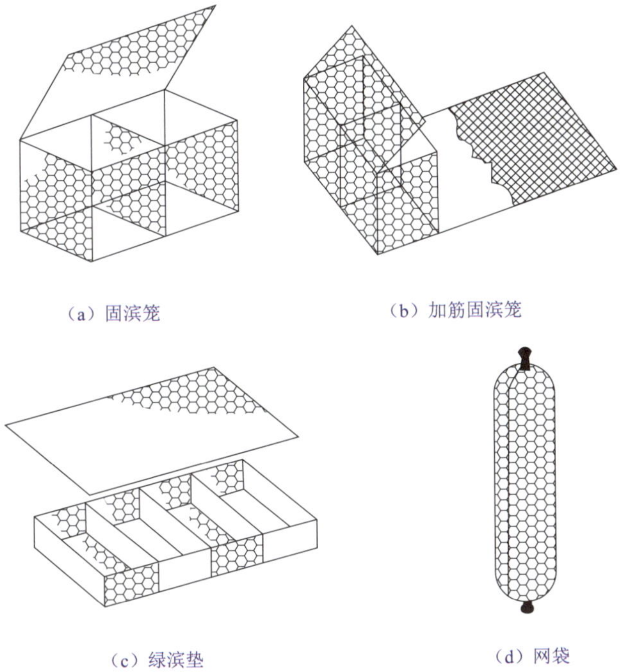

（a）固滨笼　（b）加筋固滨笼　（c）绿滨垫　（d）网袋

图 12－11　生态网箱的四种结构形式示意图

1）根据设计和规范要求，查验进场格网、边丝、扎丝、填充材料等构筑生态网箱主要元素检测成果以及报验资料。

2）查验装填料级配实验分析成果。中值粒径为 $1.5D\sim2.0D$，不在外表面的填料可有 15％的超出范围，填充后生态格网结构的空隙率小于 30％，网箱单体最低重量应满足设计要求。

3）检查网箱填料质量。填料过程，箱体平稳；同时均匀向同层多个箱体投料时，不得向单个箱体一次性投满；分层投料密实，且按规范要求及时进行内部连接加强钢丝绑扎。如设计无明确要求，每层投料厚度应控制在30cm以下，填充材料顶面高出箱体结构3～5cm。

4）检查网箱抛投质量，平面位置符合设计要求；层与层间纵横交错，上下联结，无“通缝”现象。

（2）检查依据：参照《生态格网结构技术规程》（CECS 353：2013）第8.3.1条、第8.3.2条、第8.4.2条、第8.4.3条、第8.4.4条明确生态网箱施工质量控制的相关规定。

三、试验与检测

（一）原材料检测

格网、边丝、扎丝、填充物等材料按照设计要求以及《生态格网结构技术规程》（CECS 353：2013）等相应规范进行质量检测情况。

（二）实体质量检测

检查实体质量以现场量测、观察石料和生态网箱的范围和厚度，现场观察网箱组装质量为主。水下船抛石料，必要时可采用地质雷达水下探测法。

四、典型问题及案例

典型问题：抛石料质量不满足设计要求

【案例】某堤防工程，迎水侧护脚防冲采用抛石体结构，抛石要求耐久性好、无风化，饱和抗压强度不小于40MPa，单块质量不小于100kg，不允许使用片石、小石。监督检查发现，迎水侧护脚防冲部分抛石料风化严重，块重不足，且小石较多。

（1）原因分析。石料未经筛选，以次充好。

（2）处理过程。机械筛选迎水侧护脚防冲抛石料，重新抛投施工，剔除不合格石料，填充合格石料。施工单位按处理方案对迎水侧护脚防冲进行返修，监理单位进行了旁站监理。返修后，抛石料满足设计要求。影像资料、检查记录台账齐全。

本章小结

将砌体及防护工程单独列成一章，主要考虑相关内容在浙江水利工程建设中较为普遍，虽然技术难度低，但总体施工质量水平并不高。对于基层监督人员而言，掌握砌体及防护工程施工技术要点及质量检测要求，实用性强，更具有指导意义。

第十三章　金属结构与机电设备质量监督要点

金属结构与机电设备是直接关系公共安全、生命财产安全的重要工业产品，普遍使用在水利枢纽、水电站、防洪、灌溉、排涝、引水等工程中。水利工程质量监督工作中接触的金属结构和机电主要包括钢闸门、启闭机、压力钢管、水轮机、水泵、电气设备等。

第一节　水利水电工程钢闸门

一、施工概述

1. 定义

闸门是指设置在水工建筑物的过流孔口并可操作移动的挡水结构物，主要有泄洪、发电、灌溉、通航、冲沙、供水和排涝等功能。

2. 分类

闸门按照操作水头，可划分为低水头闸门（25m 水头以下）、中水头闸门（25～50m 水头）、高水头闸门（50～80m 水头）、特高水头闸门（80m 水头以上）。

闸门按结构形式又可分为平面闸门、弧形闸门、叠梁闸门、浮箱闸门、转动式闸门、扇形闸门、圆辊闸门、圆筒闸门、人字闸门等。

3. 应用场景

工作闸门承担主要工作并能在动水中启闭，适用门型较多。事故闸门指当闸门下游（或上游）发生事故时，能在动水中关闭的闸门，当需快速闭门时，也称快速闸门。快速闸门宜在静水中开启，主要为平面闸门。检修闸门系指水工建筑物和机械设备等检修时用以挡水的闸门，这种闸门宜在静水中启闭，主要为平面闸门。

二、监督检查要点

1. 检查要点 1：设备进场交接验收

（1）要点解读：水工金属结构、启闭机及机电设备进场后应进行交货验收，应检查其出厂合格证等文件是否齐全，并按合同要求进行必要的质量检测。无出厂合格证或不符合质量标准的产品不得用于工程中。交接验收应由制造、安装、监理及业主单位共同参加，出具交接验收证书。

（2）检查依据：《水利水电工程施工质量检验与评定规程》（SL 176—2007）

第 4.3.4 条。

2. 检查要点 2：主要材料（钢材、焊接材料、滑块、水封、防腐材料等）出厂质量证明书或质量复验资料

（1）要点解读：钢材质量必须符合国家现行相关标准的规定，并具有出厂质量证书。根据《钢及钢产品交货的一般技术要求》（GB/T 17505—2016）及相关钢产品规范的规定，对钢材有特殊要求的应在协议和供货合同中明确钢材复检标准和要求。

（2）检查依据：《水利水电钢闸门制造安装及验收规范》（GB/T 14173—2008）第 3.2 条。

3. 检查要点 3：闸门门槽安装

（1）要点解读：门槽埋件在完成安装后对闸门形成一个精确的活动空间，保证闸门在门槽内活动并止水良好。门槽安装时必须对连接螺栓及连接筋进行加固，一期插筋必须符合设计图要求，二期模板不得与连接螺栓连接。

工程中的检修门大多采用一扇闸门配多孔门槽使用形式，施工验收阶段，试槽（无水调试）工作必须到位，还应当解决共用门槽的安装缺陷和差异问题，避免产生某个或几个检修门漏水现象。

（2）检查依据：《水利水电钢闸门制造安装及验收规范》（GB/T 14173—2008）第 8.1.11 条～第 8.1.14 条明确了闸门安装要求；第 8.1.15 条明确了门槽的试槽要求。

4. 检查要点 4：闸门及埋件焊缝

（1）要点解读：闸门上的焊缝，除图样上有特殊标示外，均为接头全长连续的焊缝。间断焊缝，结构强度差，后期因焊缝断点太多将导致构件耐蚀性能下降，所以在水工金属结构上拼装、组合处，应全部为封闭焊缝。

（2）检查依据：《水利水电钢闸门制造安装及验收规范》（GB/T 14173—2008）第 4.3.3 条。

5. 检查要点 5：是否安装快速事故闸门紧急关闭按钮

（1）要点解读：快速事故闸门应在中控室设置紧急关闭闸门的控制按钮，目的是能在事故紧急情况下快速、可靠地关闭闸门，使机组不至于飞逸损坏，保证机组及相关设备的安全。

（2）检查依据：《水利工程建设标准强制性条文》（2020 版）第 3.2.6 条明确了闸门紧急关闭按钮的要求。

三、试验与检测

钢闸门（包括平面闸门、弧形门、人字门、拦污栅）的试验与检测要求见表 13-1。

表 13-1 钢闸门（包括平面闸门、弧形门、人字门、拦污栅）的试验与检测要求

<table>
<tr><th>分类</th><th>试验与检测项目</th><th>执行依据</th><th>备注</th></tr>
<tr><td rowspan="3">钢闸门制造</td><td>钢闸门和埋件出厂组装检测</td><td>《水利水电钢闸门制造安装及验收规范》（GB/T 14173—2008）第 7.3 条～第 7.6 条</td><td rowspan="5">从事水利水电工程闸门焊接焊工应持有按照 SL 35 考试合格的水工金属结构焊工考试合格证书。无损检测人员应按照 GB/T 9445 的要求进行培训和资格鉴定合格，取得全国通用资格证书并通过相关行业部门资格认可，质量评定和检测报告审核应由 2 级及 2 级以上的无损检测人员担任</td></tr>
<tr><td>一类、二类焊缝质量检测</td><td>《水利水电钢闸门制造安装及验收规范》（GB/T 14173—2008）第 4.4 条</td></tr>
<tr><td>除锈防腐处理检测</td><td>《水利水电钢闸门制造安装及验收规范》（GB/T 14173—2008）第 6 条</td></tr>
<tr><td rowspan="2">钢闸门安装</td><td>钢闸门和埋件安装质量检测</td><td>《水利水电钢闸门制造安装及验收规范》（GB/T 14173—2008）第 8.1 条</td></tr>
<tr><td>钢闸门相关试验：
（1）平面钢闸门静平衡试验；
（2）各类钢闸门无水或静水全行程启闭试验；
（3）闸门的动水（快速）关闭时间试验；
（4）共门（栅）槽或多门（栅）槽闸门的槽内升降试验；
（5）闸门漏水量和振动检测</td><td>《水利水电钢闸门制造安装及验收规范》（GB/T 14173—2008）第 8.1.15 条、第 8.2.9 条、第 8.5 条</td></tr>
</table>

（一）焊缝质量检测

焊缝内部质量检测可采用脉冲反射法超声波检测、射线检测、衍射时差法超声波检测等方法。焊缝表面缺陷检测常用磁粉检测、渗透检测等，推荐使用磁粉检测。

焊缝常见缺陷如图 13-1 所示。对气孔、夹渣、焊瘤、余高过大、凸度过大等表面缺陷，应先打磨清除，可进行补焊。对根部凹陷、弧坑、焊缝尺寸不足、咬边等超标缺陷，应进行补焊。

（二）闸门表面防护

（1）下列施工条件之一，涂料涂装不得进行：空气相对湿度大于 85%；金属表面温度低于大气露点 3℃以上。

（2）漆膜厚度测定。采用测厚仪检测漆膜厚度，如图 13-2 所示。测点距离为 1.0m 左右，85%以上测点厚度应符合设计要求。漆膜最小厚度不低于设计厚度的 85%。

图 13-1（一） 焊缝常见缺陷

图 13－1（二） 焊缝常见缺陷

图 13－2 测厚仪测定漆膜厚度

（3）漆膜附着力检测。采用划格法或拉开法检测漆膜附着力。均为破坏性试验，漆膜附着力前三级均为合格漆膜。拉开法是附着力定量测试方法，适用于不同厚度涂层。

（4）闸门外观检测。涂层表面应光滑、颜色均匀一致，无皱皮、气泡、流挂、针孔、裂纹、漏涂等缺陷。

常见缺陷参见《水工金属结构防腐蚀规范》（SL 105—2007）第 4.3 条涂装施工和第 4.4 条的质量检验。

（三）平面闸门静平衡试验

《水利水电钢闸门制造安装及验收规范》（GB/T 14173—2008）第 8.2.9 条规定：平面闸门应做静平衡试验。

平面闸门静平衡试验是检查闸门启闭时能否与门槽准确配合。闸门配重一是为了增加闸门闭门力，防止在闸门自重不足时不能正常闭门；二是可以调整闸门上、下游与左、右方向的倾斜角度。

试验方法：将闸门吊离地面100mm，通过滚轮或滑道的中心测量上、下游与左、右方向的倾斜。平面闸门的倾斜不应超过门高的1/1000，且不大于8mm。当超过时，应予配重，配重需经设计复核。

该试验应由安装单位现场完成，并形成试验报告。静平衡试验及加配重如图13-3所示。

（四）闸门安装调试

闸门安装完应进行调试，进行闸门无水试验、有水试验。

图13-3　静平衡试验及加配重

（1）闸门与启闭机连接前，启闭机应进行空载试验。

（2）闸门进行无水或静水情况下的全行程启闭试验，并组织验收。

（3）无水试验合格后，进行动水启闭试验。有条件的，事故闸门宜做动水关闭试验；机组进水口快速闸门应结合发电机组的甩负荷试验，做动水关闭的保护试验，动水关闭的时间应满足设计要求。动水启闭试验需经联合验收。

（4）闸门处于工作部位后，应进行灯光或其他方法检查橡胶水封的压缩程度（即漏光试验），不应有透亮或间隙；检查冲水阀的严密程度是否满足设计要求。闸门在承受设计水头压力时，通过任意1m长止水范围内漏水量不应超过0.1L/s。

（5）试验前施工单位需编制试验方案，试验后出具试验报告。

四、典型问题及案例

典型问题：门槽预埋件不按图施工

门槽预埋件施工时，常常出现不按图施工的情况。立模时，将模板直接与门槽调整螺栓和连接板绑扎，二期浇筑时混凝土振捣挤压导致门槽变形、断裂。门槽直接与一期埋件焊接的，安装尺寸要求控制在2～3mm，混凝土模板不得和门槽埋件连接。

【案例】　如图13-4所示，某工程门槽一期插筋预埋尺寸与设计尺寸严重不符，门槽埋件调整螺栓无法与一期插筋正确对接。调整螺栓与连接板，现场重新改制，按一期插筋布置。焊接变形大、安装尺寸精度控制困难，致使二期混凝土浇筑时门槽变形。

图 13－4　门槽预埋件不按图施工案例

第二节　水利水电工程压力钢管

一、施工概述

1. 定义

水利水电工程压力钢管是用于水电站、输水工程的钢制管道，主要起引水功能。

2. 分类

压力钢管按结构形式可分为以下三种：

（1）地下埋管。埋入岩体内中，钢管与岩壁之间填筑混凝土或水泥砂浆。

（2）坝内埋管。埋设在坝体混凝土中。

（3）其他坝后背管、回填管（在地面挖沟，安装钢管后回填土）等。

3. 应用场景

水电站无论是抽水蓄能式，还是惯常式，绝大多数都设有压力钢管。在抽水蓄能式发电站中，上池与下池之间的连接管路采用压力钢管，而在惯常式发电站中，水头高度顶端的前池与底处水轮机连接的水压管线也采用压力钢管。

二、 监督检查要点

1. 检查要点1：主要材料（钢材、焊接材料、防腐材料等）质量证明书或质量复验资料

（1）要点解读：钢材质量必须符合国家现行相关标准的规定，并具有出厂质量证书。对钢材有特殊要求的，应在协议和供货合同中明确钢材复检标准和要求。

（2）检查依据：《水利工程压力钢管制造安装及验收规范》（SL 432—2008）第3.4条。

2. 检查要点2：加劲环、支撑环、止推环的对接焊缝与钢管焊缝的处理

（1）要点解读：加劲环、支撑环、止推环的对接焊缝与钢管纵缝应错开200mm以上。在与钢管纵缝交叉处，应在加劲环等内弧开不小于30mm的避缝孔，避缝孔和串通孔焊缝端头应封闭焊接。

在装配环类附件时开避缝孔，主要是避免出现焊缝十字接头，因为焊缝十字接头处不利的焊接应力场分布将会出现三向拉应力，且在交汇点上容易出现焊接缺陷，从而使焊接接头的力学性能下降。

（2）检查依据：《水利工程压力钢管制造安装及验收规范》（SL 432—2008）第4.1.27条～第4.1.29条。

3. 检查要点3：钢管焊缝布置

（1）要点解读：当两种焊缝距离近时，增加了焊接缺欠发生的概率，所以应防止因焊缝交叉、密集布置而影响钢管结构强度的问题发生。尤其是水平或倾斜部位，往往是受力最大区域，一旦一条焊缝出现开裂便很快传递到另一条焊缝，止裂性差，需要特别注意。

（2）检查依据：《水利工程压力钢管制造安装及验收规范》（SL 432—2008）第4.1.2条～第4.1.5条。

4. 检查要点4：压力钢管灌浆孔堵焊

（1）要点解读：灌浆孔焊接难度大，质量易出现问题，引起钢管漏水，甚至导致山体滑坡冲毁电站的严重事故。灌浆孔堵头焊接不必焊透，很多焊工不了解其功能总试图加深焊接坡口，因封闭焊缝导致焊接时约束度大，焊接残余应力很高，产生焊接接头和灌浆孔堵头开裂而漏水。安装单位需对每个灌浆孔进行渗透检测（PT）或磁粉检测（MT），出具检测报告。压力钢管试验与检测要求见表13-2。

（2）检查依据：《水利工程压力钢管制造安装及验收规范》（SL 432—2008）第5.2.8条。

三、 试验与检测

压力钢管（包括明管、埋管、岔管、伸缩节等）的试验与检测要求见表13-2。

表 13-2　压力钢管（包括明管、埋管、岔管、伸缩节等）的试验与检测要求

分类	试验与检测项目	执行依据	备注
压力钢管制作	钢材试验（含物理化学性能检测）	对钢材有特殊要求的	从事水利水电工程压力钢管焊接工作的焊工应持有按照 SL 35 考试合格的水工金属结构焊工考试合格证书。无损检测人员应按照 GB/T 9445 的要求进行培训和资格鉴定合格，取得全国通用资格证书并通过相关行业部门资格认可，质量评定和检测报告审核应由 2 级及 2 级以上的无损检测人员担任
	焊缝无损检测	《水利工程压力钢管制造安装及验收规范》（SL 432—2008）第 6.4 条	
	岔管消应处理和水压试验	《水利工程压力钢管制造安装及验收规范》（SL 432—2008）第 7 条和第 9 条	
压力钢管安装	压力钢管充水试验	《水利工程压力钢管制造安装及验收规范》（SL 432—2008）第 9 条	
	焊缝无损检测	《水利工程压力钢管制造安装及验收规范》（SL 432—2008）第 6.4 条	

（一）工艺性试验

1. 钢管、叉管焊后消应处理

消应处理方式有热处理消应、爆炸消应、振动时效消应等。压力钢管焊接后产生的残余应力是引起钢管脆性断裂的重要原因之一，所以需对压力钢管进行消应处理，消应处理需出具试验报告。

2. 钢管、叉管水压试验

压力钢管水压试验主要为检查管道力学性能强度、管道焊接质量，用水压试验法对管道的强度和严密性进行试验。水压试验前需编制水压试验方案，出具水压试验报告，有关单位进行联合验收。

3. 焊接工艺评定

焊接工艺评定是为了验证施焊中的焊接工艺的正确性，必须在施焊单位内进行，以工艺评定报告为依据，形成用于生产的焊接工艺规程。

（二）质量检测

1. 焊缝表面质量

下列情况之一，应进行焊缝表面无损检测：

（1）当合同文件、设计文件或产品标准有规定时。

（2）外观检验发现裂纹时，对该条焊缝进行 100%的表面检测。

（3）焊补的铸钢件表面。

2. 焊缝内部质量

焊缝外观检验合格后，应进行焊缝内部无损检测。焊缝内部缺欠无损检测可选用脉冲反射法超声波检测（UT）、射线检测（RT）、衍射时差法超声波检测（TOFD）、相控阵超声波检测（PAUT）、X射线数字成像检测（DR或CR）。同一部位使用了两种或两种以上的检测方法，应分别评定合格后方为合格。返工后的焊缝，应重新进行无损检测。

3. 钢管防腐蚀

钢管外壁经局部喷射或抛射除锈后，应达到规定的防锈后表面清洁度。漆膜附着力检查采用划格法或拉开法。

四、典型问题及案例

典型问题：焊缝布置不合理

（1）钢管管节纵缝设置在管节横断面的水平轴线和铅垂轴线上，影响钢管的强韧性。

（2）月牙肋或梁系避开最大横截面8°～10°圆心角值进行焊缝对装拼接（由于最大横截面处受力最大，而焊接接头又是其性能的薄弱部位，所以应该避开最大受力处）。相邻管节的纵缝距离应大于板厚的5倍且不应小于300mm。

当两种焊缝距离近时，易导致焊接缺欠发生的概率。一旦一条焊缝出现开裂很快传递到另一条焊缝，止裂性差，大幅增加安全质量事故发生的可能性。

【案例】 某工程压力钢管的制造及安装过程中不注意焊缝布置，直管纵缝布置在水平位置且与上节纵缝间距只有100mm；岔管所有环缝与纵缝形成“十字缝”且纵缝在水平位置上，导致岔管报废、直管安装返工，如图13-5所示。

图13-5 岔管焊缝布置不符合规范要求

第三节　水利水电工程启闭机

一、施工概述

1. 定义

启闭机为开启和关闭水电工程各类闸门、拦污栅的专业设备。

2. 分类

按综合特征，启闭机可分为螺杆启闭机、链式启闭机、卷扬式启闭机、液压启闭机、台车式启闭机、门式启闭机等。常用启闭机如图 13－6 所示。

按机构特征，启闭机可分为固定式、移动式和其他类型（如手、电动葫芦等）。

(a) 螺杆启闭机　(b) 卷扬式启闭机

(c) 液压启闭机　(d) 门式启闭机

图 13－6　常用启闭机

3. 应用场景

大坝溢洪道检修门、水闸检修门等一机多控操作的启闭机大多采用移动式启闭机（门式启闭机或电动葫芦等），弧门、事故工作门等一机一控操作的大多采用固定式启闭机（螺杆启闭机或卷扬式启闭机等）。

二、质量监督检查要点

1. 检查要点1：启闭机钢丝绳质量

（1）要点解读：安装后的启闭机钢丝绳多余部分不得用火焰切割，不得接长。当吊点在下极限时，钢丝绳留在卷筒上的圈数应符合设计要求。

以往施工过程中存在采用火焰切割钢丝绳的方法，为避免钢丝强度受到影响，建议采用砂轮切割。采取编织的方法接长钢丝绳，既影响钢丝绳强度也影响使用性能，所以禁止接长。启闭机钢丝绳质量及安装示例如图13-7所示。

当吊点在下极限时，钢丝绳留在卷筒上的圈数一般不应小于4圈，其中2圈为固定圈，2圈为安全圈。留的圈数越少，固定绳头端受力越大，绳头越容易滑出。

图13-7　启闭机钢丝绳质量及安装示例

钢丝绳在起重机械中承担重要作用，使用频繁易损坏。钢丝绳的报废和更换标准参考《水利水电起重机械安全规程》（SL 425—2008）附录C或《起重机钢丝绳保养、维护、检验和报废》（GB/T 5972—2016）第6条报废基准执行。

（2）检查依据：《水利水电工程单元工程质量验收评定标准——水工金属结构安装工程》（SL 635—2012）第15.1.6条、《水利水电起重机械安全规程》（SL 425—2008）附录C和《起重机钢丝绳保养、维护、检验和报废》（GB/T 5972—2016）第6条明确了钢丝绳的报废和更换标准。

2. 检查要点2：启闭机安全保护装置

（1）要点解读：与其他起重机械相比，启闭机对提升机构的安全保护要求更高。这主要是因为其工作对象大部分在水中，工作情况不易摸清。如果启闭机发生意外，不仅影响闸门的启闭，有时后果不堪设想。启闭机应装设安全装置，根据不同型式的启闭机采用制动器、荷载限制器、力矩限制器、行程或扬程限制器、缓冲器、防风夹轨器、锚定、液压保护和电气保护等安全装置。

（2）检查依据：《水利水电工程启闭机设计规范》（SL 41—2018）第3.3条。

3. 检查要点3：启闭机备用电源

（1）要点解读：具有防洪功能的闸门的启闭机除保证主电源外，还应设置独立的可靠备用电源。这是紧急状态下，且外部电源无法供电时，确保闸门能够确保泄洪的重要措施。

（2）检查依据：《水利水电工程钢闸门设计规范》（SL 74—2013）第3.1.4条。

三、试验与检测

（一）启闭机试验及试运行

（1）空运转试验。启闭机出厂前，在未安装钢丝绳和吊具的组装状态下进行的试验。

（2）空载试验。对启闭机吊具不施加载荷所进行的试验。

（3）静载试验。是启闭机吊点处于额定载荷位置，组件增加启闭机吊点载荷至额定载荷的1.25倍，操作起升机构离地面一定高度、悬空一定时间，检验启闭机结构的承载能力。

（4）动载试验。按1.1倍额定载荷或运行载荷对启闭机各机构分别进行试验，使各机构的各种动作在其整个运动范围内反复启动和制动，检验启闭机各机构和制动器的功能。

（5）安装单位对启闭机试运转试验需编制试验方案，出具试验报告，各单位进行联合验收。

1）根据质检总局关于修订《特种设备目录》的公告（2014年第114号）的要求，额定起重量不小于3t的起重机（含电动葫芦）需经国家特种设备检验部门检验。

2）卷扬式启闭机试运行、液压启闭机试运行其试运行的检验项目和质量标准根据《水利水电工程启闭机制造安装及验收规范》（SL 381—2007）执行。

（二）焊缝无损检测

焊工应具有国家授权机构签发的合格证，并取得相应的上岗资格证书；无损检测人员应持有与其工作相适应的资格证书。评定焊缝等级应由2级及以资格的检测人员担任。

无损检测应在外观检测合格后进行，有延迟裂纹倾向的钢材，无损检测应在焊接完成24h后进行。裂纹可在焊接过程中、焊接冷却或焊后相当长的一段时间内产生。如未检出缺欠，将对导致质量隐患存在，安全性降低。

（三）电气设备检测

（1）电气设备在室内的防护等级应不低于IP23，在室外的防护等级应不低于IP55。

（2）电阻器的绝缘电阻，常温下应不小于1MΩ；一次回路和二次回路应不低于 11MΩ，潮湿地区应不小于 0.5MΩ；额定电压为 1000V 以下电动机，常温下的绝缘电阻应不小于 0.5MΩ。

（3）启闭机的过电流保护、失电压保护、零位保护、相序保护、限位保护、过载保护、超速保护、联锁保护等应符合设计要求。

四、典型问题及案例

典型问题：轨道安装方式错误

泵站检修门电动葫芦轨道安装有预埋板或连接螺栓等方式，需由钢筋混凝土梁结构承重，如果轨道不按设计要求安装，则可能存在安全隐患。

图 13－8　电动葫芦轨道安装方式

【案例】 如图 13－8 所示，电动葫芦轨道采用钢板外包混凝土梁与起重梁焊接方式连接，由几段焊缝进行承重，不能满足起吊功能需要，存在焊缝断裂、设备损坏的危险。

第四节　水利水电工程机电工程

一、施工概述

1. 定义

水利水电机电工程包括水利机械和水利电气工程两大类，涵盖了设备安装、管道安装、电气、自动化、通风空调、消防等工程专业。

2. 分类

水利水电机电工程中机械主要有水轮机、发电机、变压器、输变电工程、水泵、起重拖动设备、液压系统等。

水轮机按结构形式的不同可分为如图 13－9 所示的类型。

二、 监督检查要点

1. 检查要点 1：消防用电设备

(1) 要点解读：为了保证消防供电安全可靠，应采用独立的双回路供电，以避免与其他负荷共用回路造成可靠性降低的风险。消防用电设备应采用独立的双回路供电，并应在其末端设置双电源自动切换装置，相应工程消防供电回路的电缆应采用耐火型电缆。

(2) 检查依据：《水利工程设计防火规程》（GB 50987—2014）第 10.1.2 条。

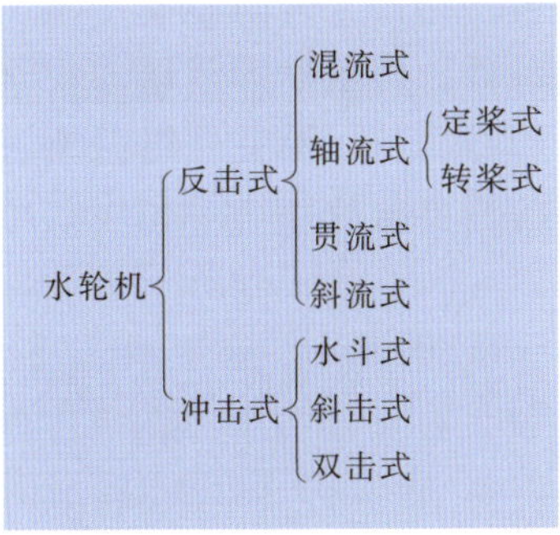

图 13－9　水轮机类型

2. 检查要点 2：发电机组电源闭锁及联锁装置

(1) 要点解读：施工现场的发电机组电源必须与其他电源相互闭锁，严禁并列运行。误操作可能危及人身安全和导致电气事故，为此要求闭锁装置及连锁装置避免事故发生。如高压开关柜的“五防”功能等。

(2) 检查依据：《水利水电工程高压配电装置设计规范》（SL 311—2004）第 4.3.5 条。

3. 检查要点 3：照明安全电压

(1) 要点解读：因空间条件限制，照明器具的安装高度会受到限制，且部分空间（如水泵室）还会比较潮湿，当照明灯具安装高度低于 2.4m 时人体就有可能触及带电部分；携带式的安全灯在使用中更容易发生触电事故；为保证使用人员触电也不受到伤害，特别规定采用 24V 及以下的安全特低电压。

(2) 检查依据：《水利水电工程机电设计技术规范》（SL 511—2011）第 3.10.6 条。

4. 检查要点 4：电缆防火阻燃

(1) 要点解读：电缆隧道、电缆沟、电缆竖井及涉及电缆进出孔洞的需封堵并使用非燃烧材料。水利水电工程中电缆四通八达，电缆在一定条件下具有可燃烧性，一旦失火将导致发电、供电中断，危及人身安全及造成设备损坏事故。所以规定了防止电缆着火蔓延的分隔及封堵措施，使电缆火灾事故控制在局部范围内，减少或避免对关联电联及设备损失。防火分隔物的非燃烧材料耐火极限需通过国家消防 3C 认证。

(2) 检查依据：《水利水电工程机电设计技术规范》（SL 511—2011）第 3.11.8 条～第 3.11.10 条。

三、 试验与检测

水轮发电机组及相关机电设备安装完工检验合格后应进行启动试运行试验

及验收。水轮发电机组（泵站设备）启动试运行是考核机组（泵组）安装质量、装备制造工艺的必要手段，启动试运行成果直接影响机组是否具备投入运行的条件。各工况下运行应安全稳定，其中机械运行测量机组运行温度、运行摆度（双幅值）、测量机组振动（双振幅值），测试结果应符合要求。机电工程试验与检测要求见表 13-3。

表 13-3　机电工程试验与检测要求

分类	试验与检测项目	执行依据	备注
发电机组及泵站设备	承压设备应进行强度耐压试验及严密性试验	《水轮发电机组安装技术规范》(GB/T 8564—2003) 第 4.11 条；《泵站设备安装及验收规范》(SL 317—2015) 第 2.1.6 条	查阅安装记录及试验报告
	充水试验、空载试验、机组并列及负荷试验、电气调试及试验	《水利水电工程机电设备安装安全技术规程》(SL 400—2016)	与设备出厂试验报告相比较，检查试验、调试报告
	泵站机组带负荷连续试运行	《泵站设备安装及验收规范》(SL 317—2015) 第 10.3.5 条	查阅机组试运行记录、试运行工作报告

四、典型问题及案例

典型问题：高压电缆沟未封堵、盖板

电缆隧道、电缆沟、电缆竖井及涉及电缆进出孔洞的需封堵并使用非燃烧材料。

【案例】 如图 13-10 所示，高压电缆沟未使用非燃烧材料封盖，T 型沟未使用阻燃板隔断，存在电缆易老化损坏、产生火情得不到隔离，防火阻燃及安全措施等不符合标准。

图 13-10　高压电缆沟未封盖

本　章　小　结

金属结构与机电设备的质量问题不仅会影响水利工程建设施工活动的有效开展，同时也会为水利工程的整体质量埋下安全隐患，影响其效用的发挥。因此，监督人员开展项目质量监督工作时，应将金属结构与机电设备的技术要求列为监督重点。本章基于此，梳理了最常见的水工钢闸门、压力钢管、启闭机等内容，帮助质量监督人员了解、掌握相关专业基础知识和监督工作要点。

附　　录

水利工程施工质量检测项目及检测频次参考标准

附表 1　　原材料质量检测项目及检测频次参考标准

类型	名称	主要检测项目	检测频次	执行依据	检测方法标准
原材料	水泥	3d、28d抗压强度及抗折强度、细度、凝结时间、安定性等	以同一水泥厂、同品牌、同强度等级、同一出厂编号，每200～400t为1个验收批，不足200t也作为1个验收批	《水工混凝土施工规范》（SL 677—2014）	《通用硅酸盐水泥》（GB 175—2007）
			以不超过600t为1个取样单位，不足600t也作为1个取样单位	《水工混凝土施工规范》（DL/T 5144—2015）	
			以同一水泥厂、同品牌、同强度等级、同一出厂编号，袋装水泥每不大于200t为1个验收批；散装水泥每不大于500t为1个验收批	《混凝土结构工程施工质量验收规范》（GB 50204—2015）	
	砂	含泥量、泥块含量、云母含量、有机质含量、颗粒级配等	成品出厂品质检测按同料源每600～1200t为1批进行检测（提供出厂品质检测报告或按该频次规定进行检测），使用单位每月进行1～2次抽样检测	《水工混凝土施工规范》（SL 677—2014）	《普通混凝土用砂、石质量及检验方法标准》（JGJ 52—2006）、《建筑用卵石、碎石》（GB/T 14685—2011）、《建筑用砂》（GB/T 14684—2011）、《水工混凝土试验规程》（SL/T 352—2020）
			使用单位应按砂同产地同规格分批验收，采用大型工具（如火车、货船或汽车）运输的，应以400m³或600t为一验收批。采用小型工具（如拖拉机等）运输的应以200m³或300t为1个验收批。不足上述量者，应按1个验收批进行验收。 当砂的质量比较稳定、进料量又较大时，可以1000t为1个验收批	《普通混凝土用砂、石质量及检验方法标准》（JGJ 52—2006）	

续表

类型	名称	主要检测项目	检测频次	执行依据	检测方法标准
原材料	碎（卵）石	含泥量、泥块含量、颗粒级配、压碎指标、有机质含量、软弱颗粒含量等	成品出厂品质检测按同料源、同规格碎石每 2000t 为 1 批，卵石每 1000t 为 1 批进行检测（提供出厂品质检测报告或按该频次规定进行检测），使用单位每月进行 1～2 次抽样检测	《水工混凝土施工规范》（SL 677—2014）	《建筑用卵石、碎石》（GB/T 14685—2011）、《水工混凝土试验规程》（SL/T 352—2020）、《普通混凝土用砂、石质量及检验方法标准》（JGJ 52—2006）
			使用单位应按砂同产地同规格分批验收，采用大型工具（如火车、货船或汽车）运输的，应以 400m^3 或 600t 为 1 个验收批。采用小型工具（如拖拉机等）运输的应以 200m^3 或 300t 为 1 个验收批。不足上述量者，应按 1 个验收批进行验收。 当砂的质量比较稳定、进料量又较大时，可以 1000t 为 1 个验收批	《普通混凝土用砂、石质量及检验方法标准》（JGJ 52—2006）	
	石料	抗压强度、软化系数等	未见相关规定，建议研究讨论确定	《水利水电工程单元工程施工质量验收评定标准——土石方工程》（SL 631—2012）	《水利水电工程岩石试验规程》（SL/T 264—2020）
	砖及砌块	强度、外观质量、耐久性等	每一生产厂家，烧结普通砖、混凝土实心砖每 15 万块，烧结多孔砖、混凝土多孔砖、蒸压灰砂砖及蒸压粉煤灰砖每 10 万块各为 1 个检验批，不足上述数量时按 1 批计，抽样数量为 1 组	《砌体工程施工质量验收规范》（GB 50203—2011）	《砌墙砖试验方法》（GB/T 2542—2012） 《混凝土砌块和砖试验方法》（GB/T 4111—2013）

续表

类型	名称	主要检测项目	检测频次	执行依据	检测方法标准
原材料	钢筋	外观质量及公称直径、重量偏差、抗拉强度、屈服点、伸长率、冷弯等	同厂家、同炉号、同级别、同规格、同截面、同一出厂时间每60t为1个检验批次，不足60t按1批计算	《水工混凝土施工规范》（SL 677—2014）	《钢筋混凝土用钢 第1部分：热轧带光圆钢筋》（GB 1499.1—2017） 《钢筋混凝土用钢 第2部分：热轧带肋钢筋》（GB 1499.2—2018）
			每检验批应由同一牌号，同一炉罐号、同一规格的钢筋组成，每批重量不大于60t；若每批重量大于60t，则超过部分，每增加40t（不足的按40t计）增加1根拉伸试样，1根冷弯试样	《混凝土结构工程施工质量验收规范》（GB 50204—2015） 《钢筋混凝土用钢 第1部分：热轧带光圆钢筋》（GB 1499.1—2017） 《钢筋混凝土用钢 第2部分：热轧带肋钢筋》（GB 1499.2—2018）	
		焊接接头质量；机械连接接头质量	焊接300个接头为1批，不足300个接头按1批计；机械连接以500个同1批材料的同等级、同形式、同规格接头为1批，不足500个按1个验收批计	《水工混凝土施工规范》（SL 677—2014）	《钢筋焊接及验收规程》（JGJ 18—2012）、《钢筋焊接接头试验方法标准》（JGJ/T 27—2014）、《钢筋机械连接技术规程》（JGJ 107—2016）
			电弧焊接头在现浇混凝土结构中，应以300个同牌号钢筋、同形式接头作为1批；在房屋结构中，应在不超过连续二楼层中300个同牌号钢筋、同形式接头作为1批（不同焊接形式稍有差异，基本以300个接头为1批） 机械连接接头以500个同一批材料的同等级、同形式、同规格接头为1批，不足500个按1个验收批计	《混凝土结构工程施工质量验收规范》（GB 50204—2015） 《钢筋焊接及验收规程》（JGJ 18—2012） 《钢筋机械连接技术规程》（JGJ 107—2016）	
			焊接200个接头检测1组，机械连接500个接头检测1组	《水利水电工程单元工程施工质量验收评定标准——混凝土工程》（SL 632—2012）	

续表

类型	名称	主要检测项目	检测频次	执行依据	检测方法标准
原材料	止水材料	橡胶止水带母材：拉伸强度、扯断伸长率、撕裂强度、老化等；接头：强度	每批不少于1次	《水工建筑物止水带技术规范》（DL/T 5215—2005）	《高分子防水材料 第2部分：止水带》（GB 18173.2—2014）
		铜及钢止水带母材：强度、伸长率	每批重量应不大于4500kg（如该批为同一熔次，则批重可不大于10000kg）	《铜及铜合金带材》（GB/T 2059—2017）	《铜及铜合金带材》（GB/T 2059—2017）
	粉煤灰	细度、烧失量、需水量比、三氧化硫等	1组为200t，不足200t也应检测1次	《水工混凝土施工规范》（SL 677—2014）、《混凝土结构工程施工质量验收规范》（GB 50204—2015）	《水工混凝土掺用粉煤灰技术规范》（DL/T 5055—2007）、《用于水泥和混凝土中的粉煤灰》（GB/T 1596—2017）
	外加剂	减水率、泌水率比、含气量、凝结时间差、坍落度损失、抗压强度比等	按掺量划分，掺量不小于1%的外加剂以不超过100t为1个取样单位，掺量小于1%的外加剂以不超过50t为1个取样单位，掺量小于0.05%的外加剂以不超过2t为1个取样单位。不足1个取样单位的应按1个取样单位计	《水工混凝土施工规范》（SL 677—2014）	《水工混凝土试验规程》（SL/T 352—2020）、《混凝土外加剂》（GB 8076—2008）、《混凝土外加剂应用技术规范》（GB 50119—2013）
			按同一厂家、同一品种、同一性能、同一批号且连续进场的混凝土外加剂，不超过50t为1批，每批抽样数量不应少于1次	《混凝土结构工程施工质量验收规范》（GB 50204—2015）	
	复合土工膜和土工布	单位面积重量、厚度、断裂伸长率、撕裂（破）强度、渗透系数等	每批次或每单位工程取样1～3组，或符合设计及合同要求	《水利水电工程单元工程施工质量验收评定标准——土石方工程》（SL 631—2012）、《土工合成材料应用技术规范》（GB/T 50290—2014）（该规范未明确抽样数量）	《土工合成材料·聚乙烯土工膜》（GB/T 17643—2011）
					《土工布标准》（GB/T 17638—2008～GB/T 17640—2008）

续表

类型	名称	主要检测项目	检测频次	执行依据	检测方法标准
原材料	橡胶支座	外观、力学性能等	按每批、每型号检测 1 组		《公路桥梁板式橡胶支座》(JT/T 4—2019)
	(单向)土工格栅	规格、幅宽、拉伸强度、标称伸长率等	设计或合同要求，设计或合同未明确的每批或每单位工程抽 1 组	《土工合成材料应用技术规范》(GB/T 50290—2014)	《土工合成材料 塑料土工格栅》(GB/T 17689—2008)
	(双向)土工格栅	规格、幅宽、拉伸强度等	设计或合同要求，设计或合同未明确的每批或每单位工程抽 1 组	《土工合成材料应用技术规范》(GB/T 50290—2014)	
	塑料排水板	外观及排水、力学性能	同批次每 20 万延米检测 1 次，不足 20 万延米也应检测 1 次	《水运工程塑料排水板应用技术规程》(JTS 206—1—2009)	《水运工程塑料排水板应用技术规程》(JTS 206—1—2009)、《水工合成材料测试规程》(SL 235—2012)
	防渗塑膜	密度、断裂拉伸强度、伸长率、撕裂强度、渗透系数	未见相关规定，建议研究讨论确定	《聚氯乙烯(PVC)防水卷材》(GB 12952—2011)	《渠道防渗工程技术规范》(GB/T 50600—2010) 《高分子防水材料 第一部分：片材》(GB 18173.1—2012)

附表 2　**混凝土工程施工质量检测项目及检测频次参考标准**

名称	主要检测项目	检测频次	执行依据	检测方法标准
混凝土	抗压强度	1. 同一配合比，每拌制 100 盘且不超过 $100m^3$ 时，取样不得少于 1 次； 2. 同一配合比，每工作班拌制不足 100 盘时，取样不得少于 1 次； 3. 同一配合比，连续浇筑超过 $1000m^3$ 时，每 $200m^3$ 取样不得少于 1 次； 4. 同一配合比，每一楼层取样不得少于 1 次； 5. 同一配合比，每次取样应至少留置 1 组试件	《混凝土结构工程施工质量验收规范》（GB 50204—2015）	《混凝土物理力学性能试验方法标准》（GB/T 50081—2019）
		1. 大体积混凝土 28d 龄期每 $500m^3$ 取样 1 组，设计龄期每 $1000m^3$ 取样 1 组； 2. 结构混凝土 28d 龄期每 $100m^3$ 取样 1 组，设计龄期每 $200m^3$ 取样 1 组； 3. 每一浇筑块混凝土方量不足以上规定数字时，也应取样取样 1 组试件	《水工混凝土施工规范》（SL 677—2014）	《水工混凝土试验规程》（SL/T 352—2020）
	抗拉强度	28d 龄期每 $2000m^3$ 取样 1 组，设计龄期每 $3000m^3$ 取样 1 组	《水工混凝土施工规范》（SL 677—2014）	《水工混凝土试验规程》（SL/T 352—2020）
	抗渗、抗冻等级	应适当取样，其数量可按每季度施工主要部位取样取样 1～2 组	《水工混凝土施工规范》（SL 677—2014）	《水工混凝土试验规程》（SL/T 352—2020）
	耐久性指标	同一配比的混凝土取样不少于 1 次	《混凝土结构工程施工质量验收规范》（GB 50204—2015）	《普通混凝土长期性能和耐久性能试验方法标准》（GB/T 50082—2009）

续表

名称	主要检测项目	检测频次	执行依据	检测方法标准
喷射混凝土	抗压强度等	每种材料或每一配合比每喷射 $1000m^2$（含不足 $1000m^2$ 的单项工程）各取样 1 组，每组试样为 3 块，有其他要求时应增加取样数量	《水利水电工程锚喷支护技术规范》（SL 377—2007）	《水利水电工程锚喷支护技术规范》（SL 377—2007）
砌筑砂浆	稠度、凝结时间、抗压强度	每 1 个检验批且不超过 $250m^3$ 砌体的各类、各强度等级的普通砌筑砂浆，每台搅拌机应至少抽检 1 次；验收批的预拌砂浆、蒸压加气混凝土砌块专用砂浆，抽检可为 3 组	《砌体结构工程施工质量验收规范》（GB 50203—2011）	《建筑砂浆基本性能试验方法标准》（JGJ/T 70—2009）
		胶结材料的抗压强度检验，同一标号胶结材料试件的数量，28d 龄期每 $200m^3$ 砌体取样 1 组 3 个；设计龄期每 $400m^3$ 取样 1 组 3 个	《浆砌石坝施工技术规定（试行）》（SD 120—84） 注：现行水工规范未见水工砂浆检测频次规定，老规范仅供参考	《水工混凝土试验规程》（SL/T 352—2020）

附表 3

地基基础工程施工质量检测项目及检测频次参考标准

类型	检测项目	检测方式	检测频次	执行依据	检测方法标准
处理地基	换填垫层/换土（砂）地基	环刀法、灌砂法、灌水法（压实度检测）	采用环刀法检验垫层的施工质量时，取样点应位于每层厚度的2/3深度处。检验点数量，条形基础下垫层第10～20m不应少于1个点，独立柱基、单个基础下垫层不应少于1个点，其他基础下垫层每50～100m² 不应少于1个点。采用贯入试验或动力触探法检验垫层的施工质量时，每分层平面上检验点的间距不应大于4m	《建筑地基处理技术规范》（JGJ 79—2012）、《水闸施工规范》（SL 27—2014）、《水利泵站施工及验收规范》（GB/T 51033—2014）、《建筑地基基础工程施工质量验收标准》（GB 50202—2018）	《建筑地基处理技术规范》（JGJ 79—2012）、《建筑地基检测技术规范》（JGJ 340—2015）、《土工试验方法标准》（GB/T 50123—2019）
		载荷试验	静载荷试验每个单体工程不宜少于3个点；对于大型工程应按单体工程的数量或工程划分的面积确定检验点数		
	预压地基	十字板剪切试验和室内土工试验	原位试验每个处理分区不少于6点，堆载斜坡处应增加检测数量	《建筑地基检测技术规范》（JGJ 340—2015）、《建筑地基处理技术规范》（JGJ 79—2012）	《建筑地基检测技术规范》（JGJ 340—2015）、《建筑地基处理技术规范》（JGJ 79—2012）
		承载力	承载力每个处理分区不少于3点		
	强夯地基	重型圆锥动力触探试验	采用动力触探或标准贯入试验试验对处理地基土质量进行验收检测时，单位工程检测数量不应少于10点，当面积超过3000m² 应每500m² 增加1点。检测同一土层的试验有效数据不应少于6个	《建筑地基检测技术规范》（JGJ 340—2015）	《建筑地基检测技术规范》（JGJ 340—2015）、《建筑地基处理技术规范》（JGJ 79—2012）
			对于简单场地上的一般建筑物，按每400m² 不少于1个检测点，且不少于3点；对于复杂场地或重要建筑地基，每300m² 不少于1个检验点，且不少于3点。强夯置换地基，可采用超重型或重型动力触探试验等方法，检查置换墩着底情况及承载力与密度随深度的变化，检验数量不应少于墩点数的3%，且不少于3点	《建筑地基处理技术规范》（JGJ 79—2012）	

续表

类型	检测项目	检测方式	检测频次	执行依据	检测方法标准
处理地基	强夯地基	载荷试验	对于简单场地上的一般建筑，每个建筑地基载荷试验检验点不应少于3点；对于复杂场地或重要建筑地基应增加检验点数。检测结果的评价，应考虑夯点和夯间位置的差异。强夯置换地基单墩载荷试验数量不应少于墩点数的1%，且不少于3点；对饱和粉土地基，当处理后墩间土能形成2.0m以上厚度的硬层时，其地基承载力可通过现场单墩复合地基静载荷试验确定，检验数量不应少于墩点数的1%，且每个建筑载荷试验检验点应不少于3点	《建筑地基处理技术规范》(JGJ 79—2012)	《建筑地基检测技术规范》(JGJ 340—2015)、《建筑地基处理技术规范》(JGJ 79—2012)
	振冲碎石桩和沉管砂石桩	重型动力触探试验、标准贯入	采用动力触探或标准贯入试验试验对处理地基土质量进行验收检测时，单位工程检测数量不应少于10点，当面积超过$3000m^2$应每$500m^2$增加1点。检测同一土层的试验有效数据不应少于6个	《建筑地基检测技术规范》(JGJ 340—2015)	《建筑地基检测技术规范》(JGJ 340—2015)、《建筑地基处理技术规范》(JGJ 79—2012)
			桩间土质量的检测位置应在等边三角形或正方形的中心。检验深度不应小于处理地基深度，检测数量不应少于桩孔总数的2%	《建筑地基处理技术规范》(JGJ 79—2012)	
		复合地基载荷试验	试验数量不应少于总桩数的1%，且每个单体建筑不应少于3点	《建筑地基处理技术规范》(JGJ 79—2012)	
			单位工程检测数量不应少于总桩数的0.5%，且不应少于3点	《建筑地基检测技术规范》(JGJ 340—2015)	

续表

类型	检测项目	检测方式	检测频次	执行依据	检测方法标准
处理地基	水泥粉煤灰碎石桩质量	复合地基载荷试验	复合地基静载荷试验和单桩静载荷试验的数量不应少于总桩数的1%，且每个单体工程的复合地基静载荷试验的试验数量不应少于3点	《建筑地基处理技术规范》(JGJ 79—2012)	《建筑地基检测技术规范》(JGJ 340—2015)、《建筑地基处理技术规范》(JGJ 79—2012)
			单位工程检测数量不应少于总桩数的0.5%，且不应少于3点	《建筑地基检测技术规范》(JGJ 340—2015)	
		低应变动力试验	检验数量不应少于总桩数的10%	《建筑地基处理技术规范》(JGJ 79—2012)	《建筑地基检测技术规范》(JGJ 340—2015)
	夯实水泥土桩	干密度	抽检的数量不应少于总桩数的2%	《建筑地基处理技术规范》(JGJ 79—2012)	《土工试验方法标准》(GB/T 50123—2019)
		单桩（多桩）复合地基载荷试验	复合地基静载荷试验和单桩静载荷试验检验数量不应少于桩总数的1%，且每项单体工程复合地基静载荷试验检验数量不应少于3点	《建筑地基处理技术规范》(JGJ 79—2012)	《建筑地基检测技术规范》(JGJ 340—2015)、《建筑地基处理技术规范》(JGJ 79—2012)
			单位工程检测数量不应少于总桩数的0.5%，且不应少于3点	《建筑地基检测技术规范》(JGJ 340—2015)	
	水泥土搅拌桩质量	均匀性	成桩3d内，采用轻型动力触探（N10）检查上部桩身的均匀性，检验数量为施工总桩数的1%，且不少于3根；成桩7d后，采用浅部开挖桩头进行检查，开挖深度宜超过停浆（灰）面下0.5m，检查搅拌的均匀性，量测成桩直径，检查数量不少于总桩数的5%	《建筑地基处理技术规范》(JGJ 79—2012)	《建筑地基检测技术规范》(JGJ 340—2015)、《土工试验方法标准》(GB/T 50123—2019)

续表

类型	检测项目	检测方式	检测频次	执行依据	检测方法标准
处理地基	水泥土搅拌桩质量	单桩载荷试验、复合地基载荷试验	采用复合地基静载荷试验和单桩静载荷试验，验收检验数量不少于总桩数的 1%，复合地基静载荷试验数量不少于 3 台（多轴搅拌为 3 组）	《建筑地基处理技术规范》（JGJ 79—2012）	《建筑地基检测技术规范》（JGJ 340—2015）、《建筑地基处理技术规范》（JGJ 79—2012）
			单位工程检测数量不应少于总桩数的 0.5%，且不应少于 3 点	《建筑地基检测技术规范》（JGJ 340—2015）	
	高压喷射桩质量	钻孔取芯、标准贯入试验、动力触探	采用动力触探或标准贯入试验试验对处理地基土质量进行验收检测时，单位工程检测数量不应少于 10 点，当面积超过 $3000m^2$ 应每 $500m^2$ 增加 1 点。检测同一土层的试验有效数据不应少于 6 个	《建筑地基检测技术规范》（JGJ 340—2015）	《建筑地基检测技术规范》（JGJ 340—2015）、《建筑地基处理技术规范》（JGJ 79—2012）
			不少于施工孔数的 2%，并不应少于 6 点	《建筑地基处理技术规范》（JGJ 79—2012）	
		单桩载荷试验、复合地基载荷试验	检验数量不得少于总桩数的 1%，且每个单体工程复合地基静载荷试验的数量不得少于 3 台	《建筑地基处理技术规范》（JGJ 79—2012）	
			单位工程检测数量不应少于总桩数的 0.5%，且不应少于 3 点	《建筑地基检测技术规范》（JGJ 340—2015）	
	灰土挤密桩、土挤密桩	压实系数、挤密系数	压实系数抽检的数量不应少于桩总数的 1%，且不得少于 9 根；挤密系数检测探井数不应少于总桩数的 0.3%，且每项单体工程不得少于 3 个	《建筑地基处理技术规范》（JGJ 79—2012）	《建筑地基检测技术规范》（JGJ 340—2015）、《建筑地基处理技术规范》（JGJ 79—2012）

续表

类型	检测项目	检测方式	检测频次	执行依据	检测方法标准
处理地基	灰土挤密桩、土挤密桩	复合地基载荷试验	检测数量不应少于总桩数的 1%，且每项单体工程复合地基静载荷试验不应少于 3 点	《建筑地基处理技术规范》(JGJ 79—2012)	《建筑地基检测技术规范》(JGJ 340—2015)、《建筑地基处理技术规范》(JGJ 79—2012)
			单位工程检测数量不应少于总桩数的 0.5%，且不应少于 3 点	《建筑地基检测技术规范》(JGJ 340—2015)	
	柱锤冲扩桩	重型动力触探或标准贯入试验	检验数量为冲扩桩总数的 2%，且每个单体工程桩身及桩间土总检验点数均不应少于 6 点	《建筑地基处理技术规范》(JGJ 79—2012)	《建筑地基检测技术规范》(JGJ 340—2015)、《土工试验方法标准》(GB/T 50123—2019)
			采用动力触探或标准贯入试验试验对处理地基土质量进行验收检测时，单位工程检测数量不应少于 10 点，当面积超过 $3000m^2$ 应每 $500m^2$ 增加 1 点。检测同一土层的试验有效数据不应少于 6 个	《建筑地基检测技术规范》(JGJ 340—2015)	
		复合地基载荷试验	不应少于总桩数的 1%，且每个单体工程复合地基静载荷试验不应少于 3 点	《建筑地基处理技术规范》(JGJ 79—2012)	《建筑地基检测技术规范》(JGJ 340—2015)、《建筑地基处理技术规范》(JGJ 79—2012)
			单位工程检测数量不应少于总桩数的 0.5%，且不应少于 3 点	《建筑地基检测技术规范》(JGJ 340—2015)	

续表

类型	检测项目	检测方式	检测频次	执行依据	检测方法标准
桩基础	灌注桩、预制桩	完整性	（1）建筑桩基设计等级为甲级，或地基条件复杂、成桩质量可靠性较低的灌注桩工程，检测数量不应少于总桩数的 30%，且不应少于 20 根；其他桩基工程，检测数量不应少于总桩数的 20%，且不应少于 10 根； （2）除符合上款规定外，每个柱下承台检测桩数不应少于 1 根； （3）大直径嵌岩灌注桩或设计等级为甲级的大直径灌注桩，应在第 1、第 2 款规定的检测数范围内，按不少于总桩数 10% 的比例采用声波透射法或钻芯法检测； （4）当施工质量有可疑的桩、局部地基条件出现异常的桩数量较多，或为了全面了解整个工程基桩的桩身完整性情况时，宜增加检测数量	《建筑基桩检测技术规范》(JGJ 106—2014)、《水闸施工规范》(SL 27—2014)、《水利泵站施工及验收规范》(GB/T 51033—2014)	《建筑基桩检测技术规范》(JGJ 106—2014)
		竖向抗压承载力	单桩竖向抗压静载试验检测数量不应少于同一条件下总桩数的 1%，且不应少于 3 根；当桩数小于 50 根时，检测数量不应少于 2 根； 预制桩和满足高应变法适用范围的灌注桩，可采用高应变法检测单桩竖向抗压承载力，检测数量不宜少于总桩数的 5%，且不得少于 5 根		
		抗拔或水平承载力	不应少于同一条件下总桩数的 1%，且不应少于 3 根；当桩数小于 50 根时，检测数量不应少于 2 根		

附表 4　灌浆工程施工质量检测项目及检测频次参考标准

名称	主要检测项目	检测频次	执行依据	检测方法标准
帷幕灌浆	钻孔取芯、压水试验	单排孔帷幕检查孔的数量可为灌浆孔总数的 10%左右；多排孔帷幕检查孔的数量可按主排孔孔数的 10%左右。1 个坝段或 1 个单元工程内至少应布置 1 个检查孔	《水工建筑物水泥灌浆施工技术规范》（SL/T 62—2020）	《水工建筑物水泥灌浆施工技术规范》（SL/T 62—2020）
搭接帷幕灌浆	钻孔取芯、压水试验	检查孔的数量可为搭接帷幕灌浆孔数的 3%～5%		
坝基固结灌浆	宜采用检测岩体弹性波波速的方法，也可采用钻孔压水试验的方法	岩体弹性波波速数量和布置按设计要求；钻孔压水试验检查孔的数量不宜少于灌浆孔总数的 5%		
隧洞回填灌浆	可采用检查孔注浆试验或取芯检查的方法	压力隧洞每 10～15m 宜布置 1 个或 1 对检查孔，无压隧洞的检查孔可适当减少		
隧洞围岩固结灌浆	以声波法或地震波法测定灌后岩体弹性波速为主，压水试验透水率为辅。	围岩弹性波波速试验检查孔布置按设计要求；压水试验检查孔的数量不宜少于灌浆孔总数的 5%		
钢衬接触灌浆	采用敲击法或其他方法	每 1 个独立的脱空区布孔不应少于 2 个（规范未明确）		
混凝土坝接缝灌浆	各灌区的接缝灌浆质量应以分析灌浆施工记录成果资料，考察施工过程质量为主，结合钻孔取芯、压浆试验、孔内摄像和缝面凿槽检查等测试资料，综合进行评定	钻孔取芯、压浆试验和缝面槽检等检测项目应重点布置在根据灌浆资料分析情况异常的灌区，检查数量为灌区总数的 5%～10%。确定进行钻孔检查的灌区，钻孔数量不宜少于 2 个，根据灌区条件可布置骑缝孔或斜穿孔，斜穿孔孔深穿过缝面宜不小于 0.5m		
岸坡接触灌浆	当采用钻孔埋管灌浆法和预埋管灌浆法进行岸坡接触灌浆时	不宜超过灌浆区总数的 5%～10%，重点宜放在根据灌浆资料分析情况异常部分		
	当采用钻孔灌浆法进行岸坡接触灌浆时	钻孔压水试验检查孔的数量不宜少于灌浆孔总数的 5%		

附表 5

防渗工程施工质量检测项目及检测频次参考标准

名称	主要检测项目	检测频次	执行依据	检测方法标准
混凝土防渗墙	抗压强度	抗压强度试件每个墙段至少 1 组，大于 500m^3 的墙段至少取样 2 组；薄墙抗压强度试件每 5 个墙段取样 1 组	《水利水电工程混凝土防渗墙施工技术规范》（SL 174—2014）	《水工混凝土试验规范》（SL/T 352—2020）、《超声法检测混凝土缺陷技术规程》（CECS 21—2000）
	抗渗等级	抗渗性能试件每 8～10 个墙段取样 1 组；薄墙抗渗性能试件每 20 个墙段取样 1 组		
	弹性模量	抗弹性模量试件根据需要确定		
	墙体的物理力学性能、墙段接缝和可能存在的缺陷	采用钻孔取芯、注水试验或其他检查方法，检查孔每 15～20 个槽孔 1 个，位置具有代表性		
高喷墙	渗透系数	（1）围井试验：1 个/3～5 个单元，至少布置 1 个； （2）厚度不大、深度较小的高喷墙可采用钻孔检查法，进行钻孔取芯和静水头压水试验，每个单元工程布置 1 个检查孔	《水电水利工程高压喷射灌浆技术规范》（DL/T 5200—2004）	《水电水利工程高压喷射灌浆技术规范》（DL/T 5200—2004）、《水工建筑物水泥灌浆施工技术规范》（DL/T 5148—2012）
深层搅拌桩防渗墙	渗透系数、墙体厚度、连续性和均匀性、墙体有效深度、抗压强度等	（1）通过所取芯样对墙体均匀性、完整性、连续性进行评价，利用芯样进行抗压强度试验、渗透系数、允许比降等室内试验。堤防工程每 300～500m 抽检 1 孔，不足 300m 也应布置 1 孔； （2）开挖检查堤防工程每 500m 开挖 1 处，不足 500m 也应布置 1 次； （3）无损检查必要时采用	《深层搅拌法地基处理技术规范》（DL/T 5425—2018）	《土工试验方法标准》（GB/T 50123—2019）、《水泥土配合比设计规程》（JGJ/T 233—2011）

附表 6　**金属结构施工质量检测项目及检测频次参考标准**

名称	主要检测项目		检测频次	执行依据	检测方法标准
钢闸门制造（碳素钢）	焊缝内部缺陷	脉冲反射法超声波检测	碳素钢、低合金钢：板厚小于 38mm 的一类焊缝 50%，二类焊缝 30%；板厚大于 38mm 的一类焊缝 100%，二类焊缝 50%	《水利水电工程钢闸门制造、安装及验收规范》（GB/T 14173—2008）、《水电工程钢闸门制造安装及验收规范》（NB/T 35045—2014）	《水利水电工程钢闸门制造、安装及验收规范》（GB/T 14173—2008）、《焊缝无损检测 超声检测技术、检测等级和评定》（GB/T 11345—2013）、《焊缝无损检测 超声检测 验收等级》（GB/T 29712—2013）
		衍射时差法超声波检测或射线检测	碳素钢：板厚小于 38mm 的一类焊缝 15%，二类焊缝 10%；板厚大于 38mm 的一类焊缝 20%，二类焊缝 10%；低合金钢：板厚小于 38mm 的一类焊缝 20%，二类焊缝 10%；板厚大于 38mm 的一类焊缝 25%，二类焊缝 10%		《金属熔化焊焊接接头射线照相》（GB/T 3323.1—2019）、《承压设备无损检测 第 10 部分：衍射时差法超声检测》（NB/T 47013.10—2010）
	涂层厚度、结合力	磁阻法（数字或指针式测厚仪），拉开法、切格法	每 $10m^2$ 至少测 3 个基准面，结构复杂、面积较小的 $2m^2$ 至少测 1 个基准面		《水工金属结构防腐蚀规范》（SL 105—2007）
	几何尺寸	量测			
压力钢管（碳素钢）	焊缝内部缺陷	超声波探伤	一类焊缝 100%，二类焊缝 50%；每条焊缝不少于 2 处，间距不小于 300mm，每种型式的管节不少于 1 节	《水利工程压力钢管制造安装及验收规范》（SL 432—2008）、《水工金属结构防腐蚀规范》（SL 105—2007）	《水利工程压力钢管制造安装及验收规范》（SL 432—2008）、《焊缝无损检测 超声检测技术、检测等级和评定》（GB/T 11345—2013）、《焊缝无损检测 超声检测 验收等级》（GB/T 29712—2013）
		射线探伤	一类焊缝 2%，二类焊缝 1%		《金属熔化焊焊接接头射线照相》（GB/T3323.1—2019）

续表

名称	主要检测项目		检测频次	执行依据	检测方法标准
压力钢管（碳素钢）	涂层厚度、结合力	磁阻法（数字或指针式测厚仪）	每 $10m^2$ 至少测 3 个基准面，结构复杂、面积较小的 $2m^2$ 至少测 1 个基准面	《水利工程压力钢管制造安装及验收规范》（SL 432—2008）、《水工金属结构防腐蚀规范》（SL 105—2007）	《水工金属结构防腐蚀规范》（SL 105—2007）
	结构尺寸	量测	每节变径接头检测 1 个		
预应力钢绞线	单根最大负荷、屈服负荷、伸长率、松弛率等		分批进行检验，每 60t 为 1 批，每批随机选 3 盘进行力学性能试验	《预应力混凝土用钢绞线》（GB/T 5224—2014）	《预应力混凝土用钢绞线》（GB/T 5224—2014）
预应力筋锚具、夹具和连接器	外观、硬度、静载锚固性能试验		锚具、夹具每 1000 套为 1 批，连接器每 500 套为 1 批；硬度检验：应从每批中抽取 5%的锚具且不少于 5 套；每批抽取 6 套进行静载锚固性能检验	《预应力混凝土用钢绞线》（GB/T 5224—2014）	《预应力混凝土用钢绞线》（GB/T 5224—2014）
启闭机、清污机安装	启闭机平台水平		新装设备全检	《水利水电工程启闭机制造安装及验收规范》（SL 381—2007）、《水工钢闸门和启闭机安全检测技术规程》（SL 101—2014）	《水利水电工程启闭机制造安装及验收规范》（SL 381—2007）
	起吊中心线偏差				
	机座与基础板的间隙				
	启闭机振动				
	启闭机噪声				

附表 7　机电设备施工质量检测项目及检测频次参考标准

名称	主要检测项目	检测方法	检测频次	执行依据	检测方法标准
机泵安装	高程	水准仪测量	新装设备全检	《泵站安全鉴定规程》（SL 316—2015）、《泵站现场测试和安全检测规程》（SL 548—2012）、《泵站设备安装及验收规范》（SL 317—2015）、《小型水电站现场效率试验规程》（SL 555—2012）、《水轮发电机组启动试验规程》（DL/T 507—2014）	《泵站安装及验收规范》（SL 317—2015）、《旋转电机噪声测定方法及限值 第3部分：噪声限值》（GB 10069.3—2008）
	机组水平度	水平仪测量			
	机组径向参数	千分尺测量			
	间隙	塞尺、游标卡尺			
	机组各部摆度	百分表测量			
	机组运行振动、噪声、电流、电压、功率、功率因数	测振仪、噪声仪			
		电量仪测量			
电气设备安装	绝缘电阻	电阻仪测量		《电气装置安装工程电气设备交接试验标准》（GB 50150—2016）	《电气装置安装工程 电气设备交接试验标准》（GB 50150—2016）
	绕组直流电阻	电阻仪测量			
	绕组直流耐压及泄漏电流	试验变压器			
	交流耐压	试验变压器			
	绕组介质损耗	介损仪测量			
	接地装置接地电阻	电阻仪测量			
	开关导电回路电阻	电阻仪测量			
	开关动作特性	开关仪测量			
	继电保护调试	综保仪测量			

附表 8　防汛道路施工质量检测项目及检测频次参考标准

名称	主要检测项目	检测频次	执行依据	检测方法标准
泥结石路面	压实度、配比	每 200～300m² 检测 1 点，不足 200m² 也检测 1 点	《公路路面基层施工技术细则》（JTG/T F20—2015）	《公路土工试验规程》（JTG E40—2007）
水泥稳定土	水泥剂量、混合料筛分等	（1）每批材料（土或石屑）取样 1 次，进行筛分试验； （2）每批取有代表性的试样，选定水泥剂量，进行击实试验和无侧限抗压强度试验	《公路路面基层施工技术细则》（JTG/T F20—2015）	《公路工程无机结合料稳定材料试验规程》（JTG E51—2009）
5%（4%）水泥稳定碎石	抗压强度、水泥剂量、混合料筛分	每 1 个作业段做 9 个试件；每 2000m² 检测 1 次	《公路路面基层施工技术细则》（JTG/T F20—2015）	《公路工程无机结合料稳定材料试验规程》（JTG E51—2009）
土方路基	压实度	每 200m 每压实层测 4 处	《公路工程质量检验评定标准 第一册 土建工程》（JTG F80/1—2017）	《公路土工试验规程》（JTG E40—2007）
防汛公路、坝顶混凝土路面	弯拉强度	高速公路和一级公路每班制作 2～4 组，日进度小于 500m：取 2 组，不小于 500m，取 3 组；不小于 1000m，取 4 组。其他公路每班制作 1～3 组，日进度小于 500m，取 1 组；不小于 500m，取 2 组；不小于 1000m，取 3 组	《公路工程质量检验评定标准 第一册 土建工程》（JTG F80/1—2017）、《公路水泥混凝土路面施工技术细则》（JTG/T F30—2014）	《公路工程水泥及水泥混凝土试验规程》（JTG E30—2005）
	弯沉值	采用贝克曼梁，每一双车道评定路段（不超过 1000）检查 80～100 个点		
	钻芯劈裂强度	每车道每 3km 钻取 1 个芯样，硬路肩为 1 个车道，每单位工程至少取 3 个芯样		
	混凝土路面板厚度	每车道每 200m 检测 2 处		

附表 9　混凝土坝施工质量检测项目及检测频次参考标准

项目		检测项目	取样方式及检测方法	检测频次	执行依据	检测方法标准
坝体混凝土	混凝土力学性能	抗压强度	机口取样	（1）大体积混凝土 28d 龄期每 $500m^3$ 成型 1 组，设计龄期每 $1000m^3$ 取样 1 组； （2）结构混凝土 28d 龄期每 $100m^3$ 成型 1 组，设计龄期每 $200m^3$ 取样 1 组； （3）每一浇筑块混凝土方量不足以上规定数字时，也应取样取样 1 组试件	《水工混凝土施工规范》（SL 677—2014）、《水利水电工程单元工程施工质量验收评定标准 混凝土工程》（SL 632—2012）	《水工混凝土试验规程》（SL/T 352—2020）
		抗压强度（钻芯取样）	现场实体取样	每 1 万 m^3 混凝土钻孔 2～10m，芯样数量 SL 677 未明确		
		抗拉强度	机口取样	28d 龄期每 $2000m^3$ 取样 1 组，设计龄期每 $3000m^3$ 取样 1 组		
		弹性模量	机口取样	应适当取样（同一强度和等级），其数量可按每季度施工主要部位取样成型 1～2 组		
	抗渗性能	抗渗等级	机口取样			
	抗冻性能	抗冻等级	机口取样			
	钢筋保护层厚度	保护层厚度	现场检测	不少于 5 个点	《水利水电工程单元工程施工质量验收评定标准 混凝土工程》（SL 632—2012）	自检一般不检测此项内容
浆砌石坝体	砌体质量	砌体密度	现场挖坑试验、取样，室内试验	坝高 1/3 以下每砌筑 10m 高挖试坑 1 组； 坝高 1/3～2/3 处以下每砌筑 15m 高挖试坑 1 组； 坝高 2/3 以上每砌筑 20m 高挖试坑 1 组	《浆砌石坝施工技术规定》（SD 120—84）	
		视比重				
		砌体孔隙率				
		抗渗性能	钻孔压水试验			

续表

项目		检测项目	取样方式及检测方法	检测频次	执行依据	检测方法标准
混凝土结构	混凝土力学性能	抗压强度（回弹检测）	现场实体检测		《混凝土结构工程施工质量验收规范》（GB 50204—2015）、《水工混凝土施工规范》（SL 677—2014）	自检一般无需采用此种方式
		抗压强度（钻芯取样）	现场实体取样			自检一般无需采用此种方式
	钢筋保护层厚度	保护层厚度	现场检测			自检一般不检测此项内容
高边坡工程	边坡支护	锚杆拉拔力	拉拔试验		《水利水电工程锚喷支护技术规范》（SL 377—2007）、《水利水电单元工程施工质量验收评定标准——地基处理与基础工程》（SL 633—2012）	
		喷混凝土强度	取样	每种材料或每一配合比每喷 $1000m^2$ 各取样 1 组		
			取芯			自检一般无需采用此种方式
		喷混凝土厚度	钻孔法	每 $100m^2$ 抽检 1 组		自检一般无需采用此种方式

附表 10　面板堆石坝工程施工质量检测项目及检测频次参考标准

项目		检测项目	取样方式及检测方法	检测频次	执行依据	检测方法标准
坝体填筑料	主堆区、次堆区	颗粒级配	现场挖坑试验、取样	每 5000～50000m^3 取样 1 组	《混凝土面板堆石坝施工规范》（DL/T 5128—2009）、《混凝土面板堆石坝施工规范》（SL 49—2015）、《水利水电单元工程施工质量验收评定标准——土石方工程》（SL 631—2012）	《土工试验方法标准》（GB/T 50123—2019）
		干密度				
		不均匀系数				
		曲率系数				
		含泥量				
		孔隙率				
	过渡区	颗粒级配	现场挖坑试验、取样	每 1000～5000m^3 取样 1 组		
		干密度				
		不均匀系数				
		曲率系数				
		含泥量				
		孔隙率				
	垫层区	颗粒级配	现场挖坑试验、取样	坝面：每 500～1000m^3 取样 1 组，每分区至少 3 组；上游坡面：每 1000～2000m^3 取样 1 组		
		压实度（相对密度）				
混凝土工程	混凝土面板、趾板、防浪墙、岸墙、路面等	混凝土强度	机口取样	趾板每浇筑一块或每 50～100m^3 至少取样 1 组，面板每班每仓至少 1 组；其余部位按《水工混凝土施工规范》（SL 677—2014）执行	《混凝土面板堆石坝施工规范》（DL/T 5128—2009）、《水工混凝土施工规范》（SL 677—2014）	《水工混凝土试验规程》（SL/T 352—2020）
		混凝土强度	取芯			自检一般无需采用此种方式

续表

项目		检测项目	取样方式及检测方法	检测频次	执行依据	检测方法标准
混凝土工程	混凝土面板、趾板、防浪墙、岸墙、路面等	混凝土抗渗等级	机口取样	趾板每 200～500m^3 取样 1 组，面板 500～1000m^3 取样 1 组；其余部位按《水工混凝土施工规范》（SL 677—2014）执行	《混凝土面板堆石坝施工规范》（DL/T 5128—2009）、《水工混凝土施工规范》（SL 677—2014）	《水工混凝土试验规程》（SL/T 352—2020）
		混凝土抗冻等级	机口取样	趾板 200～500m^3 取样 1 组，面板 1000～3000m^3 取样 1 组；其余部位按《水工混凝土施工规范》（SL 677—2014）执行		
	钢筋保护层厚度	保护层厚度	现场检测			自检一般不检测此项内容
砌石工程	下游坝坡	干砌石护坡与垫层	厚度	每个单元检测点数不少于25～30 点	《水利水电工程单元工程施工质量验收评定标准——土石方工程》（SL 631—2012）	
			平整度	每 100m^2 测 3 点		
高边坡工程	边坡支护	锚杆拉拔力	拉拔试验	1 组/300 根（或按设计要求），设计变更或材料变更时应另做 1 组；每组锚杆不得少于 3 根	《水利水电工程锚喷支护技术规范》（SL 377—2007）、《水利水电单元工程施工质量验收评定标准——地基处理与基础工程》（SL 633—2012）	《锚杆喷射混凝土支护技术规范》（GB 50086—2015）、《水利水电工程锚喷支护技术规范》（SL 377—2007）
		喷混凝土强度	取样	每种材料或每一配合比每喷射 1000m^2（含不足 1000m^2 的单项工程）各取样 1 组，每组试样为 3 块，有其他要求时应增加取样数量		《水利水电工程锚喷支护技术规范》（SL 377—2007）

续表

项目		检测项目	取样方式及检测方法	检测频次	执行依据	检测方法标准
高边坡工程	边坡支护	喷混凝土强度	取芯		《水利水电工程锚喷支护技术规范》（SL 377—2007）、《水利水电单元工程施工质量验收评定标准——地基处理与基础工程》（SL 633—2012）	自检一般无需采用此种方式
		喷混凝土厚度	钻孔法	每 100m² 抽检 1 组		自检一般无需采用此种方式
坝体测量	高程	坝顶高程	现场检测	按长度布置，长度小于 500m，应按 20～50m 布置 1 个测点；长度 500～1000m，应按 50～100m 布置 1 个测点；长度大于 1000m，应按 100～150m 布置 1 个测点；总测点都不少于 10 点	《水利工程质量检测技术规程》（SL 734—2016）	《水利水电工程施工测量规范》（SL 52—2015）
		防浪墙高程	现场检测			
		溢洪道高程	现场检测			
	坡比	上下游坡比	现场检测	按断面布置，坝长小于 500m，应按 50～100m 布置 1 个断面；坝长 500～1000m，应按 100～200m 布置 1 个断面，总断面不少于 3 个；坝长大于 1000m，应按 200～300m 布置 1 个断面，总断面不少于 5 个		

注 1.《水工混凝土施工规范》（SL 677—2014）第 11.5.3 条规定了抗压、抗拉、抗渗、抗冻及其他特殊指标的自检比例，第 11.5.4、第 11.5.6 条规定了抗压强度、抗渗、抗冻的合格标准。以上都是针对机口取样试块。

2. 根据《水工混凝土施工规范》（SL 677—2014）第 11.5.9 条，试块强度不合格时可采用钻芯或无损检测。

3. 根据《水工混凝土施工规范》（SL 677—2014）第 11.5.10 条，已建成的构件物可进行钻孔取样和压水试验，并规定了取样频率。

附表 11　土石坝施工质量检测项目及检测频次参考标准

项目		检测项目	取样方式及检测方法	检测频次	执行依据	检测方法标准
坝体填筑	黏土心墙（斜墙/套井）	含水率、密度	现场环刀取样、室内试验	碾压面：每 100～200m³ 取样 1 组，均质坝：每 200～500m³ 取样 1 组	《碾压式土石坝施工规范》（DL/T 5129—2013）、《水利水电工程单元工程施工质量验收评定标准——土石方工程》（SL 631—2012）	《土工试验方法标准》（GB/T 50123—2019）
		最大干密度、最优含水率				
		压实度				
		渗透系数				
	砂砾料	含水率、密度	现场挖坑试验、取样，室内试验	每 5000～10000m³ 取样 1 组；水平面按每 500～1000m³ 检测 1 次，但每个单元取样不应少于 3 次，斜坡面按每 1000～2000m³ 检测 1 次		
		最大干密度、最小干密度				
		相对密度				
	反滤（过渡）料	含水率、密度	现场挖坑试验、取样，室内试验	反滤料：每 200～500m³ 取样 1 组；过渡料每 500～1000m³ 取样 1 组		
		最大干密度、最优含水率				
		压实度、颗粒级配				
		渗透系数				
坝脚排水棱体	反滤料	含水率、密度	现场挖坑试验、取样，室内试验	每 200～400m³ 检测 1 次；每个取样断面每层所取的样品不应少于 1 组	《水利水电单元工程施工质量验收评定标准——土石方工程》（SL 631—2012）	《土工试验方法标准》（GB/T 50123—2019）
		最大干密度、最优含水率				
		压实度				
		渗透系数				

附表 12　水闸工程施工质量检测项目及检测频次参考标准

项目		检测项目	取样方式及检测方法	检测频次	执行依据	检测方法标准
混凝土工程	闸室混凝土	混凝土强度	机口取样	（1）不同强度等级、不同配合比的混凝土，应分别制取试件；（2）厚大结构物，28d 龄期每 $500m^3$ 应取样试件 1 组；（3）非厚大结构物，28d 龄期每 $100m^3$ 应取样试件 1 组	《水闸施工规范》（SL 27—2014）	《水工混凝土试验规程》（SL/T 352—2020）
		抗拉强度	机口取样	（1）不同强度等级、不同配合比的混凝土，应分别制取试件；（2）设计有抗拉、抗冻、抗渗等要求时，每季度应（主要部位）取样试件 1～2 组		
		混凝土抗渗等级	机口取样			
		混凝土抗冻等级	机口取样			
		混凝土强度	取芯		针对闸墩、底板及上下游连接段等部位	自检一般无需采用此种方式
			回弹		针对梁板柱、闸门、胸墙、交通桥等部位	自检一般无需采用此种方式
回填工程	土料填筑	混凝土钢筋保护层厚度	电磁感应法			自检一般不检测此项内容
		压实度	环刀取样、挖坑灌水	每填筑 100～$200m^3$ 取样 1 组		《土工试验方法标准》（GB/T 50123—2019）
		渗透系数	环刀取样	每填筑 300～$500m^3$ 取样 1 组		

注　《水闸施工规范》（SL 27—2014）第 7.4.37 条规定了水闸混凝土施工自检的内容及频次，《水利泵站施工及验收规范》（GB/T 51033—2014）第 9.2.3 条规定了泵站混凝土施工自检的内容及频次。水闸规范和泵站规范规定有差异。

附表 13　堤防工程施工质量检测项目及检测频次参考标准

项目		检测项目	取样方式及检测方法	检测频次	执行依据	检测方法标准
堤身填筑工程	土料碾压筑堤	压实度	环刀取样、挖坑灌水	每层每填筑 100～100m³ 取样 1 个，至少 3 个样；堤防加固按堤轴线方向每 20～30m 取样 1 个	《堤防工程施工规范》（SL 260—2014）、《水利水电工程单元工程施工质量验收评定标准——堤防工程》（SL 634—2012）、《水利水电工程施工质量检验与评定规程》（SL 176—2007）、《疏浚与吹填工程技术规范》（SL 17—2014）	《土工试验方法标准》（GB/T 50123—2019）
		渗透系数	环刀取样			
		相对密度	挖坑灌水			
	土料吹填筑堤	干密度	环刀取样	每 50m 堤长范围内取样干密度样 3～4 个，抗剪强度取样 1 组		《土工试验方法标准》（GB/T 50123—2019）
		吹填高程	测量			《水利水电工程施工测量规范》（SL 52—2015）
河道疏浚工程	疏浚质量	河道过水断面面积	测量	检测河道疏浚横断面，横断面间距 50m，测点间距 2～7m，必要时可检测河道纵断面进行复核	《疏浚与吹填工程技术规范》（SL 17—2014）	《水利水电工程施工测量规范》（SL 52—2015） 《水运工程测量规范》（JTS 131—2012）
		宽阔水域平均底高程	测量			
		横断面河底高程（超欠挖值）	测量			

注　《水利水电工程施工质量检验与评定规程》（SL 176—2007）第 4.1.10 条及其条文说明规定了堤防工程验收检测的内容和频次，实则为法人委托检测的要求，但部分内容规定的不够详细。

附表 14　其他土方填筑施工质量检测项目及检测频次参考标准

名称	主要检测项目	检测频次	执行依据	检测方法标准
土料	标准击实试验、含水率等	每种土质至少 1 次	《堤防工程施工规范》（SL 260—2014）	《土工试验方法标准》（GB/T 50123—2019）
土料碾压	压实度、含水率、相对密度等	（1）建筑物附近每层在 $50m^2$ 范围内应有一个压实度检测点，不足 $50m^2$ 至少应有一个检测点。 （2）新筑及加高每 15～50cm（根据压实机具种类）一层，填筑量 100～$200m^3$ 取样 1 个，取样不足 3 个时，也应取样 3 个。 （3）堤防加固培厚按堤轴线方向，每层 20～50m 一段取样 1 个。 （4）吹填施工每 200～$400m^3$ 取样 1 个	《水利水电工程单元工程施工质量验收评定标准》（SL 634—2012）、《堤防工程施工规范》（SL 260—2014）	
堤基内坑、槽、沟、穴等处理	压实度、含水率、相对密度等	每处、每层 $400m^2$ 取样 1 个，不足 $400m^2$ 取样 1 个	《水利水电工程单元工程施工质量验收评定标准》（SL 634—2012）、《堤防工程施工规范》（SL 260—2014）	
堤基表面		每 400～$800m^2$ 取样 1 个		
建筑物地基填土处理	压实度、含水率、相对密度等	大基坑每 50～$100m^2$ 面积内不应少于一个点；对基槽每 10～20m 不应少于一个点；每个独立柱基不应少于一个点	《建筑地基基础设计规范》（GB 50007—2011）	

参 考 文 献

[1] 水利部水利建设与管理总站．水利工程质量监督实务［M］．北京：中国计划出版社，2005．

[2] 季任天．质量技术监督法律基础［M］．北京：中国质检出版社，2012．

[3] 石庆尧．水利工程质量监督理论与实践指南：3版［M］．北京：中国水利水电出版社，2015．

[4] 罗豪才，湛中乐．行政法学：第三版［M］．北京：北京大学出版社，2012．

[5] 天津市水利工程建设质量与安全监督中心站．天津市水利工程建设质量与安全监督工作手册［M］．北京：中国水利水电出版社，2010．

[6] 曹克明，汪易森，徐建军，等．混凝土面板堆石坝［M］．北京：中国水利水电出版社，2008．

[7] A. M. 内维尔．混凝土的性能：4版［M］．北京：中国建筑工业出版社，2011．

[8] 王铁梦．工程结构裂缝控制：第二版［M］．北京：中国建筑工业出版社，2017．

[9] 金伟良，袁迎曙，卫军，等．氯盐环境下混凝土结构耐久性理论与设计方法［M］．北京：科学出版社，2011．

[10] 孙役，李昌彩，高莲士．水布垭面板堆石坝填筑方式研究［G］//蒋国澄．中国混凝土面板堆石坝20年．北京：中国水利水电出版社，2005．

[11] 赵春玲．建设工程质量政府监督漏洞及对策研究［D］．郑州：河南大学，2020．

[12] 俞昊天．建设工程质量政府差别化监督管理模式研究［D］．徐州：中国矿业大学，2020．

[13] 张攀．建设工程质量责任主体质量行为研究［D］．武汉：华中科技大学，2019．

[14] 赵明思．政府对工程质量监管的模式框架和实施现状研究［D］．武汉：华中科技大学，2019．

[15] 倪冠坤．成都市水利工程质量监督分级管理的问题与对策研究［D］．成都：电子科技大学，2018．

[16] 姚礼杨．大数据在工程质量监管中的应用研究［D］．聊城：聊城大学，2017．

[17] 杨启福．青海水利工程质量监督情况分析及思考［J］．人民黄河，2021，43（S1）：243-244．

[18] 代忠华．建筑工程质量监督管理分析：评《建筑工程质量与安全管理》［J］．工业建筑，2021，51（5）：235．

[19] 贾超，李少春，王薛钢，等．抽水蓄能电站基建期质量监督管理机制及指标体系研究［J］．水力发电，2019，45（8）：99-102，121．

[20] 张彩霞．财务管理在水利工程质量与安全监督中的问题分析［J］．山西财经大学学报，2017，39（S2）：59-60，71．

[21] 黄黎明，朱军，张可．水利工程建设质量多阶段风险评价研究［J］．水利水电技术，

2017，48（9）：117－125.

［22］赵江辉．江苏县级水利工程质量监管存在的问题及对策［J］．人民长江，2017，48（S1）：205－207.

［23］贾莉．建设工程质量监督档案管理探析［J］．档案与建设，2015（6）：90－91.

［24］施建刚，孔庆山．基于有限理性的工程质量监督管理［J］．同济大学学报（自然科学版），2014，42（8）：1273－1279.

［25］范立宝．关于EPC总承包项目管理的一些思考［J］．求实，2014（S1）：148－150.

［26］贾莉．建设工程质量监督档案管理探析［J］．兰台世界，2013（S5）：110－111.

［27］我国水电工程质量监督将实行分级、属地管理［J］．华东电力，2013，41（4）：849.

［28］李焱华，许田柱．水利工程建设质量与安全监督管理体系研究［J］．人民长江，2010，41（10）：100－103.

［29］汤燕群，王昭辉．国外建设工程质量监督管理的特征与我国的改革措施［J］．现代教育科学，2009（S1）：15－16.

［30］栗涛，闫宇振，余梁蜀．水利工程项目质量监督管理存在的问题及解决途径［J］．安徽农业科学，2007（32）：10501－10502.

［31］富荣辉，刘昱．厂房紧临既有建筑物开挖控制爆破技术［J］．东北水利水电，2010（3）：13－16.

［32］李瑞，姜政同，丁子栋．大伙房水库疏水应急入连工程建设综述［J］．水利建设与管理，2012（S1）：1－2.

［33］管仕军，袁绪昌．锦屏大坝坝基开挖施工与监理［J］．人民长江，2009（18）：61－63.

［34］左江波，綦春明．混凝土结构耐久性研究的新进展［J］．混凝土，2011（8）：51－54.

［35］李学平，吴世斌，张继屯．白鹤滩水电站泄洪洞平洞段镜面混凝土质量控制［J］．人民长江，2020，51（S2）：351－353，404.

［36］武利强，章晓桦，蒋林华，等．氯盐环境下混凝土耐久性研究进展［J］．材料导报，2015（17）：106－111.

［37］叶青，武利强，陈若男．对回弹法检测水工混凝土的一些思考［J］．浙江水利科技，2019，47（1）：48－50.

［38］王良，武利强，林万青，等．水工全级配混凝土抗压强度检测方法讨论［J］．浙江水利科技，2020，48（3）：50－51.

［39］郭汉丁，房志勇，张印贤．建设工程质量政府监督管理评价理论与实践［M］．北京：中国建材出版社，2010.

［40］余凌云．行政法讲义：第二版［M］．北京：清华大学出版社，2014.

［41］国务院法制办．建设工程质量管理条例释义［M］．北京：中国城市出版社，2000.

［42］章剑生．现代行政法专题［M］．北京：清华大学出版社，2014.

［43］江国华．中国行政法（总论）［M］．武汉：武汉大学出版社，2012.

［44］余春勇．浙江水利工程质量移动监管平台研究［J］．中国水利，2020（2）：48－49.

［45］叶世龙．水利工程建设领域职务犯罪预防研究［D］．兰州：兰州大学，2012.

[46] 佘春勇，张可，吴凯丽，等．政府监督视角下土石坝质量技术风险评价研究［J］．中国农村水利水电，2020（10）：211－218.
[47] 王西发．我国行政约谈制度法律问题研究［D］．天津：天津师范大学，2018.
[48] 冯天成．行政约谈的法律性质及其法治化研究［J］．长沙航空职业技术学院学报，2019（6）：99－102.
[49] 鞠真．行政约谈的面谈过程研究［J］．山西警察学院学报，2019（10）：5－11.
[50] 孟强龙．行政约谈法制化研究［J］．行政法学研究，2015（6）：99－118.
[51] 徐国利．论行政问责的责任与归责原则．上海行政学院［J］．行政法学研究，2017（1）：25－33.
[52] 中华人民共和国住房和城乡建设部．水利工程设计防火规范：GB 50987—2014［S］.
[53] 中华人民共和国水利部．水利水电工程高压配电装置设计规范：SL 311—2004［S］.
[54] 中华人民共和国水利部．水利水电工程机电设计技术规范：SL 511—2011［S］.
[55] 中华人民共和国国家质量监督检验检疫总局．水轮发电机组安装技术规范：GB/T 8564—2003［S］.
[56] 中华人民共和国水利部．水利水电工程机电设备安装安全技术规程：SL 400—2016［S］.
[57] 中华人民共和国水利部．泵站设备安装及验收规范：SL 317—2015［S］.
[58] 中华人民共和国水利部．水利水电工程施工质量检验与评定规程：SL 176—2007［S］.
[59] 中华人民共和国国家质量监督检验检疫总局，中国国家标准化管理委员会．钢及钢产品交货一般技术要求：GB/T 17505—2016［S］.
[60] 中华人民共和国国家质量监督检验检疫总局，中国国家标准化管理委员会．水利水电钢闸门制造、安装及验收规范：GB/T 14173—2008［S］.
[61] 中华人民共和国水利部．水工金属结构防腐蚀规范：SL 105—2007［S］.
[62] 中华人民共和国水利部．水利工程压力钢管制造安装及验收规范：SL 432—2008［S］.
[63] 国家能源局．水电站压力钢管设计规范：NB/T 35056—2015［S］.
[64] 中华人民共和国水利部．水利水电工程启闭机设计规范：SL 41—2018［S］.
[65] 中华人民共和国水利部．水利水电工程钢闸门设计规范：SL 74—2019［S］.
[66] 中华人民共和国水利部．水利水电工程启闭机制造安装及验收规范：SL 381—2007［S］.
[67] 中华人民共和国水利部．混凝土面板堆石坝施工规范：SL 49—2015［S］．北京：中国水利水电出版社，2015.
[68] 中华人民共和国水利部．堤防工程施工规范：SL 260—2014［S］．北京：中国水利水电出版社，2014.
[69] 中华人民共和国水利部．水工建筑物岩石地基开挖施工技术规范：SL 47—2020［S］．北京：中国水利水电出版社，2021.
[70] 国家能源局．土石筑坝材料碾压试验规程：NB/T 35016—2013［S］．北京：中国水利水电出版社，2013.
[71] 中华人民共和国水利部．水工建筑物地下开挖工程施工规范：SL 378—2007［S］．北

京：中国水利水电出版社，2007.
[72] 中华人民共和国水利部．水闸施工规范：SL 27—2014 [S].
[73] 中华人民共和国住房和城乡建设部．建筑基桩检测技术规范：JGJ 106—2014 [S].
[74] 中华人民共和国住房和城乡建设部，中华人民共和国国家质量监督检验检疫总局．水利泵站施工及验收规范：GB/T 51033—2014 [S].
[75] 中华人民共和国水利部．堤防工程施工规范：SL 260—2014 [S].
[76] 中华人民共和国水利部．水利水电工程混凝土防渗墙施工技术规范：SL 174—2014 [S].
[77] 中华人民共和国水利部．水利工程质量检测技术规程：SL 734—2016 [S].
[78] 中华人民共和国水利部．水工混凝土施工规范：SL 677—2014 [S].
[79] 中华人民共和国水利部．水工建筑物水泥灌浆施工技术规范：SL/T 62—2020 [S].
[80] 国家能源局．水电水利工程高压喷射灌浆技术规范：DL/T 5200—2019 [S].
[81] 中华人民共和国工业和信息化部．高压喷射注浆施工技术规范：HG/T 20691—2017 [S].